U0960402

译文科学

科学有温度

BORIS CYRULNIK

SOUS LE SIGNE DU LIEN

Une histoire naturelle de l'attachement

情感的纽带

一部依恋的自然史

[法] 鲍里斯·西吕尔尼克 著
张笑语 译

上海译文出版社

目 录

前言

一种动物行为学的态度

一群海鸥在波克罗勒岛怪石嶙峋的海岬上空翱翔，谁会想到它们居然能引发一个人类学问题呢？谁又会由此想到人类乱伦禁忌的心理机制呢？

动物的乱伦抑制效应如何发挥作用并不是一个靠观察就能解决的简单问题，因为此处涉及的乱伦是一件并没有真正发生的事，也就是所谓的“非事件”。

要想观察一只年轻的雄性猩猩怎样避免与自己的母亲交配，就要留神关注两只动物在发情期各自的表现。在性激素的作用下，雌性猩猩的臀胼胝会变成十分醒目的粉红色，所以很容易就能观察到雌性猩猩倒退着逼近雄性猩猩来引起后者的注意，而雄性猩猩也明显对雌性猩猩那颜色异常鲜艳的丰硕臀部抱有极大兴趣。

观察者惊讶地发现，当雌性猩猩开始表现出轻佻的求偶行为时，它的儿子会把头埋进臂弯，移开视线，缩成一团躲进角落里。发情期结束后，年轻的雄性猩猩又会同冷静下来的母亲重新开始来往，逗它笑，给它带点水果，还会为它梳理毛发。

观察动物间的乱伦抑制效应，应当观察年轻雄性和雌性动物之间的特定行为，将这一行为与群体中所有动物在相遇时表现出的其他行为进行比较；更重要的是，为了确保被观察的年轻雄性和雌性动物之间是母子关系，必须从雄性动物一出生起就开始观察它们。

观察一个并没有发生的事件，需要我们秉持独特的科学态度，即首先要分析我们看到了什么，之后将其置于已经掌握的背景信息中，以便知晓个体的历时发展，了解该个体的某个行为是如何被发展出来的，然后才能在共时层面上解释该个体在某个特定时刻的表现。

观察这样一个俄狄浦斯式的猩猩家庭中规避乱伦的机制，很难做到勤奋且高效，因为这样的观察需要长期的时间投入和持久的耐心。

这也是为什么那些毫不拖延、充满干劲的精神分析学家和科学家并没有注意到，其实动物生来就不会实施乱伦行为。

再来看这样一个场景：一只年轻的红嘴鸥正飞向被它四平八稳地安置在路边的鸟巢，而一只雌性黄嘴鸥徘徊在周围，一边轻声啼叫，一边慢慢接近雄海鸥。

这两只海鸥在一起共同生活了两个月。根据鸥喙的颜色可知，它们出生于梅岱斯海岬（La pointe des Mèdes）一带。

它们曾经飞越比利牛斯山脉，最远到达大西洋，现在又回到自己出生并度过幼年时期的地方，在此组建家庭。这对海鸥夫妇还很年轻，因为它们的翅膀边缘还有少许褐色羽毛，而成年海鸥的羽毛呈纯白色，有浅灰色条纹。

它们和来自英国的海鸥一起在大西洋沿岸的沙滩上过冬①。

尽管这两群海鸥有着相同的遗传学、解剖学和行为特征，可它们并不会混居。这是因为两群海鸥的叫声有着不同的“口音”，它们会对彼此感到害怕②。

到了春天，海鸥就会回到自己的出生地，与族类相认。自己领地的

① LAUNAY G.（1983），« Dynamique de population du goéland leucophée sur les côtes méditerranéennes françaises »，Parc national，Port-Cros.

② EIBL-EIBESFELDT I.（1972），*Ethologie. Biologie du comportement*，Éditions Scientifiques，rééd. 1983，p. 120.

环境、白色的峭壁、熟悉的风向还有盛放的莫邪菊，都能给海鸥们带来一种熟悉的感觉，使它们感到自己正处于安全的环境中，于是开始求偶行为。

当雄性红嘴海鸥回巢时，雌海鸥总会毫不犹豫地停在雄海鸥附近。

一对雌雄海鸥离得很远就能凭借面部特征认出彼此。虽然我觉得所有海鸥都长得差不多，不过确实得承认，每只海鸥都有各自的面部特征，它们之间确实能分辨出彼此的不同。

在人类看来，雌雄海鸥十分相似，然而对海鸥来说，差别却十分明显。雌海鸥体积更小，头部形状更圆，而且会表现出一些雌性特有的行为[①]。在海鸥群体中，通常是雌性发起求偶行为。雌海鸥一旦选定了心仪的雄海鸥，就会缩起脖子，将身体放平，然后发出轻柔短促的鸣叫，声音并不十分响亮，这种姿态和鸣叫声有点像幼鸟乞食时的表现。

受到求偶信号刺激的雄海鸥则会张开翅膀，伸长脖子，发出长声啼叫。如果此时有另一只雄海鸥碰巧经过，这对彼此吸引的海鸥就会合力进攻入侵者。这对海鸥也由于共同抵抗入侵者而结成同盟，随后便会去找一块相对平坦的地方开始筑巢。

雌海鸥挑选的心仪对象一定属于其他家族。如果像雌海鸥自己一样有着黄色鸥喙的话，那这两只海鸥很可能属于同一个家族，而海鸥兄弟姐妹之间常常爆发冲突，由此引发的仇恨情绪自然而然地就会将它们分开。

不过在昂代（Hendaye），英国海鸥的叫声会让马赛的海鸥觉得陌生和害怕，这也会阻止它们对彼此进行求偶[②]。

要想被雌海鸥选中，雄海鸥也得与其保持一段适当的情感距离。如

---

① TINBERGEN N.（1975），*L'Univers du goéland argenté*，Elsevier，Bruxelles.

② CYRULNIK B.，Communications pré-verbales chez les animaux，Société Internationale d'Écologie，Bordeaux（1987），L'Harmattan（1989）.

果太亲近，两只海鸥间过分的熟悉感就会催生出一种敌意。如果太疏远，它们对彼此叫声的陌生感和某些不同的行为方式又会成为它们接近对方的阻碍。

因此，在海鸥群体当中也存在着防止乱伦行为发生的社会学、生态学和遗传学因素。

1949 年，列维-斯特劳斯①声称，乱伦禁忌标志着“自然向文明的过渡”，从动物性向人性的转变。

然而从 1987 年开始，人们对海鸥和大多数动物的观察结果都否定了列维-斯特劳斯的断言。成年动物的性行为对象绝不是随意选定的。动物可以选择的对象被一系列生物学、生态学、社会学和历史因素限定在了很窄的范围内。同系交配、族内交配在自然界也是非常罕见的现象②，而人类群体中乱伦现象的发生可比我们想象的要频繁多了③。

要是按照列维-斯特劳斯的逻辑，那得出的结论就应该是动物比人类文明得多，也更具有人性。

其实问题就出在提问的方式上，因为我们人类只能通过命名的方式描述自己观察到的事物。观察之后我们总要说点什么，将观察到的东西用语言表达出来。这样一来，我们就有可能背叛自己的观察。海鸥确实不会和自己的母亲交尾，可是就算海鸥这样做了，这种行为就可以被称为乱伦吗？是人类观察者自己将这种性行为命名为“乱伦”。因此能够标志着从自然走向文明的，并不是乱伦禁忌，而是将这种行为命名为“乱伦”并将其视为禁忌的这件事本身。

我们甚至可以认为，人类和动物之间并不存在根本性的差异。这样

---

① LEVI-STRAUSS C. , Les Structures élémentaires de la parenté, PUF.

② VIDAL J. - M. (1985), « Explications biologiques et anthropologiques de l'interdit de l'inceste», in *Inceste*, *Nouvelle Revue d'Ethnopsychiatrie*, La Pensée Sauvage.

③ SCHERRER P. (1985), «L'Inceste dans la famille», *ibid*.

的话，人类既可以描述所有生物体的共性，也可以描述每个生物体的特性。毕竟一切生物体都需要从现实世界中挑选某些物质信息，从中获取某种形式的能量，进而适应环境。不过每个生物体都根据自身的大脑构造和个性，以自己的方式处理这些信息。

按照这种逻辑，"动物"一词指的是既非植物又非人类的生物。动物这种"非人类"包含如此丰富的多样性，以至于这个概念本身就意味着各种截然不同的生存方式。如果将观测仪器对准分子层面，观察细胞膜和物质交换，那么就会发现海兔——海蛞蝓的一种——神经细胞的突触，也就是两个神经细胞之间的部分，会像人类的神经细胞一样分泌乙酰胆碱①。而这并不意味着可以将人类与海兔等而论之。当弗洛伊德发现鳗鱼的神经细胞和人类的神经细胞形状相同时②，他也从来没把人类和鳗鱼混为一谈。他从来没让一条鳗鱼在他家的沙发上过夜，就算他俩的神经细胞有着相同的形状！

所以在今天看来，动物行为学和人类行为学之间的差别并无多大意义。我们更关注的是将动物行为学的思考方式引入到一些目前已经被建立起来的学科中。心理学家用动物行为学的眼光和方法进行研究，就产生了动物行为心理学（éthopsychologie）。人类学家倾注大量精力观察人类的非言语行为，就产生了人类行为学（étho-anthropologie）。语言学家观察人们说话时的举止表现和对话发生的场景，这就是行为语言学（étholoinguistique）。城市规划师可以研究城市规划行为学（étho-urbanisme），神经科医生可以研究神经行为学（éthoneurologie），精神分析学家可以研究精神分析行为学（éthopsychanalyse）。

弗洛伊德在给未婚妻玛尔塔（Martha）的一封信中这样写道："当

---

① CHANGEUX J.-P. (1983), *L'Homme neuronal*, Fayard.

② FREUD S. (1877), Prix du bulletin de l'Académie des Sciences (Base de la théorie des neurones), Vienne.

时我感受到一股强烈的求知欲望，不再满足于仅仅关注自然科学的对象，而是想要弄明白与人际关系有关的一些事情，当时我还没意识到观察的重要性……①” 1921 年，当时 16 岁的维克托·弗兰克尔（Victor Frankl）寄给弗洛伊德一篇关于“表示确认和否定的手势之起源”的文章，弗洛伊德非常高兴地看到作者将自然科学的观察方法运用到对人际关系的考察中，于是立刻在《国际精神分析研究期刊》（*Journal international de psychanalyse*）上刊载了这篇文章。②

战后，勒内·斯皮茨（René Spitz）对新生儿的微笑展开了一项观察，此项研究在方法层面完全受到尼克·丁伯根（Niko Tinbergen）观察幼年海鸥张开嘴巴接受成年海鸥喂食时所采用方法的启发。勒内·斯皮茨后来还详细描述了遭遗弃儿童的依恋行为。这些儿童幼年时没能通过母亲的身体建立安全感，之后也无法在这种安全感的基础上发展自己的行为。他还观察了儿童由于恐惧做出的反应，描述了儿童在陌生人面前表现出的焦虑不安，并且发现八个月大的婴儿正处于一段敏感期，表现婴儿焦虑不安的行为会在这一时期突然出现③。

所有这些精神分析学家之所以能够开展直接的观察，是因为他们已经掌握的精神分析理论能够帮助他们从个人生命史的角度来认识观察对象。因此就算某种精神障碍到很晚才会表现出来，他们也能够找到其早期根源④。

1969 年，约翰·鲍尔比（John Bowlby）使精神分析行为学这一方法的地位得到了提高：“很显然，如果精神分析学想要在行为科学中拥有一席之地，就必须在原来传统的方法中引入被自然科学界认为行之有

---

① FARRAN J. (1969), *Freud*, Tchou.

② FRANKL V. (1973), *Un Psychiatre déporté témoigne*, éd. du Chalet.

③ SPITZ R. (1953), *La Première Année de la vie de l'enfant*, PUF.

④ WIDLÖCHER D. (1983), *Les Logiques de la dépression*, Fayard.

效的方法[1]。”

目前精神分析学界的专家学者都在学习行为学方面的知识。他们可能不会在疾病的治疗过程中改变原先使用的精神分析方法，不过如果想让精神分析学成为一门科学，就必须改变研究态度以便找到其他的假设，必须学习新的观察方法以便发现新的事实、提出新的因果论[2]。

那么动物行为学，这种试图在自然状态下观察生物行为的心理学究竟是怎么发展起来的呢?

故事要从康拉德·劳伦兹（Konrad Lorenz）讲起。

20 世纪 30 年代，这个奥地利人对当时的医学深感失望，当时的精神病学也令他感到恐惧，于是他决定和寒鸦还有灰鹅在一起生活一段时间[3]。他与这些动物共享房子、餐厅，还有通向卧室的楼梯，这件事极大地改变了他作为观察者的眼光。

与灰鹅们朝夕相处的日子使劳伦兹意识到这些动物的情感生活和社会生活非常重要。他曾经讲述过一只母鹅的故事。小母鹅的父母感情很好，它在充满父母关爱的环境里长大[4]。然而进入青春期后，这只小母鹅开始激烈地反抗父母，拒绝跟随父母外出，事事与父母作对。父母则渐渐对小母鹅采取放任不管的态度。后来父母又进入了发情期，小母鹅的存在使它们在求偶时表现得局促且尴尬。两只鹅因为一点小事就威胁它们的女儿，因此自然而然地，就像世界上所有的动物一样，青春期的小母鹅不得不离开自己的父母。

这段关于动物代际冲突的朴实叙述启发了许多研究者，也让他们开

---

① BOWLBY J. (1978), *L'Attachement*, PUF, t. 1.

② LEBOVICI S. (1983), *La Mère, le nourrisson et le psychanalyste*, Le Centurion.

③ NISBETT A. (1979), *Konrad Lorenz*, Belfond.

④ LORENZ K. (1978), *L'Année de l'oie cendrée*, Stock.

始观察该行为如何促成乱伦抑制效应的产生。康拉德·劳伦兹早在 1936 年就开始描述灰鹅这一物种当中儿子与母亲之间性关系的缺失了。不过想要做到这点，除了观察，他还得对种群的历史有所了解，就像精神分析学家提倡的那样：要和被观察的对象生活在一起，与它们朝夕相处，分析那些乏善可陈的日常细节。

日常生活中，观察者的心态也会决定观察行为。如果一个观察者说“所有中国人长得都一样”，那么这句话的意思是他将被观察的人简化成了几个能够被察觉的事实迹象。他从感官层面上察觉到了中国人黄色的皮肤、眼角斜向上的黑色眼睛和柔顺的头发①。根据这些生物物理学意义上的真实信息，观察者概括出一个“中国”的范畴，这实际上意味着皮肤反射某一特定波长的光波、眼睛有着某种特定的形状、头发有着某种特定的颜色。

不过假如我们和中国人在一起生活、共享一间卧室、一起吃饭、从事相同的职业，就会发现他们吃饭的方式、睡觉的习惯、建立情感关系的方式千差万别。我们也会试图理解一个敬酒的动作包含的意义、感到沮丧时露出的微笑的意义，还有我们可能听不懂却传递着友好或仇恨的话语背后的含义。这种与中国人朝夕相处的方式将会彻底改变观察者的观察行为。

这样一来，中国人就不再是都长得一个样了。我们会看到有的人个子高，有的人很和善，有的人很悲伤，有的人很懒惰……观察的方式使中国人变得个性化了。

在卡马尔格（Camargue）的平原地带，只要站到凳子上就能看见不一样的风景，甚至能看到远方的大海，这就和康拉德·劳伦兹与灰鹅共

---

① LANGANEY A. et ROËSSLI D. (1988), «La Couleur de la peau désirée: mesure d'un fantasme», in *Le Visage: sens et contresens*, ESHEL.

同生活、观察者与中国人朝夕相处是一样的道理。只要观察者的心态稍加改变，被观察对象的样貌也会随之发生改变。

可以说是爱情让我开始思考一个属于认识论范畴的问题。

当眼睁睁地看着自己心爱的女人跌倒时，我并不会想到她是以 $1/2\ mV^2$ 的动能跌倒的！我做不到将所爱之人想象成一个服从地球引力的重物。她跌倒的时候我只会感到紧张和焦急，我会冲过去帮她，希望她没有受伤。$1/2\ mV^2$ 这个定理完全不适用于身陷爱情中的我。如果有人用 $1/2\ mV^2$ 来解释我所爱之人的跌倒，我一定会特别生气。承认她以 $1/2\ mV^2$ 的动能跌倒，无异于将我所爱的女人视为一块石头，相当于抹杀了我对她的全部感情，将我沉浸其中不能自拔的柔情蜜意贬为虚无。这相当于说我爱上了一块石头。将我所爱之人化简为一条她与石头共同遵循的物理定律，这便是否认我的爱意、我的内心、我的精神。

我痛恨那些在我所爱之人跌倒时宣布“她以 $1/2\ mV^2$ 的动能跌倒!”的人。

无论如何……她跌倒了!

因此被观察对象并非完全客观中立，观察者会根据自身的感官、神经、无意识结构，有选择地接收特定信息，并根据这些信息创造在他看来“显而易见的”表象。

看似明显的事实其实并非显而易见。有些观察者会因为人们将他所爱之人的跌倒简化为一条物理定律而气愤不已，有些观察者却可能由于过分畏惧自己的情感而觉得这条定律给出的解释让自己如释重负。

最初的行为学观察都是朴素简单的，不过也没有那么朴素、那么简单。“我心爱的女人跌倒”这个例子就能说明，观察活动其实是被观察对象对观察者施加的一种作用。

因此行为学需要第二阶段的观察，这一阶段具有更强的针对性，目的是分析某些可变因素的影响。

已知动能定理 $1/2\ mV^2$ 是一条适用于所有下落物体的普遍定律，我可以在三种情况下展开实验性观察：

1. 对着一块石头踢一脚：已知石头的重量、地球引力相关定律、这一脚的力量大小和方向，便可以像弹道分析一样精准预测石头的运动轨迹，结果也如我所料。
2. 对着一条狗踢一脚：

a）如果当时这条狗在我的地盘上：我会发现这条狗移动的距离远远超出我这一脚的机械力能够达到的范围。

b）如果当时这条狗在它自己的地盘上：结果令我大吃一惊，因为这回换作是我慌张地移动，而且方向还与我这一脚本应该施加的力的方向相反。

3. 同样的一脚踢在我心爱的女人身上，那么我将会观察到：

a）一种通过声音和语言完成的回应："哎！这可不行！"

b）一种阐释："我妈早就跟我说你会对我做这种事！"

c）一种与我踢出去的这一脚具有的力量和方向全然无关的移动："我回我娘家去了（距离我的脚八百公里远的地方！）。"

这个小笑话的意思是说，观察是一种创造行为，但必须符合某些普遍规律。

科学方法教会我们将观察对象划分成几个不同的观察层次，它们之间并不一定互相排斥。具有排他性的是观察的方法，而不是观察的对象。我心爱的女人对我踢她的那一脚做出一番阐释，并不影响她承受我这一脚对她施加的机械影响。数学公式能够解释我这一脚的力量，但只有我妻子对我们共同生活的认识才能解释她的阐释以及她在行为方面做出的决定。

在“精神分析”领域，总有一些分子论的追捧者试图从生物学的影响出发解释行为：“如果你妻子的大脑没有分泌足够的多巴胺，她甚至没有做出回娘家这个决定的能力。”此类论据的确恰当，事实也的确如此：大脑分泌多巴胺不足的忧郁者和精神错乱者的确无法解释他们的感知，更不会做出相关的反应。

符号论的拥护者对分子论者的此类观点大为恼火，认为人类不仅仅是分子那么简单。这种说法似乎也站得住脚。

其实，分子论者并不比符号论者更有道理，观察者总是根据自己所知和自己的客观存在来选择观察的层次。观察者描述的往往是连他们自己都没意识到的观察态度驱使他们看到的东西。

观察结果一旦得出，就会被知晓结果的人阐释一番。之前在土伦（Toulon）召开过一次关于子宫内胎儿交流行为的研讨会，期间发表的都是经过充分论证的论文①。

所有与会人员都听到了宫内回声，也通过超声检查看到了胎儿如何对母亲所发出声音中的某些特定成分做出回应。听众们一旦接受了这些生物物理学信息，就会立刻将其整合进自己的无意识当中，进而各自做出不同甚至完全相反的解释。一些产科医生强烈反对这种探测行为。他们声称：“很显然所有人都能看到，当母亲唱起一支她经常唱的儿歌时，胎儿可能会游动、吮吸、心跳加速，甚至会微笑，但这些行为上的反应并不意味着胎儿真的听见了母亲的歌声，因为外耳在水中并不能发挥作用，而且胚胎的记忆十分短暂，不可能将接收到的信息立即转换成身体反应。”对子宫内胎儿交流行为的观察做出如此这般解释的产科医生往往是代孕母亲的支持者。要想买卖刚出生的婴儿，要想将婴儿交到亲生

① PETIT J. et PASCAL P.（1985），Colloque éthologie et naissance（NEC），in SPPO（Société de Psychoprophylaxie obstétricale），n° 10，mai 1988.

母亲以外的另一双温柔深情的手上，最好是认为母亲与腹中的胎儿之间并无任何联系。如果子宫内的胎儿与母亲之间并不存在情感连接，那么婴儿买卖就会容易许多。

当天晚上，研讨会的组织者介绍我认识了一位记者，她也参与了研讨会，做了详细的笔记，还用录音机录下了研讨会的全部内容，当时她刚刚给斯托克-佩尔诺出版社（Stock-Pernoud）打过电话，出版社同意出版研讨会的所有论文。她跟我说："这真是太了不起了，婴儿在子宫里就能感知到母亲、能认出母亲，还能对母亲产生熟悉感和亲切感，这真是太不可思议了。"

后来在晚宴期间，我得知这位记者当时正投身于一场反对堕胎的运动，她希望利用这场研讨会上的发现来反对终止妊娠的行为。

同一项科学观察结果能够同时为两派对立人士所用：母亲说话时胚胎会微笑和吮吸拇指这一事实，对某些人来说能够成为胎儿拥有反射反应的证据；而那些更愿意相信情感连接只有在出生后才开始发展的人，则认为将新生儿从代孕母亲身边带走是完全合理的。

与此同时，这项观察结果也向另外一些听众证明，胎儿从六个月起能够对母亲做出回应，此时胎儿在母亲的子宫内真正成为一个活着的人。

被观察的对象、科学研究的对象从来就不像人们想象的那样客观中立。事物在被感知的那一刻就在我们头脑里闪现的理解中获得了意义。

"观察者看似是通过自己的双眼在观察一块石头，但实际上他是在观察这块石头对他产生的影响①。"这项发现的目的是揭示观察者如何观察，以及观察者的无意识如何将他所感知到的东西组织起来。

---

① RUSSEL B. (1969), *Signification et vérité*, Flammarion.

假如我们对观察者做出一番改变，假如我们改变他的大脑、他使用的相机、他的个人经历、他的无意识，或者仅仅使他的学术态度发生改变，那我们就会改变他的观察行为，并从现实中提取出另外一些令人惊讶的事实。康拉德·劳伦兹做出的改变是与一只灰鹅分享自己的卧室；阿尔伯特·爱因斯坦从观察者的立场出发，发明了一套新的数学方法；某位不具名人士在卡马尔格平原地带站到了一把椅子上，于是感知到、理解到了别样的事物。

一旦我们接受了这一点，就能用另外一只眼睛、另外一只耳朵去看、去听。这只眼睛能让我们进行直接的观察，这只耳朵能让我们聆听历史的声音。

这两个器官让人们从两个截然不同的维度理解事物：历史性和因果性。

比方说，我观察到一只蜱虫挂在一根低矮的树枝上：在它置身其中的现实世界的所有信息中，没有哪条信息能够真正刺激到它，于是它无动于衷地挂在树枝上。

这时一条狗从树下经过，皮毛油亮，腺体分泌出大量丁酸。而蜱虫身体上接收器的构造决定了丁酸分子能够刺激蜱虫的神经系统，丁酸分子被接收器接收的过程就像一把钥匙插进对应的锁眼里那样。再没有什么信号比丁酸更能刺激到蜱虫了。于是被猛烈刺激的蜱虫突然惊醒，张开螯钳，掉在那条碰巧经过的狗身上。“丁酸就是蜱虫的生物学符号①。”

我认为同样的推理过程也可以被用于心理学意义上的人类。有些父母会对孩子说“你是我们从垃圾桶里捡来的”，这句话传达了一系列信息：“你/捡来的/被我们做父母的/从垃圾桶里。”

① VON UEXKÜLL J.（1956），*Mondes animaux et monde humain*，Denoël.

孩子听到这句话后，就会进行一番阐释，然后将其纳入自己的生命历程。这些孩子在四十年后求助于精神治疗时会说："我听到这句话时受到了极大的震撼。真的吓到我了。就因为这句话，我这辈子都在担忧自己被抛弃，并为了不被抛弃而做出种种努力。我全神贯注地致力于不被抛弃，无法接受被我所爱之人抛弃，可我……我没办法为我自己而活，这句话对我真是毒害颇深*①。"不过，也不能说这句话就是这位47岁女士讨好型人格的根源，因为几天之后我又听另一位病人说："'你是我们从垃圾桶里捡来的'……这句话几乎是在一瞬间就使我获得了解放。所以我不是这对父母的女儿。我有权无视他们，疏远他们，甚至赶走他们，过我自己的生活*。"

只有在上述两位女士的耳朵能够接收声音信号、大脑能够把声音转化为单词，且个人经历足以赋予这些单词意义的时候，他们父母说的这句话才具有意义。

这两个人有着各自不同的经历，她们都只是根据自己的感受来决定真实事件的意义。生物会选择各自接收到的信息，以便从现实出发合成头脑中的记忆。在这个意义上，所有信息都是真实存在的，而基于这些信息被想象的生物则是被创造出来的。

无论是通过自我反省还是回溯性分析，真实的记忆能让我们回想起的只是我们头脑中的一生。因果律在这类情况中不起作用。一位病人说："这句话（你是我们从垃圾桶里捡来的）让我患上了焦虑症。"另一位却说："自从听到这句话，我就觉得自己摆脱了焦虑情绪。"

不过假如我们进行直接的观察，就能看到意义如何从单词中产生，同样一句话如何产生不同的意义，尽管这句话的涵义始终不变：你/捡来

① 此标号（*）将在书中重复出现，表示所标记的句子是作者从心理治疗的病例中逐字逐句摘录的。

的/从垃圾桶里/被我们做父母的。

通过对一组刚被送进幼儿园几小时的儿童进行直接观察，人们突然发现，在抵抗分离焦虑时表现最好的那些儿童，恰恰是在此次分离事件以前就与母亲缔结了最能给他们安全感的情感关系的那些儿童①。

研究相同主题的几位行为学家展开的一系列观察也证实了这一猜想。针对一些被从母亲身边带走的儿童，其中一位行为学家（N. G. Blurton-Jones）对孩子们的行为进行了微观分析②，另一位则主要描述了儿童的社会化行为，例如一些情感激励：靠近、微笑、低头、掌心向上伸手（Hubert Montagner）③。还有一位行为学家指出，模仿行为“并不是‘故作滑稽’，而是一种诱发游戏和交流的行为”(Pierre Garrigues)④。所有这些行为标记都让人们观察到一个与母亲分离的儿童如何使自己不被抛弃，以及如何不顾一切地进行着自我社会化的过程。

这样的孩子究竟会恳求别人来爱他，还是增强以自身为中心的活动？究竟会向别人展露微笑还是躲避他人的目光？

对这些孩子的行为进行侧写并追踪其发展并不是什么难事。人们发现这些经历了“早期分离”（无论是什么原因造成的）的孩子对母亲的离开做出的反抗最不明显：他们只是增加了以自我为中心的活动的频次，减少了那些本可以帮助他们承受母亲离开的社会化行为⑤。

相反，儿童所依恋之人的回归会在拥有不同经历的儿童身上激发完全不同的行为。在加拿大的一家社会福利机构，研究人员进行了一项

---

① 详见《垃圾桶里的孩子，君主的孩子》一章。

② BLURTON-JONES N. G. (1972), *Ethological Studies of Child Behaviour*, Cambridge University Press.

③ MONTAGNER H. (1978), *L'Enfant et la communication*, Stock-Pernoud.

④ Collectif (1985), *Le Jeu, l'enfant*, ESF.

⑤ PETITCLERC L. et SAUCIER J.-F. (1985), in *Ethologie et développement de l'enfant*, Stock-Pernoud.

“自然实验”。这家机构负责在白天照护三十多名在二至六个月大时被遗弃的儿童。随后，这些儿童被送往寄养家庭，他们之前经历的创伤很快便在寄养家庭给予的关爱中得到修复。

该机构还接收了其他一些并没有被遗弃过的儿童，他们的父母在外出工作时也将他们托付给这家机构。所依恋之人不可避免的离开在这些儿童身上激发了与人们预期相符的行为，如前所述：在依恋关系中成长的儿童不会频繁地吮吸拇指，睡觉时也更少采用俯卧睡姿；他们开始拉拢别人、微笑、发出声音，并且爬上大人的膝盖①。

当与儿童建立依恋关系的人回来后，人们注意到两组儿童的反应存在明显不同：那些经历了“早期分离”的儿童表现出的身体语言更加紧张，相比于在依恋关系中成长的儿童，前者表现出更多哭闹、微笑、抱紧大人的行为。

因此在这些孩子的早年经历中实际发生的事使他们形成了相应的能力，并能根据之后发生的事件重复使用这种能力。

现在我们将这种观察结果和“你是我们从垃圾桶里捡来的”这句话联系起来，就能解释为什么同一句话会产生如此不同的意义。通过询问邻居、家人或其他可被当作天然观察者的旁观者，我们得知那位因为这句话倍感焦虑的女士早年生活中充满了关系断裂、分离、像踢皮球一样从一个人手上被交到另一个人手上、从一个家庭到另一个家庭等经历。母亲在她出生两个月后住进了医院；祖母体弱多病，需要好几位护工照料；父亲的状态也很不稳定，因不停变换工作而多次搬家。因此，诸如上幼儿园、新到一个学校或夏令营等事件都在她心中唤起一种被抛弃的想象。而这句话又突然出现在女士本就颠沛动荡的经历中，构成了她遭遗弃命运的基本隐喻。这句话并不像患者讲述自身经历时所认为的那

① TIZARD B.(1975), *Early Chilhood Education*, Windsor, N. F. E. R.

样，是其命运的根源，而是构成了一个隐喻，通过增强特定情绪的方式发挥作用。

而另一位通过这句话得到解脱的病人，则在一种几乎令她窒息的爱中度过了童年："我妈妈总是围着我转……我都来不及想自己还想要什么，因为一切愿望都已经被满足了。她让我变得不可一世。她真的是无时无刻不在我身边，以至于我都忽视了她的存在，我也看不清自己究竟是谁了。我被禁锢在她的爱里。她去哪儿都带着我。这太可怕了。我甚至都没机会磕破膝盖＊。"

这个被投注了过多关注、对爱已经麻木不仁的小女孩只有在与那些爱她的人对着干时，才能真正成为她自己。那句话给她带来的是自由，是准许她成为自己，是她边缘化命运的基本隐喻，是她从那个爱多到已经无法被感知的童年世界里长大成人的唯一方法。

至此，这篇引言想要说明的只有一点，那便是本书中的观察都是不符合实际的。但由于观察者们知道观察在某种程度上是一种创造，这些观察又是"可修改的"，也就是说，我们所看到的都有待被再次审视。

"显而易见，一看便知。"喜欢说这话的人总是生活在印象的世界里。他们觉得自己是在观察世界，但其实观察到的只不过是世界让他们产生的印象罢了。

接下来，我们将试着管窥情感的纽带。这种情感连接渗透在我们日常生活的方方面面，就在我们眼皮底下，而我们却从来不曾真正看见过。

第一部分

母　亲

诞生之前的生命

我从来没听到过“我最爱的胚胎”这种说法。

“胚胎”（fœtus）一词在拉丁语中的意思是“卵、羊膜、胎生动物的胚芽”。

那么问题来了：“胚胎究竟到什么时候才能算是一个人？”是怀胎第十四天受精卵在子宫壁上着床的时候？还是怀孕第十四周之后，细胞分化先形成组织、后形成器官的时候？抑或是第一次胎动的时候？甚至是婴儿会说话之后才能称其为人？

生物学家并不能断定人究竟形成于哪个时刻。他们能谈论个体的出生和死亡，但从出生到死亡的整个过程中生命从未中断。生殖细胞相遇之后创造胎儿，而生殖细胞原本就是活着的。只有这种相遇造就的个体才会出生和死亡。个体的生殖细胞则会通过其他个体被传递下去。死去的是个体，并非生命。

对于一个人的感知也是慢慢建立起来的：一个婴儿，总是被想象先于被感觉，被谈论先于被听见。

直到 19 世纪，儿童早夭在欧洲仍是常事，以至于许多人希望婴儿在出生前就能够接受洗礼。如果婴儿来不及受洗就夭折，那婴儿的父母只能抛弃他们幼小的尸体，在一块没有被祝圣过的土地上随随便便挖一个坑将其掩埋。那个年代的生命是如此脆弱，这就让洗礼成为一件刻不容缓的事情，所以人们才希望婴儿在出生时就已经完成了洗礼。人们想方设法让孩子“一来到世界上”就受洗，也就是说，母体之外的人能够在母亲扩张的宫颈口看到胎儿头顶的时候就可以举行洗礼仪式了。神父可以把圣水洒在胎儿裸露的身体上，同时口念祷词："孩子，奉父、子、圣灵之名，我向你施洗。"不过在其他一些人，比如圣多默（saint Thomas）看来，"婴儿在降生至神圣恩典之前必须先降生至肉体生命中①"。

其实早在中世纪，一些助产士就已经开始尝试借助芦苇秆和导管接触子宫内的胎儿了。到了19世纪，人们发明了十分精细的漏斗状工具，可以让尚在母亲腹中的胎儿接触到圣水。这项虔诚的发明源自一位名叫维利耶（Verrier）的医生。1867年，他通过这种方法让一位早夭婴儿的家人得以为其举行宗教葬礼。

几个世纪以来，关于胚胎的想象也历经千变万化。中世纪的基督教艺术热衷于表现怀孕的处女形象。婴儿耶稣在母腹中双膝跪地，呈祈祷之态或面貌庄严，头顶光环，身着华服②。

14世纪，乔托（Giotto）绘制的耶稣诞生图中，刚出生的耶稣被布条一圈圈缠住身体，以便使其保持双腿伸直，从而抵抗令其四足爬行的动物天性。婴儿抬着头，深切地注视着圣母马利亚，面带微笑。而现在，就算是一个对婴儿一无所知的人也知道，新生儿的肌肉根本不具备完成这种动作的力量。

到了16世纪，列奥纳多·达·芬奇绘制出了解剖学意义上的胎儿形象：胎儿有着巨大的脑袋，呈现特定的胎位。乔治·德·拉·图尔（Georges de la Tour）的观察则更接近真实：母亲托着婴儿的头，婴儿的眼睛是闭合的。直到最近，关于子宫内胎儿的绘画才开始呈现人们通过解剖学观察得到的胚胎形象，即女性的盆骨承托着有一定体积且头朝下

① GELIS J., LACET M., MOREL M. F. (1978), *Entrer dans la vie*, Julliard.

② CHARVET F. (1985), *Environnement de la naissance*, Vigot.

的胎儿。不过画面还是过于理想化了，因为那些胎儿都有着精心梳理过的发型，金色的鬈发覆在他们天使般的前额上。

人们最早看到子宫内胚胎的形象是在 1964 年①。这些图像是由现代传感器获取的，胚胎的样貌之所以能够呈现于世人眼前，一方面得益于人类技术的进步，另一方面也是因为人类社会的组织方式催生了观察行为。

超声图像呈现了子宫内胎儿的惊人画面，也改变了人们对胎儿的表现方式。于是人们再也不会将胎儿想象成在母亲腹中头顶光环的样子了。如今人们能够看到，子宫里的胎儿在母亲疲惫时含住自己的拇指、吞下一点羊水、在母亲低声哼唱时吮吸脐带。

在被如此这般观察时，事物的形象便不再仅仅基于人们的观念，而是取决于一个由两阶段组成的观察过程：首先是粗略的整体观察，这是一种朴素的观察，在该阶段观察者完全沉浸于胚胎和他自己之间往来交换的信息中；接下来是精细的局部观察，这是一种实验性的观察，在该阶段观察者选择一个对象，或是某个行为的一小部分进行观察，记录在特定条件下观察对象的表现。这份记录被拿到实验室中进行分析，从而描绘出胚胎的形状和发育过程。之后观察者还可以改变条件再进行观察和记录，以便得知胚胎变化的作用和原因。

我想谈论的就是这种行为学意义上的胚胎。

女性的腹部向来神秘莫测，富有魔力，甚至拥有魔鬼般的力量。那里既能孕育婴儿，又会流出鲜血；既能施予快感，又能幽闭束缚。性欲高潮从这里产生，婴儿从这里降生。在人们的幻想中，女性的这个部位总是拥有摧毁和吞噬的强大力量，难怪很多惧怕这种女性力量的男性会

① EDELMAN (1964), Congrès d'obstétrique de Monaco.

将阴道想象成具有酸性和腐蚀性的场所。

弗洛伊德口中“女性的黑色大陆”如今已经遭到探险者的入侵。这些探索女性身体深渊的“洞穴学者们”钻进这块大陆，动用到了传感器、探测器、水听器、摄像机和探照灯。女性的腹部从未像今天这样被细致地参观……黑色大陆被照亮了。

被当作科学研究的对象之后，女性的腹部就展现出比人们最疯狂的想象还要神奇的世界。而“哥伦布们”令人难以置信的发现证明，胚胎在很早的时候就变成小人了。随着与这些宝宝的交流日渐深入，他们越来越难说出“胚胎”这个词。该领域的研究者们最终不约而同地使用“肚子里的宝宝”这种表述。等到肚子里的宝宝二十五周大时，就能与母体之外的人们进行交流了。宝宝们会表现出各种行为举止，对气味、话语、歌曲、情绪做出反应，这时人们还怎么可能用一个生物学词汇来指称他们呢？

宝宝们在出生前就已经很能干了。他们已经发育出了一整套神经心理结构，这使他们在获取任何经验、进行任何学习之前都能够感知、处理、组织来自周围环境的信息。

近来关于“黑色大陆居民的发现”引发了许多情感问题，也提出了新的问题。人们对子宫内胎儿的呈现方式不再是想象中的头戴光环的耶稣，也不再是一个生物学意义上的动物后代。我们应该谈论的是另一种意义上的宝宝。

胚胎发育的场所并不是那么容易就能观察到的。不过大自然向我们展示了蛋这种东西。蛋是货真价实的母体外的胚胎发育场所，因此更方便研究和进行实验操作。这类场所的共同特点在于，都有液体或胶状物质填充其中，外面有肌肉或钙化物组成的外壁包裹。这个包围在胚胎周围的小世界就构成了胚胎所需的生态环境。

不过胚胎居住的世界并不是封闭的，而是在不断地与外界进行交流。从这一认识出发，便可以做出如下假设：婴儿的生命始于降生之前。胚胎接收到的信息也参与到了胚胎发育的过程中。

对小海鸥感兴趣的动物行为学家尼克·丁伯根①曾在荷兰的沙滩上观察海鸥蛋的孵化过程。首先小海鸥会用嘴巴的下面在蛋壳上磨出一条裂缝，之后蛋中的小海鸥就利用这条裂缝在蛋的顶端凿开一个小洞。这意味着小海鸥必须自己在蛋中完成转身的动作，以便摆出最适合孵化的姿势。

海鸥破壳以后，父母会将它们护在自己的翅膀底下，直到小海鸥的羽毛变得光滑平整，绒毛展开。如果父母没能在这时候保护小海鸥，它们的羽毛就会粘在一起，还会最终死去。令人吃惊的是，小海鸥刚一出生，就会朝着照料过自己所在的那颗蛋的父母走去。小海鸥总能准确地找到那对特定的结成稳定夫妻关系的父亲和母亲。这对父母通常会有一块自己的领地，它们在上面轮流照护小海鸥。

究竟是什么神秘的力量让小海鸥径直走向它们“真正的”父母？小海鸥为什么刚一来到世界上就能认出它们的父母？

刚刚孵化的小海鸥天生就会用嘴巴啄击父亲喙上的红色斑点，这时父亲就会送上一份温热的、经过预消化的、适合小海鸥饮食需要的海鲜大餐。

在六月清晨的宁静时分，荷兰的沙滩上，尼克·丁伯根通过对自然界的朴素观察，揭示了一件令无数研究人类婴儿的学者们激动不已的发现：小海鸥在破壳而出后的一小时内就能认出父母的啼叫声！它们在听到母亲的第一声鸣叫时就会突然僵住，猝倒，灰色的小海鸥一动不动，和岩石几乎要融为一体，要是不留神真的有可能从它们身上踩过去。直

① TINBERGEN N. (1975), *L'Univers du goéland argenté*, *op. cit.*

到母亲再次发出叫声，小海鸥才会苏醒过来，蹒跚着赶往母亲身边。而它们对其他成年海鸥的叫声却毫无反应。

随后进行的多个实验性观察也对与小海鸥相关的问题作出了若干回答①。鸭的胚胎发育持续二十七天，不过从第十五天起，胚胎就能够通过发出声音或改变姿势来对孵卵母鸭发出的声音做出回应。胚胎甚至还会对邻近鸭蛋中其他小鸭发出的声音做出回应。

此类发声反应的发育过程基本相同，都取决于神经系统成熟的速度，环境也会促进或阻碍这一发育进程。如果将一只鸭蛋放在隔音的孵化器中，那么它发出声音信号的时间要远远晚于在自然界中被孵化的鸭蛋。而另外一只保持其他孵化条件不变的鸭蛋，如果被放置在声音信号丰富的环境中，则会比一般条件下孵化的鸭蛋更早地对声音信号做出回应②。

这些蛋启发我们对人类婴儿提出相同假设，并用相同方法对其进行观察验证。

我们曾在邦多（Bandol）附近的昂比耶岛（l'île des Embiez）③ 组织过一场国际会议，邀请了一些在新生儿行为学领域最前沿的专家学者。

会议讨论主要围绕三大主题进行：

—子宫内进行的以液体为介质的互动；

—出生后立刻进行的以气体为介质的互动；

—想象性互动，也就是母亲基于自身无意识想象做出的行为与婴儿

① GOTTLIEB G., KUO Z. Y. (1965), «Development of Behavior in the Duck Embryo», *J. Comp. Physiol. Psychol.*, n° 59, pp. 183-188.

② GUYOMARCH'J.-C. (1980), *Abrégé d'éthologie*, Masson.

③ PETIT J. et PASCAL P., NEC: *Naissance et Communication*, Toulon.

反应之间产生的互动。

开会那天下了一场热带常见的大雨，瓦尔（Var）有时候也会下这种雨。不过这场突如其来的雨十分关键，直接改变了会议的交流气氛。会上当然有那种事先在书房里准备好的正式交流内容。不过更重要的是，这场雨引发了某种更自然的交流，就是那种围坐在桌边时或散步时会进行的交谈。正是这样的交流揭示了可能连科学家们自己都没意识到的科学工作的根基。

那天早上有一场关于子宫内胎儿交流行为的讲座①，报告者向大家展示，婴儿感知到的是话语，而不是简单的声音。于是大家明白，子宫内的胎儿也具备语言能力。

那场讲座非常振奋人心，发言人的热情激发了大家的思考。他出色的演说天赋令人印象深刻，同时，他展示了录音机记录的子宫内声音②，以及精确捕捉的胎儿姿势变化和心脏反应，这些内容让听众更深入地理解了主题。

我们都有一种发现新大陆的感觉。我更是体会到一种幸福突然降临时的感觉，一股崇高之情与优美柔情油然而生。

雨下得太大，我们不得不待在走廊里。我旁边坐着精神分析学家伯尔纳·蒂斯（Bernard This）③，只听他说道："这是纳粹主义。他们那个实验就像纳粹医生做的实验一样！"

同样一件事情，我从中感到一股崇高柔情，伯尔纳·蒂斯却称之为纳粹主义！但其实，当初善良仁慈的脸庞上闪烁着机敏智慧的人是他；

---

① Exposé de Querleu D., obstétricien, et Busnel M.-C., directrice de recherches au C. N. R. S. en acoustique, au colloque «Éthologie et naissance», Toulon-Les Embiez, 1985.

② QUERLEU D., RENARD X., VERSYP F. (1985), «Vie sensorielle du fœtus», in *Environnement de la naissance*, Vigot.

③ Médecin-psychanalyste, auteur de plusieurs ouvrages, dont *Le Père: acte de naissance*, Le Seuil, 1980.

当孕妇走进办公室时站起来打招呼说“你好，女士……你好，宝宝”的人是他；如今对于婴儿早期能力的研究成果已经有了临床应用，而在使用这些成果的人也是他！他曾经像很多人一样，感受到一种新知识、新发现带来的恐慌和冲击，不过如今他也加入了新知识的行列。

1970 年，人们发现婴儿也具备一定能力。从此以后，人们开始对婴儿另眼相看。婴儿不再像 19 世纪那样，被认为要么是“良种”，要么是“孬种”；良种能成材，孬种就不能。这种认识似乎认为儿童的成长与环境、家庭和社会约束无关。这种“婴儿种子说”于 20 世纪 30 年代被种族主义者大肆发展，他们认为只有良种才能长成“上等人”。

纳粹失败后，环境决定论的影响日益凸显。婴儿被看作一块“璞玉”，环境如何雕琢，他就会变成什么样。对文化的过度强调极大宣扬了人完全由环境塑造这一观点。在“会思考的芦苇”和“任由自己被机械认识的种子”之后，人类站在十字路口，茫然四顾，既没有自主权，也无法做出个人阐释。

然而自 20 世纪 70 年代以来，人们逐渐认为婴儿既不是良种，也不是璞玉。人们发现婴儿自降生起就表现出自发的行为，也观察到婴儿的行为方式会对周围环境产生影响。这些“行为主体”就像做针线活的主体一样，能够呈现自我，并引起周围环境的相关反应，比如婴儿的警觉会改变母亲的行为①，迅速入睡的新生儿体内的神经电流会触发婴儿的第一抹微笑②。其实刚出生的婴儿每天只有几个小时的时间不是在沉睡中度过的。在这几个小时里，他们会对周围环境中的人和事做出自发反应，而他们周围的人也只能利用这几个小时的时间解码婴儿的行为，学

---

① HUTT et PRECHTL（1969），cf. HUTT C. et HUTT S. T.，« Stereotypies and their Relationship of Autism »，in *Behaviour Studies in Psychiatry*，Pergamon，Oxford，1970.

② WOLFF（1965）et EMDÉ（1976），cf. WOLFF（1963），« Observations of the Early Development of Smiling »，in *Determinants of Infants Behaviour*，vol. 2，Wiley，New York.

习如何与婴儿和睦相处。①

受到这种对待婴儿的新方式的启发，人们使用影像记录了一对襁褓中的双胞胎以及他们此后在相同环境中成长的三年里的表现②。这对双胞胎的母亲声称自己对两个孩子有着不同的情感：她与名叫罗伯特的儿子相处自然且融洽，然而在面对名叫鲁比的儿子时，却总是莫名其妙地感到很难与之相处，总会感觉疲惫、厌倦以及不自在。值得注意的是，鲁比在三年之后患上了幼儿孤独症。通过慢速播放影像资料、对镜头记录的行为进行分析后，可以很明显地发现，从出生后第一周起，罗伯特就会调整自己的身体姿势以适应母亲臂弯的角度，会迎接母亲的注视，回应母亲发出的声音。然而鲁比在母亲怀中时却是身体僵直，头向后仰，躲避母亲的目光，不会调整自己的姿势以便倚靠在母亲身体上，也不会回应母亲的哄劝，在与母亲的交往互动中早早地显现出了局促不安，从而引发了母亲的厌倦和深深的疲惫。

罗伯特和鲁比依偎在同一具母体上度过幼年时期，罗伯特将母亲变成了一名轻松愉快、关怀备至的好妈妈，鲁比却将这个女人变成了一个烦躁厌倦、疲惫不堪、心不在焉地履行母亲义务的人。

1943 年，一项关于“孤独症患儿母亲”③ 的研究这样描述这位母亲：正是这个女人怀中的孩子将自己的母亲变成了一名典型的孤独症患儿母亲。

1970 年以前，没有哪位研究者会借助磁带录音机、照相机、白纸和铅笔验证假设。他们的研究建基于想象出来的预设：“对于一个不会说话的主体，只能开展生物学意义上的研究。既然婴儿不会说话，那就无

---

① POMERLEAU A. et MALCUIT G. (1983), *L'Enfant et son environnement*, Mardaga.

② STERN D. M. (1971), «A Micro-Analysis of Mother-Infant Interaction», *J. Am. Acad. Child Psychiatry*, n° 10, pp. 501-517.

③ Observation réalisée par KANNER (1943).

法与之沟通。”其实不然，要想与之沟通，只需要运用属于婴儿的“语言”，探索属于婴儿的感官交流渠道。

得益于传感技术的进步，人们能够与之建立交流的婴儿年龄越来越小，尤其是听觉交流，在婴儿二十七周大的时候就能建立了①。

出生以前，婴儿生活在一个密闭的空间当中。子宫持续对婴儿的背部、臀部和颈部施加压力，就像被包起来的水果一样，这也解释了为什么胎儿呈现蜷缩的姿势。除了持续施加的压力以外，子宫还会时不时地收缩，对胎儿的背部进行按摩。这种对背部肌肤的抚触就是所有哺乳动物最初建立的感官交流渠道②。

子宫内的视觉交流渠道是否通畅并不易于探知。人们都想象得到，子宫内如山洞一般幽暗，原本就只有极少的信息通过视觉传入，只有简单的光线变化，使得子宫内环境整体呈现为深暗色或红色。不过即便是早产儿，出生后也能立即用目光追随距离自己二十厘米以内且正在运动的醒目物体。

然而普遍的说法认为新生儿只有在出生几周后才拥有视力。那么我们的文化为什么一定要认为新生儿什么都看不见呢？这其实是因为，只有周围人习惯了新生儿作为一个真实存在的生命活在成年人的目光之中，他们才敢于想象婴儿是一个能够看见他们的活着的生物。

嗅觉交流渠道在子宫内很可能是存在的，因为人体的化学物质接收器在胚胎发育的很早阶段就已分化形成，是在触觉之后紧接着形成的。

---

① Observation réalisée par BUSNEL M.-C.

② SCHAAL B. (1987), «Discontinuité natale et continuité chimiosensorielle: modèles animaux et hypothèses pour l’homme», in *Ethologie et naissance*, mai 1985, S. P. P. O., Société de Psychoprophylaxie obstétricale, n° 109, mai.

其实从 1975 年起[1]，胚胎学家就持有这种说法，只是从前我们一直没有合适的方法对胚胎行为进行观察。

直到最近有一项实验：研究人员给某种香味的分子进行了放射性标记，并让一只处于孕晚期的雌鼠吸入这些分子，随后研究人员发现这些分子轻而易举地穿过了胎盘[2]。被放置在雌鼠羊水前面的盖格计数器也连续不断地发出声响，证明香味分子确实在子宫内循环。目前可以确定的是，一切有胎盘的哺乳动物都必须在母体内的液体环境中度过生长发育的一定阶段，那么子宫内通过气味实现交流的相关假设就得到了进一步验证。

通过超声检查人们已经观察到胚胎在母亲说话或唱歌时吮吸拇指，或者抓住脐带吮吸。人们也已经观察到胚胎在听到母亲声音的时候会吞咽唾液。关于哺乳动物出生后排出的胎粪的研究也证实胚胎在子宫内的确享用过这种“羊水汤”。

于是关于这一问题，我们设计了一项观察实验。具体做法是询问马赛的产妇在孕晚期的时候有没有吃过橄榄油蒜泥酱。如果产妇吃过，我们就会请她们让自己的新生儿舔一舔带有橄榄油蒜泥酱香味的橡皮乳头。这些马赛宝宝在舔到的时候，几乎全都通过动作或面部表情表达了愉悦，而巴黎宝宝们只是做出了表示难吃的鬼脸。

通过这项实验能够观察到，在出生后仅仅数小时内，马赛地区的新生儿和巴黎地区的新生儿就具有了不同的反应。因此可以提出进一步假设，认为胚胎在子宫内就获取了饮食经验，母亲身处其中的饮食文化在胎儿尚处于子宫内部时就已经塑造了胎儿的口味偏好。

因此幼儿的文化适应从出生前就开始了。尽管存在细小的文化差

---

① Notamment BRADLEY.

② Observation réalisée par Poisson (1985).

异，以及胚胎由于身处特定文化而具有不同的口味偏好，但全世界的婴儿都拥有一些共同的类似程序设定的表现。对新生儿面部动作的影像记录显示，当人们往婴儿舌头上滴糖水或苦水的时候，全世界婴儿的反应都是一致的[1]。这项实验的结果并不复杂：所有婴儿在尝到糖水的时候都会露出微笑，而苦水无一例外会引发表示厌恶的鬼脸。

这些新生儿证实了一个动物行为学的观点，即所有生物都拥有相同的生物学程序，该程序一旦启动，文化适应也就开始了。

对动物来说，解剖学意义上的身体结构往往在该结构实际发挥作用之前就已存在。

虽然人类早产儿的听觉系统在出生时尚未发育成熟，但他们完全能够听见声音，他们在支配肌肉的神经发育成熟之前就已经开始学走路，在大脑发育完成之前就已经开始说话了。

对子宫内声音交流的探究必然会牵涉液体传声的问题，毕竟水是绝佳的声音导体。水生动物根本不需要进化出有耳廓的外耳，自然也不需要进化出能够敲击内骨膜的听小骨……其实内耳本身也充满了液体。水会降低声音传导的强度，从而让声音听起来更加低沉。水还能直接将声波转化为液体压力，就像或强或弱的波浪那样，直接作用于作为信息接收者的动物身体[2]。对于水生动物来说，响度较强的声音就是一种施加在其身体和头部的较强推力。

研究人员曾在一只怀孕母羊距离分娩日还有几个星期的时候，在其子宫内植入了一个微型水听器，以便记录母体内由心血管发出的声音。但其实这种声音在子宫内几乎不能被听到，这与人们通常所说的“子宫

① MELTZOFF A. N. et MOORE M. K. (1977), «Imitation of Facial and Manual Gesturies by Human Neonates», *Nature*, 282, pp. 403-404.

② LEROY Y. (1984), *L'Univers sonore animal*, Gauthier-Villars.

内能听到母亲的心跳声和肠鸣音”恰恰相反。对腹中胎儿来说，母亲的形象也未必就是一系列的内脏、心脏和肠道。毕竟研究人员在子宫内只采集到来自胎盘和外界的声音！

人们在子宫内采集到的主要是一种低沉且强度不高的噪声，类似于沉闷的气流声，其间夹杂稍强一点的响声。这是通过胎盘传入子宫内的杂音，主要是母亲心跳的声音。在胚胎头朝上且靠近胎盘的部位，我们采集到的声音类似在桅杆支索间采集到的八级大风（暴风雨）的声音；在胚胎头朝下且远离胎盘的部位，我们采集到的是相当于四级风（顺风）的声音。此外我们还采集到几声并不明显的肠鸣音，以及来自母亲身处的外界且靠近子宫部位的噪声，类似猫的呼噜声，低沉、轻柔，并不响亮。①

因此，在怀孕女性的子宫内存在着一个由声音构成的宇宙。这些由不同响度的声音构成的噪声转化为施加在胎儿身体和内耳液体上的压力，从而被胎儿感知。

行为学的研究方法要求建立观察点阵，必须将观察到的现象围绕一定的逻辑链条组合、编织起来，形成特定的观察叙述。使用的技术不同，观察所得结果也会不同。不同观察者接受的不同训练也会引导他们得出不同的结果。

不过，母亲的嗓音能够清晰地区别于胎盘杂音传导至子宫内，尽管不如声音通过空气介质传播时听到的那么响亮尖锐，但依然是子宫内声音宇宙中与其他噪声相比最明显的声音。

在子宫周围说话的人的嗓音与交谈中的其他噪声混在一起传导至子宫内，与胎盘杂音几乎没有区别。男人或女人的声音、或温柔或低沉的嗓音，都与子宫内最主要的杂音没有太大区别。

---

① QUERLEU D. et RENARD X. , *op. cit.*

于是子宫内的胎儿就与母亲的声音之间建立了一种特殊的关系。不过最令人感到吃惊的是，这种关系并不建基于简单的声音强度和单纯的可量化刺激（音量高度、频率、强度）。也就是说，胎儿还在子宫里的时候就已经在处理话语了！

一些十分简单的方法就能够帮助我们知道胎儿听见了什么。所有妈妈都知道，在她们自己听到巨大噪声时胎儿也会惊跳，不过这只是胎儿对物理刺激的反应。更加令人惊讶的是，母亲唱起儿歌会使胎儿的心跳加速，母亲开口说话会使胎儿变换姿势。

一系列关于胎儿记忆的研究发现①，当母亲开始讲话时，胎儿的心率总会随之提高。如果母亲重复同一句话，胎儿就会表现得似乎已经适应了这句话，心率显示他们对母亲所说的话不再感到惊讶，而如果母亲换一句话说，胎儿的心率又会再次提高。

近来发展的超声技术也向我们呈现了令人震惊的画面。当母亲说话时，胎儿会眨动眼皮，变换姿势，开始吮吸拇指或脐带。此类复杂的行为反应直观地反映了话语因素对子宫内胎儿的刺激作用。

一项针对四到六周大婴儿的实验证实②，某些特定的声音组织形式会比另外一些具有更强的刺激性：和其他音素相比，塞辅音，如 B/P 或 D/T，能够促使婴儿做出更加活跃的反应。而复杂音节，诸如 BAD/BAG，就比刺激性没那么强的音节，例如 DAB/GAB，更加容易引起婴儿的吮吸动作。一些心理语言学家③按照时间顺序往前追溯，尝试观察

---

① BUSNEL M.-C., HERBINET E. (1982), « L'Aube de sens», *Cahiers du nouveau-né*, Stock, n° 5. Travail repris et précisé par LECANUET J.-P., DEFERRE C. et BUSNEL M.-C. (1987), « Familiarisation prénatale aux signaux de parole», in *Connaître et le dire*, Bruxelles, Mardaga.

② MEHLER J., BERTONCINI J., BARRIÈRE M. et JASSIK-GERSCHEMFELD D. (1978), « Infant Recognition of Mother's Voice», *Perception*, 7, pp. 491–497.

③ ASLIN D. et EIMAS P., « La Perception de la parole par les nourrissons», *Pour la science*, mars 1985.

胚胎的语言能力。他们发现胚胎在子宫内发育至二十七周时，就会在接收到声音信息，比如一小段话语时，表现出苏醒、跳跃等行为。胚胎当然会感知到声音产生的物理刺激，但它同时也的确会对某些特定音素和声音组织形式做出植物性、行为性的反应，例如说话的语调，一个句子中令人振奋的重音、韵律，以及富于音乐性的蜿蜒曲折，这些特征共同组成了被胎儿感知的声音对象。不过胎儿要在出生并与人建立联系几个月后才能将意义赋予声音对象。一个很新的发现是，婴儿能够处理母亲的话语，会受到母亲话语的刺激，对此做出回应，还能够与母亲变得更加亲密。

费乔（J. Feijoo）是最早涉足该领域的研究者之一，他的妻子怀孕时家里只有一张名为《彼得与狼》（*Pierre et le loup*）的老唱片①。这张唱片里巴松管的表现尤其精彩，其声音浑厚粗犷、低沉紧张，并且反复出现。费乔发现了明显的迹象，可以说明这些片段渗透进了子宫内那个由声音组成的世界。

费乔每次播放《彼得与狼》的时候，宝宝都会在母亲的子宫里手舞足蹈。出生后再听到这张唱片时，宝宝就会摇晃身体，更加频繁地做出吮吸动作，将头转向这段熟悉的旋律传来的方向；而播放巴赫和布拉森斯时，宝宝却表现得无动于衷。

一些日本宝宝的母亲在怀孕时居住在大阪机场附近②。这些宝宝出生后在充满飞机噪声的环境中很容易平静下来，而在安静环境中却难以入睡。

通过这些朴素的观察可以得出的结论是，婴儿在出生前三个月就能

---

① FEIJOO J. , «Le Foetus, *Pierre et le loup*. . . et une approche originale de l'audition prénatale humaine» , in HERBINET M. et BUSNEL M. -C. (1981) , *L'Aube des sens* , *les Cahiers du nouveau-né* , Stock , n° 5.

② Observation réalisée par ANDO , cité par Querleu D. *op. cit*.

感知到母亲说的话，对母亲的音调感到熟悉，并且能够听到来自外界的某些声音特征。

这些通过观察得出的小结论可以引发许多根本性的问题。

20 世纪 80 年代，出现了这样一种论调："人们凭什么打扰胚胎的休息？这么做很危险！不管怎么说，胚胎是不可能听得见声音的[①]！"有多少人持有这样的论调，就有多少人反对这样的观点，他们之间进行了大量讨论，内容甚至极具科学研究的意味。不过就算是科学研究，也不是每个环节都具有科学性，科研工作者也不只是科学家，他们也是人。总体来说，此类批评强调，人类要想接收通过空气传导的声音信号，必须依靠有着骨膜和听小骨的外耳结构，然而该部位在胚胎阶段还处于闭合状态，无法发挥作用，因此胎儿无法听见声音。再说了，"这么做很危险"。

这些批评的声音令我想起了在圣母马利亚腹中头顶光环、双膝跪地、呈祈祷之姿的耶稣。人们要是不想对婴儿负责，那婴儿就必须是看不见、听不见，也未受洗的。婴儿一旦能够看见我们、听见我们、拥有姓名，就成了一个与我们有关的人。然而与一个像新生儿这般脆弱、毫无自主能力的人产生关联是令人焦虑的，生物会出于本能地逃避这样的责任，因此总想与胎儿保持距离。

到了 1980 年，人们开始谈论"代孕母亲"的问题。这一术语的运用可以很好地帮助科研人员完成对科研对象的反移情。我从前一直认为所有母亲都经历过怀孕过程，后来却发现有些女性只是成了母亲却没有经历怀孕过程，而另外一些女性则是经历了怀孕过程却没有成为母亲。也就是说，以前人们从未想过怀孕的女性也有可能和婴儿产生某种连

---

① CREFF J. (1983), *Le Foetus entend-il* ? E. M. C. , La Pratique médicale, 29.

接，而只是将女人看作一个孕育婴儿的腹腔，只对成为母亲的生理机制感兴趣罢了。此外，人们觉得作为胎儿的临时居所，子宫和阴道并没有什么不同，只不过胎儿会在子宫内停留九个月，而只在阴道中停留几分钟。母亲的形象因此被部分地机械化了，而在这样的语境中，婴儿也只是被部分地生物化了而已。

科学研究的对象是子宫，以及子宫孕育生物性胎儿的能力。对于这一科研对象产生反移情的意义，则在于开展代孕母亲的神经官能症研究。

曾经有一名二十岁的年轻女性希望代替自己的母亲孕育一个婴儿。这项计划令她激动不已。她母亲离婚后与第二任丈夫生活在一起，但是已经失去了生育能力。于是这名自己也已经结婚的女儿建议母亲使用自己的子宫来实现生育愿望。从技术层面来讲，这项计划没有任何问题。不过在心理学上，为母亲孕育一个婴儿的心愿意味着什么呢？“我特别想给我妈妈一个孩子。”这名漂亮的年轻女性如是说。真正结合在一起的只有这位母亲和她的女儿，至于其他人，那些男人所扮演的角色，只不过是播种者罢了。他们种下婴儿的种子，然后去赚钱养家，丈夫们成了提供资金的工具人。

对于一个婴儿的渴望延续了母女之间的爱，占据了她们两人的生活，伟大的医学技术也可以成全女人们无意识里的渴望。

有何不可呢？技术就只是技术而已，只有当人类将技术运用到生活中时才具有意义。人工授精技术引发的巨大担忧在于新生儿的情感发展，如果是自然受精的话就不必担心这个问题。我们经常听到这种说法：“要是有一天这个孩子知道自己曾被植入到一个花钱雇来的子宫里，他将会产生怎样的身份认同啊……从租来的子宫里到充满爱意的臂弯里这个过程会给他带来创伤吗？”然而无论什么样的男人和什么样的女人生出什么样的孩子来，只要受精过程是自然发生的，人们就不会提这样的问题。

生殖技术的发展远远超过了人类道德观念的演进，也向人类提出了一系列根本性的问题，引发了重大焦虑。尤其是当人们发现，生殖技术领域的新发现往往是由兽医、动物饲养员和性行业从业人员推动的时候，这种焦虑就更加深重了。

人类灵魂因此受到打击，甚至是一记粗鄙的重击。人们发现一些物质成分，甚至是性分泌物占据了子宫中原本属于头顶光环的耶稣的位置。精液注射器、卵泡吸管、玻璃导管、代孕子宫，这些东西在人类的集体想象中创造了一个新的处女马利亚。这位马利亚有着扩张的宫颈口，玷后得胎，有性繁殖，分娩过程涉及多个脏器和身体上的孔洞，还有为了让姿态像长号一样的爱情结晶更顺利地从体内滑出而分泌的黏液。

无痛分娩、避孕药、流产技术的出现，还有女体洞穴研究专家们取得的各项科研进展，已经极大地改变了《圣经》为我们描绘的生殖场景！性早已成为一场游戏。如今需要以新的方式进行思考和谈论的，是子宫内的生命以及成为父母的方式。父母的形象如今已经脱离圣洁，堕入凡间。

芝加哥开展动物繁殖业务的种子兄弟公司（Seed Brothers Company）成立了一家人类繁殖公司，命名为“记忆健康服务中心”（Memorial Health Services），专门从事人类胚胎交易。这项交易在加利福尼亚州、佛罗里达州和阿拉斯加州是合法的，医疗服务费为五千美元（包括取卵、精子银行、人工授精、胚胎移植和医疗监护的全部费用），买家和代孕母亲之间的简单合同起草费为七千五百美元①。也就是说，人工授精技术本身所需的费用已经低于合同起草的费用了。

① AYATS J. (1985), «Faut-il interdire le prêt d'utérus ?», *La Recherche*, n° 162, 16 janvier.

这项贬低生物价值的技术催生了一批“梦中情宝”，在出生之前他们就已经肩负着使命。也不是说他们要照料退休后的父母，而是说他们要实现父母的愿望：“我的小女儿应该有一双绿色的眼睛、黑色的长发，我希望她是这个样子，因为假如当年我有这么漂亮的话，那早就能用美貌折磨那些该死的男人了。取悦男人以便毁灭他，这就是我赋予我女儿的使命*。”

有的孩子出生是为了弥合父母关系，有的孩子出生是“为了向我母亲证明，没有丈夫我也一样能生个孩子*”，“因为我自己没有享受过哪怕一丁点快乐，所以我的孩子必须幸福至死*”，“被学校开除这件事是我毕生的耻辱，所以我的孩子必须成功*”。父母心中诸如此类的执念将新生儿变成了帮他们弥补遗憾的修理工。

科学和商业能够实现人们的梦想。然而又是什么使得自然法则比技术手段更加合乎道德呢？医学一直以来试图抵抗的都是一条最基本的自然法则，那就是死亡。在人们并不谈论自然法则的中世纪，出借子宫是十分常见的事情。《圣经》中就记载了这种解决办法：“亚伯兰的妻子撒莱不给他生儿女。撒莱有一个使女，名叫夏甲，是埃及人。撒莱对亚伯兰说：‘耶和华使我不能生育。求你和我的使女同房，或者我可以因她得孩子。’亚伯兰听从了撒莱的话①。”

要是将这场论辩引入公共领域，那绝对会引起一场轰动性的文化事件。然而公共领域并不比私人领域拥有更多权力。我们的文化往往将孩子的地位看得十分重要，认为孩子应当被看作一个独立的人，而不是父母意欲的对象。可是，你们知道有哪个孩子出生时不是肩负着实现父母梦想的使命吗？

最令人感到惊讶的是，对个人生命史的纵向研究发现，相较于并不

① Genèse 16, 1 et 2, cité in *AYATS J.*, *op*, *cit*.

被寄予厚望的孩子，那些肩负着使命出生、备受喜爱的孩子经历的成长往往更加艰难，也常常危机四伏[1]！

在人们的刻板印象中，不被期待的孩子通常不会有好的未来，然而科学的研究方法推翻了这一刻板印象。

仅仅是换个方式提问就使得子宫内的生命变得可被观察。婴儿不再是一个纯粹的生物学产物或是给父母养老送终的工具，而变成了一个活生生的小人，服从于大人的意愿。然而这并不会使他们的生活变得多么容易。

① BOURGUIGNON O.（1984），*Mort des enfants et structures familiales*，PUF.

意义的诞生

诞生的方式有千百种。

我们的生命并不是从出生才开始。只不过从出生那天起，我们进入了他人的视线，拥有了一个名字，性别也为人所知。周围人会说："是个男孩，你们打算给他起个什么名字?"我们的存在和生命其实早在出生以前就开始了，出生这天就好像是搬了个家，换了个地方，离开母亲的肚子，离开我们居住的第一个水生栖息地，来到一个充满空气的、群居的世界。出生这天并不是我们生命里的第一天。出生只不过是一场生态迁徙，这一天除了变换生存环境，我们也将自己最初使用的交流方式带到了新的环境当中。这些在子宫内就开始使用的感官交流渠道让我们得以习惯某些听觉和嗅觉的感官体验，也让我们熟悉了来自母体的抚触。

从出生的那一刻起，依恋模式也发生了改变。从前在液体环境中发挥作用的感官一下子要在气体环境中运行。还保留着子宫内生活记忆的新生儿，在出生后必须学会如何在空气中生活。

猴子的分娩通常发生在夜间。猴群的表现通常十分平静，一只成年公猴会攀上高处警戒，怀孕的母猴则会远离猴群，蹲在两根树枝中间，几秒钟后便自行分娩[①]。有时也会有一只公猴在小猴露出鼻尖时抓住它，将它轻轻拉出来。

如果被抓住关起来的话，猴子分娩的方式也会发生改变。母猴就会不那么严格地遵守昼夜变化以及猴群的移动，随时都有可能分娩。无论是哪种猴子，小猴一出生，其父母就会立刻表现出相应的父母行为。阿拉伯狒狒会吃下自己的胎盘[2]，黑猩猩会吮吸胎盘[3]，而松鼠猴则会舔舐幼猴的面部和腹部。这种由母亲做出的梳洗动作对幼崽发挥着极为重要的促消化作用。

我经常跟学生讲的案例是，一位猴妈妈因为意外事件没能及时梳洗自己的幼崽，结果幼崽死于肠梗阻。母亲的舔舐行为与新生儿便秘之间的因果关系在我看来一直十分神秘。直到后来有一天，我看了一段母狗分娩的影像资料[4]。资料显示这只母狗像所有哺乳动物那样，小狗刚一生下来就将它们舔了个遍，而舔舐小狗腹部这个简单的动作居然直接导致小狗排出了青色的胎粪，这是胚胎在子宫内所吞咽物质的残留。从这一刻起，幼崽的消化道内便充满气体。刺激新生儿产生消化反应从而帮助其适应环境改变的，恰恰就是母亲的接触以及施加在新生儿腹部的机械压力。

刚出生的幼崽会表现出某些与母亲相关的行为。例如母亲刚生出幼崽，后者就会紧紧抓住母亲腹部的毛发。在外表有些像狗的狐猴家族中，直到幼崽能自己抓牢母亲腹部的毛发之前，母亲都会将它衔在上下颌骨之间。

自然界中的母亲通常会用自己的身体为幼崽做一个“窝”。比如有些动物会用三条腿走路，给幼崽腾出一个臂弯做摇篮；有些动物会在蹲坐时将幼崽放在自己的大腿上；还有些动物平躺时将幼崽放在腹部，与之一同嬉戏。

假如被抓住关起来的话，母亲从外界接收到的刺激就会增多，常常

---

① GOUSTARD M.(1975), *Le psychisme des primates*, Masson.

② KUMMER H., *ibid.*

③ MILHAUD N., *ibid.*

④ GIFFROY M., film: «Journées, Ethologie», Ecole vétérinaire de Maisons-Alfort, 1986.

处于焦虑和担忧的状态中，无法集中注意力，因而不能很好地回应来自幼崽的刺激。母亲会时常惊跳、扯断脐带，或是停止舔舐幼崽。而幼崽则会流血或遭遇消化障碍，会啼哭、呻吟、因痛苦而扭曲身体。由人类发明的物理环境和社会环境组织形态，例如动物园，就是迫使幼崽改变其行为的原因。

在动物园里，猴群当中宁静的气氛荡然无存，被猴妈妈打动的游客们围拢过来，吓坏了猴妈妈。小猴由于没能被精心舔舐照料而遭遇便秘，与母亲相关的一系列行为也没能被成功唤起。母猴用一只爪子抓起小猴，将它放到背上，而不是让小猴抓住自己腹部的毛发。母猴还会扯掉小猴身上的脐带，而幼崽的惨叫声又会加重猴妈妈的紧张情绪。猴妈妈不能好好携带幼崽活动，不能好好喂养幼崽，也不能很好地回应幼崽的诉求。最终猴妈妈任由幼崽慢慢死去，有时候甚至直接杀死幼崽。

扰乱母亲与幼崽之间的交流、将这位母亲变成一个“坏妈妈”的，正是人类文化。在这条母子互动链的末端，我们可以看到幼崽身上存在着严重的生理障碍；而互动链的起点，正是将这些可爱动物关进笼子里的人类企图。

从方法论的层面来说，这种朴素的观察非常重要。没有接受过系统训练的观察者可能会得出以下结论：“我看见了，我亲眼看见的，一只雌性猩猩咬它孩子的肚子，把小猩猩拽到自己背上，小猩猩的头部遭到多次撞击也毫不在意。看到这个妈妈这么坏令我感到非常气愤。应该看看这个雌性猩猩需不需要治疗，它很可能疯了。”

自我中心主义的倾向会使我们将研究的重点放在这位坏妈妈身上。我们可能会留意它是否代谢紊乱，结果发现它真的代谢紊乱。我们也可能会留意它是否存在行为障碍，结果发现它真的有行为障碍。这样一来我们就认为自己的观察简直太有效了：这只黑猩猩妈妈疯了，必须接受治疗。

对西方情感史进行回顾，很容易就能注意到这种自我中心主义。不过私人情感的产生过程其实十分艰难。在同一个家庭中生活的个体数量经历了漫长的几个世纪后才缩减到了几个。“我”在文学史上的出现也相当晚近。直到7世纪，人们才能在文学作品中读到或者听到“我”这个词，才能感受到一种个人的感情。奥尔良公爵查理一世（Charles d'Orléans）曾用“我的心披挂一袭黑衣”这句话来表达自己内心的忧愁。其实早在希波克拉底时期，就有关于忧郁症的明确诊断，病症具体表现为少眠无力、精神不振、行动迟缓，但当时采用的治疗方法是一种集体疗法：“特洛伊罗斯深陷忧郁：不一会儿，他的房间就被塞满了贵妇名媛和各种时髦乐器①。”

后来，西方文化中情感的私人性逐渐加强，不再会有一大帮人聚集在某个忧郁症患者周围。这时就必须对患者进行单独治疗。

在德国，有人曾经描述过日常行为中表现出的社会主体断裂②。客人在主人家过夜时，不再与主人共享一张床铺，不再睡在主人家的夫妻两人中间。吃饭时人们使用各自的餐具，不再直接用公共的器皿。到了18世纪，用自己的手绢擤鼻涕变成一种得体的行为。餐叉的出现更是标志着饮食过程中出现了比以往更加个人化的行为。不过无论如何，餐桌还是为小群体或家庭提供了社交场所。其实直到最近，人们才开始喜欢通过独自快速用餐来满足食欲。

社会主体的膨胀在西方文化中最为明显，而在其他一些文化中，家庭、部落、社会群体或宗教结构还在向人们提供着有安全感和约束力的环境。上面提到的自我中心主义观察者们就是在这样的西方文化背景中形成了自身的无意识，从而作出了上述假设。19世纪人类在科学领域取

---

① *Roman de Troïlus*, Paris, Bibl. nat., ms. fr. 255 28 *in* ARIÈS Ph. et DUBY G. (1986), *Histoire de la vie privée*, Seuil.

② ELIAS N. (1973), *La Civilisation des mœurs*, Calmann-Lévy, «Pluriel», 1977.

得的成功其实得益于这种习惯于拆解问题、进行学科分类、擅长分析的文化背景，这样能够促进专业的形成和技术的进步。然而也正是这样的文化令我们想到，假如一只雌性猩猩啃咬自己幼崽的肚子、踩踏幼崽的头部、跟幼崽抢食，那么它肯定是病了，才表现得有悖于母性本能。因此这只雌性猩猩需要吃点安定药，需要被绳索拴住，甚至是接受脑叶切除术。这番论证十分正确，理由是治疗办法全部见效！服用安定类药物后猩猩母亲的确平静下来，大脑前额叶的伤口也阻止它表现出任何具有攻击性的行为，而不再遭受坏妈妈攻击的幼崽或许因此得以存活。

这便是以个人为中心的文化及其良好的治疗结果催生的西方式推理。

不过关于这位“不称职”的黑猩猩母亲的观察也具有认识论的价值：该项观察让我们明白，西方文化中的个性化过程导致了知识的碎片化以及一系列后果。腹部胀气的小猩猩有肠梗阻的危险，没有得到认真清洁的小猩猩很容易感染疾病，哭哭啼啼的小猩猩会惹恼母亲。雌性猩猩以啃咬的方式做出回应，把小猩猩随便拖在地上走来走去，导致小猩猩的身体反复撞击地面，这一切都是因为在雌性猩猩和幼崽之间互相发出刺激时，周围的生态环境和社会环境阻碍它们进行正常的互动。

是人类创建了热衷于治愈和照料的病理学，是观察者参与了他所观察现象的生成，观察者和被观察对象实际上是同一项观察活动的共同创造者。这就是不称职的黑猩猩母亲留给我们的认识论教训。

我们已经从历时层面和共时层面——连续性层面和同时性层面——观察了新生儿最初的一些互动行为。观察人类婴儿时遇到的问题，与对海鸥进行语言学研究时发现的问题实际上大同小异。呆头呆脑的灰色小海鸥一破壳就会朝爸爸走去，然后啄击爸爸下喙上的红点。这种行为只会发生在子女和父母之间，由海鸥雏鸟对成年海鸥做出，能够引起成年海鸥的反哺行为，这样一来，两只海鸥之间的依恋关系便得到增强。其实刺激海鸥雏鸟做出这一行为的，主要是成年海鸥黄色鸟喙上面的红色斑点。也就是说，促使幼年海鸥啄击父母的是不同色光波长之间的长短关系，是由两种不同颜色构成的感官刺激，即黄色长条形物体之上的红色圆形图案。

一系列实验表明，由其他颜色和形状（灰色圆形物体上的蓝色长条形图案）引发的雏鸥啄食行为频率明显更低。如果用黄色长方体纸箱做一只假海鸥，贴上红色圆片，再将小海鸥放到这只假鸟面前，那么90%的小海鸥会做出啄食行为；然而如果用贴有蓝色圆片的灰色长方体纸箱做成假海鸥，那么只有17%的小海鸥会做出啄食行为①。

从认知角度来说，小海鸥从破壳而出的那一刻起获取信息的方式就表明，雏鸟并不会对基本的光学信息，诸如色光波长等做出反应，雏鸟回应的是经过组织整合的视觉信息。从诞生的那一刻起，尽管没有任何经验，雏鸟的眼睛和大脑却具备了将光学信息组织整合成为视觉图像的能力。刺激雏鸟做出啄食反应的是一种经过了想象的形式，就像一幅现代派画作（黄色长方形上面的红色圆点）。

雏鸥处理声音信息的方式也一样。它感知到的不是一个个单独的音响形象，而是以特定方式组织在一起的一连串声音。在怪石嶙峋的波克罗勒岛上，我们观察到成年海鸥为了保护雏鸟采取的一系列行动反而会暴露雏鸟的位置。假如成年海鸥发觉我们在接近它们的巢穴，就会在我们头顶上空很高的地方盘旋飞翔。随着我们逐渐接近巢穴，它们盘旋的圆周也会逐渐缩小。而当我们离雏鸥很近的时候，成年海鸥就会几乎原地盘旋，并向我们的头顶俯冲，脚掌向前伸，尖声啼叫以示警告，同时

① TINBERGEN N. in Irenaüs EIBL-EIBESFELDT (1972), *Ethologie. Biologie du comportement*, Editions Scientifiques.

向我们发起攻击。成年海鸥盘旋的半径和啼叫声就以一种类似“是与否游戏”的方式向我们提示了雏鸟的位置。

我们用一台性能良好的录音机记录下成年海鸥的啼叫声，之后将录音带交给土伦的海军，请他们利用频率分析仪进行分析，最后我们得到了一张上面绘有黑色图案的银箔纸。电脑将复杂的声音转换成了图像，成年海鸥的啼叫声变成了一幅画，样子有点像连绵起伏的群山。在曲线左半部分，电脑绘制出的峰值出现频率较低，而在曲线右半部分，峰值出现的频率更高。

随后我们试图在电脑绘制的图案和观察到的鸥群表现之间建立联系。

于是我们很容易就发现，不同形式的啼叫声会引发不同的行为。一些啼叫声类似吠叫，简短单调、强度不高，在曲线左侧的低频段画出一些较高的峰值。该声谱其实对应着海鸥的一种典型行为。海鸥只有在脱离鸥群落单时才会发出这种叫声，并且往往立刻就会有另一只海鸥用同样的叫声作出回应。这种情况只会发生在平静期，也就是说，天气无风，周遭没有入侵者，没有冲突事件，也没有来自生态环境或社会环境的刺激。

这种叫声的功能类似蝙蝠的回声定位：一只海鸥发出“呜啊噗—呜啊噗”（有人吗?）的声音，另一只海鸥用同样的声调做出回答：“呜啊噗—呜啊噗”（有啊有啊）。这种情况下并没有发生行为上的回应。

还有一种叫声，声音更长、强度更强、更加尖锐，有点像较强的猫叫声，表现在电脑绘制的图像中就是曲线右半部分一段长度较长、峰值较多的曲线。呈现此类形状的声音可以让彼此之间有一定距离的海鸥安静地聚集起来。由于此类声音有着召集鸥群的功能，因此可以将其命名为“召唤音”。

我们最终整理了十几种有助于观察不同声音组织结构和功能的海鸥

叫声。其实尼克·丁伯根描述的叫声有四十多种，不过我们不需要列出如此详细丰富的目录，毕竟我们的目的不是描绘海鸥的社会生活，而是通过对海鸥的观察提出一系列假设，从而调整我们对于人类新生儿的观察方法。

海鸥凯旋的叫声以一组低音开场，此时声音强度尚且较弱，反复几次后强度加强，声音越发尖锐，最后以一组漂亮的断奏收场。与这种叫声相对应的行为十分耐人寻味：海鸥歌唱之前会先将头伸进水里，随后奋力鸣叫，接着引颈朝天，最后还会伴随着歌唱声张开双翅。也就是说，这只凯旋的海鸥会使自己的声音和身体都占据尽可能更大的空间。海鸥只有在取得诸如夺取有利位置、赶走入侵者、远离风险等胜利结果时才会唱出这种歌声。

海鸥表示警告的叫声类似于更强烈的召唤音。当海鸥将爪子向前伸，最终俯冲并猛啄进攻者时，它的警告叫声会变得尖锐响亮，像是极端不安状态下发出的尖叫声。

而海鸥乞食的叫声则更加尖细，听起来十分温柔，并且伴随着一系列与凯旋时尽可能相反的行为：收拢翅膀、头颈回缩、收紧脚爪，总之收起一切有可能惹恼潜在喂食者的声音和行为。

在求偶活动中，雌海鸥就会表现出类似乞食的孩子气行为，叫声中饱含着无辜的央求和恳切。而为了争夺雌海鸥并获得青睐，雄海鸥必须通过反刍献出经过预先消化的食物或鱼，发出的叫声里混合着紧张不安和洋洋得意的意味。

这些数据被电脑转化为图像信息后，可以为人们提供很多种解读方式。看到海鸥将紧张不安和爱情混在一起，人们有理由相信自己刚刚洞悉了鸥群的伟大哲学，或许也会惊叹于雌海鸥为了吸引雄海鸥竟会做出一系列孩子气的行为。尽管我们也尝试过，可是从人类视角出发对海鸥生活做出的种种解读并不能作为科学著作发表。

不过我们还是能够借助语言学方法，从句法、语义和语用层面加以考察，最终描绘出一种存在于海鸥世界的符号学，提出一种关于符号的理论①。我们能够区分出交流活动中存在的不同信息单位，以及该单位在行为句中的组合方式。相关的符号通常是视觉符号，例如海鸥雏鸟黑色或褐色的鸟喙意味着它们毫无竞争力，这种颜色的喙能帮助它们在进入青春期、喙部变成黄色和红色之前免遭攻击。

这一信息也常被雄海鸥用来接近鸟巢中的雌海鸥。雄海鸥会找来一截木头或是一段褐色的物体衔在嘴里，这种类似幼年海鸥喙部的褐色起到了象征符号的作用，向雌海鸥传达毫无侵略意味的信号，这样雌海鸥就会允许雄海鸥靠近自己。

不过假如实验人员在无私奉献的海鸥父亲白色的头部用红色颜料画一个斑点，那么这位父亲的妻儿就会在它将海鲜盛宴带回鸟巢时对它发起威胁和攻击，用嘴巴对它发动猛烈啄击。人类在海鸥父亲头部添加的颜色信号能够引发一场误会。

一系列具有交流功能的行为必须以连贯的顺序组织起来，这样的动作序列才有意义，身体的运动才能表达某种情感或意图。

为了给波克罗勒岛上的海鸥套环标，我们给它们投喂了一些掺有氯胺酮麻醉药的刺柏果馅饼。刺柏果的味道完全可以盖住药物的味道，海鸥们很喜欢这些馅饼。套上环标以后，海鸥们摇摇晃晃地回到鸥群中，然而麻醉药的影响还没有完全消失，因而海鸥们的行为显得有些古怪：它们不受控制地轻轻摇头，翅膀耷拉在身体两侧，叫声也有点结结巴巴、含糊不清。这些海鸥没办法很好地表达自己，也没办法被其他海鸥理解。也就是说，这些海鸥的动作序列暂时发生了变化。迷迷糊糊的海鸥会遭到来自鸥群中其他成年海鸥的威胁和驱逐，它们只好逃远一点，

① COULON J. 1982，*Les Voies du langage*，Dunod.

独自漂浮在海面上，垂下脑袋，等着麻醉药失效。只有当它们能够重新正常交流时才会融入鸥群。

因此，海鸥的句法符号可以是视觉符号，也可以是姿势、动作、声音或是嗅觉符号。所有这些符号构成一个信息交流库，能够表达大量的情感或多种多样的意图。

通过观察海鸥之间为了交流会怎样协同配合或调整自身行为，我们还能够检验这些符号的语用学意义。当一只海鸥无法做出有效沟通时（被画上红色圆点、翅膀耷拉在身体两侧），行为句法方面的障碍会导致它被鸥群抛弃。要想表达一个在语义层面上成立的信息，例如“我带来一条鱼”，就必须采取符合句法规范的沟通方式，这样才不会遇到交流障碍，被其他海鸥猛啄或是引发警报鸣叫；否则就会产生误会：“我带来一条鱼，结果它们却要啄我？”

对波克罗勒岛岩石间的海鸥进行的符号学行为观察引导我们思考一个极其抽象的语言学问题：信息的结构或许也具有意义。能够用数学方式加以描述的啼叫声（声音的强弱，频率的高低，节奏的快慢……），也就是啼叫声本身的结构，或许也传达着能够引发相应行为反应的信息。

在六月一个炎热宁静的午后，我们趁海鸥午睡时用扬声器播放了一系列海鸥叫声。鸥群的行为反应与事先的判断一致：扬声器播放表示警告的鸣叫声时，鸥群会飞起来，绕着领地盘旋；播放召唤音时，鸥群会聚集在一起；凯旋的叫声则会让它们缩起脑袋，收拢翅膀和脚爪，尽量让身体变小一点。

生态环境也会使信息本身具有的意义发生一些改变：同样是表示警告的叫声，如果从较远的地方传来，就不会像从近处传来那样引发那么多的起飞和盘旋反应，也就是说，距离会通过削弱叫声的强度改变信息的结构和含义。

海鸥的经历也会对信息的意义产生影响：一只在社交行为中获胜并发出凯旋叫声的海鸥，在之后的几分钟内更有可能重复这种叫声，而不是发出其他叫声。在令它感到兴高采烈的事情发生之后，情感和促进它产生相应声音和姿态表现的精神状态会持续存在一段时间，从而再次引发这种凯旋的叫声。

由此可知，海鸥的啼叫声中也包含着富有含义的数学结构，用拉康的术语来说就是各种“数学型”。对海鸥用起这个精神分析概念来简直是毫不费力。

不过最明显地改变了该信息所引发互动形式的，还是信息接收者对信息的阐释：一声表示警告的啼叫会引发统治者手忙脚乱的救援行动，而被统治者则会趁此机会悄悄溜走。海鸥父母发出的警报声会引发小海鸥的猝倒，后者马上就会一动不动。幼年海鸥都十分警觉，对信息高度敏感，要是母亲没有发出“呜啊噗——呜啊噗”的安抚鸣叫，它们就动弹不得。原本具有定位功能的叫声此时具备了安抚功能，意思是：“不必担心了，一切都好。”听到这样的叫声后，小海鸥才会重新开始活动。

对啼叫声的解读在很大程度上也取决于信息接收者的社会地位和精神状态。也就是说，从生物学角度来看，信息是多义的，意义根据信息接收者的社会地位和精神状态而有所不同。例如，针对统治者还是被统治者，是成年还是幼年，同一个声音对象可以有多种大不相同的阐释方式。

啼叫声的结构可以反映信息发出者的精神状态，而信息接收者又根据自己的精神状态感知和解读啼叫声。因此，只要声音对象产生，主体间的交流也就具备了得以建立的物质条件，所需的仅仅是将交流活动的各要素合理地组织起来，而不需要额外的学习。

这也解释了为什么不同物种之间竟能达成交流。人类儿童从来没有学习过海鸥的语言，也没有学习过狗的语言，但儿童绝对可以清晰地分辨出一只想讨火腿吃的海鸥和威胁他们的狗之间有什么不同。

总的来说，海鸥绝不是刘易斯·卡罗尔（Lewis Carroll）在《阿基里斯与龟》的故事中谈到的那只乌龟，后者说："你若是试图使用一项规则，那就需要用另一项规则来说明如何使用这项规则①。"

刘易斯·卡罗尔既不是海鸥，也不是神经科医生，他不会想到我们的大脑其实经历了漫长的演进过程。没有物质基础的思想是不可能存在的。思想的物质基础就是大脑以及通向大脑的各种信息渠道，也就是构成语言符号能指的生物信息，例如狗吠声、凯旋的啼叫声、话语、姿态、颜色、视觉、听觉或嗅觉信息。

我不需要什么规则就能使用我自己的规则。我不是妇科医生，但依然可以生育两个孩子，可在我看来我妻子的身体构造依然神秘，我内心欲望在身体上的诸多表现也一样神秘。我也不知道我的大脑究竟怎样运转，可这并不妨碍我使用大脑。

要想回答刘易斯·卡罗尔借助乌龟提出的充满幻想色彩的棘手问题，只需要想想水母和人类婴儿就行了。

水母的神经系统十分简单，因此能感知到的世界也同样简单。水母所具备的神经系统只够让它张着嘴巴前进，以便过滤并捕食水中的浮游生物。很多人向往过这种水母般的生活，没有什么烦心事，只需要张大嘴巴往前走就行了。但事实上对于既不会上升也不会下降，更不会后退的水母来说，它们别无选择。这样的神经系统构造当然也不可能产生焦虑情绪。水母需要做的选择就只剩下了游得快一点还是慢一点，嘴巴张开得大一点还是小一点。这种原始动机的单薄和行为方面的确定性无疑能够提供巨大的安全感。与此相反，人类大脑的复杂演进使得婴儿拥有

① HÖFSTADTER D.（1985），*Gôdel Escher Bach*，InterEditions.

极强的信息整合能力。人类大脑最大的特点就是由数十亿个神经元组成的关联网络。一条并不完整的信息在刺激一定数量的神经元后能够传导至并刺激到该数量的50次方之多的神经元。

从水母的情况（简单大脑只能感知简单世界）出发，我们可以认为，一个整合能力超强的大脑也只能感知到高度整合后的世界。各种最基本的感觉信息由大脑神经元组成的关联网络传导，随后大脑在神经传导的直接路径之外的另一个区域形成对感觉的整体认知。也就是说，大脑的组织方式能够使我们的感知产生特定的表征。神经元之间形成的回路及其功能的发挥也就构成了人类最富有想象力、最抽象的表征的生物学基础。

我们正是从对海鸥和水母的观察出发，尝试研究人类新生儿的哭声、梦境和其他输出行为。

我们并没有将婴儿仅仅视作婴儿，而是观察处在成长环境中、接受外界压力的婴儿，也就是处在父母的想象和期望当中的婴儿。

也许有人会提出反对意见：想象是人们将自身不易察觉的欲望投射到内心后表现出的虚构图景。人们内心的图景怎么会对新生儿施加影响呢？

为了论证想象具有强大力量并且能够在现实中产生影响，我们需要借助动物的案例加以说明。最早让人们观察到想象在现实中所产生影响的，是一条名叫皮皮斯（Pupuce）的杂种狗。1978年，我们接诊了一对面临婚姻危机的夫妇。这并不是多么了不起的事情。这对夫妇不能生育，于是买了一条狗。这也不是多么罕见的事情。不过这条狗接受了洗礼，教名是朱庇特，地位相当于一个孩子，成了一条重要的狗，这就十分有趣了。这条狗身上凝结着这对年轻夫妻之间的爱情。只需几项简单的行为测试，我们就发现朱庇特几乎是寸步不离心爱的女主人，一直待在女主人的爱抚、目光、声音和喂食行为所能涉及的范围之内，确保自己能接收到心爱的女主人发出的所有感官交流信号。一旦有不速之客试图接近女主人，朱庇特就会立刻开始吠叫，只有在女主人亲热地踢它几脚后才会安静下来。

几年过去，照料朱庇特的家庭分崩离析。这对夫妻开始争吵，对他们来说，朱庇特的意义也发生了改变，成了他们失败婚姻的标志："当初买下这条狗是因为我们自认为彼此相爱。"她说，"是你想买的。""不是啊，是你想买的，是你养的狗让我们都没办法出门度假。"

就在这段时间里的一天，"垃圾桶专家"、流浪狗皮皮斯正在附近的垃圾堆里施展自己的才华。年轻的女主人看到后很快决定收养它，因为它"至少是一条自由的狗"。刚开始的时候，朱庇特因为资历更老所以享有特权，处处威胁皮皮斯，而皮皮斯也似乎立刻屈服于朱庇特的权威。朱庇特继续享受父母的温柔抚摸，晚上睡在床尾，总是最先吃饭，最先吠叫，而皮皮斯只是怯生生地模仿它，总是缩在后面，动作常常慢上一拍。

可是逐渐地，父母二人的情感开始偏向这条杂种狗，后者感受到"道义支持"，便逐渐获得了信心。而朱庇特则变得垂头丧气，越来越不强势，甚至放弃了从前的一部分特权，表现出种种令人诧异的行为。从前朱庇特只吃好肉，一旦填饱肚子就不再进食，如今却大吃特吃食盆里的面条和皮皮斯不屑一顾的大块面包。从前哪怕有一丁点异常，朱庇特都要大声发出警告，如今却在皮皮斯守卫自己新领地的时候埋头睡大觉。从前朱庇特玩球的时候动作十分敏捷，如今却时常跑错方向、跌倒、打滑、接不到球，甚至矮矮胖胖的小狗皮皮斯一出现，朱庇特马上就会松开咬在嘴里的球。总之这条几个月前还生龙活虎的小狗表现出令人意想不到的肥胖、睡眠障碍，以及一系列意味着失败的行为。

由于人类之间的关系发生变化，朱庇特在女主人心目中的意义也随之发生变化。这个年轻女人在象征自由的杂种狗皮皮斯面前表现出的态度、姿势、话语以及喂食行为都变得更加主动，而面对象征着失败婚姻的纯种狗朱庇特，同样的动作就变得充满抗拒。年轻女子赋予了两条狗不同的含义，其实这样的含义也只是存在于她的想象中，却引发了不同的感官交流方式。其中一条狗觉得自己受到了约束，而另外一条却觉得自己获得了支持。年轻女子的想象最终造就了两条狗不同的行为和代谢方式。

1980年发表“皮皮斯案例”时，我们提出了两个术语：“无意识欲望转移”和“无意识交流”。不过这两个概念太过宽泛，通过实验验证的可操作性不强①。

谈论一件事情的方式也能改变观察者观察此事的方式以及该事件的一些可测量参数，比方说猎兔狗赛跑的案例。

这是一项非常简单的朴素观察。人们首先被告知他们面前的这批猎兔狗非同凡响，基因优良，是“超级妈妈”的后代，按照营养学方法搭配饮食，吃得非常健康。几天以后，这批猎兔狗被选中去参加另一场比赛。不过这次，人们被告知这几条狗不值几个钱，血缘谱系不明，不是“超级妈妈”的后代，饲养方式也变了，喂它们吃的都是些垃圾食品。

给予猎兔狗不同的评价方式后，人们测定了它们的奔跑速度：在被认为“非同凡响”时，猎兔狗的赛跑成绩普遍优于当它们被认为“不值几个钱”时取得的成绩②。

饲养员说的话为何能够影响猎兔狗的赛跑成绩呢？或者更确切地

---

① CYRULNIK B. et CYRULNIK-GILIS F. (1980), «Le Cas Pupuce: éthologie des désirs inconscients», *Evolution psychiatrique*, 3, cité in CYRULNIK B. (1983), *Mémoire de singe et paroles d'homme*, Hachette.

② QUEINNEC R., Communication personnelle lors des journées de Maisons-Alfort, 1986 (à propos des performances de sa femme, éleveur de lévriers).

说，饲养员说的话通过怎样一系列相互作用从而改变了动物的行为呢？通过朴素的直接观察可以发现，被认为“非同凡响”的猎兔狗经常得到爱抚，饲养员对其疼爱有加。比赛之前它们会被温柔地放进笼子里，这样等到笼子门一打开，猎兔狗就能够毫无顾忌地冲出去追逐猎物，将自身潜能发挥到极致。

然而“不值几个钱”的猎兔狗在运输过程中遭到的却是粗暴对待，一路上颠簸摇晃，比赛开始前几乎是被扔进位于出发点的笼子里。这些猎兔狗被吓得浑身颤抖，因为过度紧张而精疲力竭。等到笼子门打开的时候，有些猎兔狗甚至会大吃一惊，还有一些会犹犹豫豫地不敢冲出去，这种表现反映到比赛成绩上自然要远远差于前一种表现取得的成绩……而这一切差异在最初只是言语上的不同罢了。

总而言之，上述人犬之间行为互动的大致过程是，饲养员说的话在比赛组织者的脑海中留下特定印象，基于这些印象，比赛组织者的行为对给人以良好印象的猎兔狗带来了抚慰，而对给人造成不好印象的猎兔狗则导致了紧张。人类通过具有特定含义的动作给动物造成了特定感受，因而改变了动物的表现。

其他许多关于人与动物的观察也证明了这些不起眼的举动拥有多么强大的塑造力量。这就解释了为什么在家中到处乱尿的狗到了另外一家就不会这么做。要是在同一天里把这条狗送回喂养它的第一个家庭中，它又会重新开始到处乱尿。这也能够解释为什么一旦朱庇特在女主人心目中的意义发生改变，就会因为暴食面条而发胖，为什么有些猫在被过分宠爱的时候会露出第三眼睑，为什么有些短腿猎犬与情感丰富的人待在一起时会表现得心神不宁，而与其他人在一起时就不会，以及为什么过于情绪化的农民饲养的母牛往往遭遇难产。

我们还能够举出许多其他通过想象施加影响的例子。在这些案例中，动物都通过行为表明了人类的想象具有强大的塑造力量。人类基于幻想做出的微小举动也能够传达出某种情绪，从而改变信息接收者的生理心理学状态。

据此我们提出了一种观察母亲和婴儿间想象性互动的方案：首先对母亲和孩子之间的行为进行直接观察，然后用“真实互动/想象互动①”这一组术语重新描述母亲叙述的想象，最后将直接观察与描述联系起来。作为动物行为学家，我们喜好观察；作为临床医生，我们清楚地知道聆听也是观察的一部分；而作为心理学家，我们希望了解观察对象内心的精神世界。

从理论层面来讲，这种研究态度需要我们转换研究的层次。我们必须从可直接观察的行为转向行为的心理学意义，从客观化的视角转向可符号化的视角。

“皮皮斯案例”告诉我们，人类的想象也可以通过身体语言表达出来，而这些饱含各种情感的语言符号有着改变信息接收者行为的能力。

现在让我们将关注的重点转向“无意识运动的可见关联②”，也就是说，关注一些由内心想象引发、可被观察到的外部行为特征。

马塞尔·鲁弗（Marcel Rufo）和勒内·苏莱罗尔（René Soulayrol）是两名来自马赛的精神病学教授，同时他俩还都是海军一等士兵，船在他们的生命中扮演着重要的角色。所以我们一起在“低吟者号”上商量出了观察想象性互动的想法。“低吟者号”是一艘英国赛艇比赛中使用的发令船。我们总是在这艘船上见面，带上些小卡片，以便记录我们交流时产生的想法，再带上点桃红酒助助兴。从1978年开始，灵长类学者让-克洛德·法迪（Jean-Claude Fady）也开始参与讨论，他向我们解

① CRAMER B.（1982），«Interaction réelle，interaction fantasmatique»，*Psychothérapies*，n° 1，pp. 39-47.

② *Ibid.*

释自己在黑猩猩当中观察到的大笑和微笑的区别，于是马塞尔·鲁弗便着手观察新生儿展露的第一次微笑。

新生儿第一次微笑、第一次哭泣、第一次握紧拳头、第一次散发气味，其实都是某种想象性互动。事实上，从不同地方观察得来的一个又一个发现最初呈现出某种无序性，然而稍加梳理，一幅表现意义诞生的严密图景就呈现在我们面前。

婴儿第一次微笑的故事要从萨迪·拉赫鲁（Saadi Lahlou）给我打电话的那天说起。萨迪·拉赫鲁从前在圣芒德里耶（Saint-Mandrier）做海军士兵，他对生物学一窍不通，但是会摄影，能够熟练进行数据计算。此外，他还表现出一名杰出的观察者所需的全部特质。他之前在儒韦（Jouvet）教授位于里昂的睡眠生理学实验室工作。

萨迪·拉赫鲁将电极片分别贴在婴儿的额头、眼角和嘴角，以便记录婴儿的脑电波及其眼部和嘴角最细微的肌肉收缩。然后他对几名新生儿的脸部进行了长达二十四小时的拍摄，并对影像材料进行分析，绘制统计曲线。最后他发现，婴儿也会微笑！

肌动电流图显示，婴儿眼角和嘴角的肌肉会同时收缩，从而使面部呈现微笑的表情。一天当中有二十个小时都在睡觉的婴儿也会向睡梦中的天使露出微笑。然而最令人感到惊讶的是，婴儿首次在睡梦中露出的微笑一定发生在类似异相睡眠的阶段：快速入睡，大脑却仍处于活跃状态，此时婴儿陷入极深度的睡眠。异相睡眠阶段，在没有任何外界刺激的情况下，婴儿的整个面部、嘴巴、眼睛也会呈现出微笑的表情。

萨迪·拉赫鲁从新生儿群体中得出了一个数据：平均每一百分钟的异相睡眠中婴儿会微笑三十二次①。不过系统的任何变化都会令这个数

---

① CHALLAMEL M. J., LALHOU S. (1984), « Sleep and Smiling in Neonate: A New Approach », *Sleep Research Society*, Münich, 7, IX.

字骤减。系统的改变可能发生在婴儿自身内部：感染、代谢紊乱，或者随便哪种疾病。改变也可能来自外部：母亲患病、情绪不佳或缺席，都会导致新生儿在异相睡眠中的微笑次数骤减。

就像在海鸥的案例中那样，我们也将第一次露出异相睡眠微笑的婴儿视作信息的发出者，将扮演母亲角色的成年人视作这一行为信息的接收者，随后观察二者之间发生了什么。

这项观察持续了二十年。在这二十年的时间里，我们从来没有听到任何一位母亲在察觉到这抹微笑的时候说："你看，异相睡眠中生成的神经肽刚刚引起了娜塔莉的第一次口角肌肉收缩。"从来没有！

与此相反，母亲们在看到婴儿的第一次微笑时，往往做出自己的解读。她们会说："他已经可以认出我了"，或者"都是因为我他才笑的"，诸如此类①。（她们并不知道微笑其实只是神经肽引起的肌肉收缩罢了。）

不过她们会一边这么说，一边将身体靠近微笑着的宝宝。母亲们会轻轻呼唤宝宝的名字，给宝宝起各种各样的昵称，轻声哼唱某段旋律。就这样，母亲们在宝宝周围营造了一种由气味、近处传来的声音、触感和温度组成的具有高度感官性的氛围。

也就是说，母亲们说的话塑造了她们的行为。

母亲们对于事实（由生化原因引发的微笑）的理解使得她们的肌张力和姿势发生改变，从而构成一种对婴儿微笑信号的感官回应，在宝宝周围营造了一种相对更加温暖的感觉。

母亲解读宝宝微笑的方式也和自身经历以及她赋予这件事情的意义有关。证据就是对于宝宝的微笑，每一位母亲都会给出自己的解读。我们就曾经听到过这种解读："可怜的孩子……他笑了……可他根本不知

---

① RUFO M., REYNARD F., SOULAYROL R., COIGNET J. (1984), «A propos du sourire comme signal d'une interaction précoce parents-bébé, dans un service de prématurés», *Psycho. Med.*, 16, 2, pp. 279–285.

道在前面等着他的是什么，我不该把他带到这个世界上来的。”有 30% 至 40% 的年轻母亲会对婴儿的微笑做出这种焦虑的解读。这样的意义呈现会形成一种与之前描述过的截然不同的身体反应：说这话的同时，年轻妈妈们的身体也会变得更加僵硬，注视孩子的目光会充满焦虑。这样一来，母体散发出的感官信息也会离宝宝较远。可以想象，宝宝不太能闻到妈妈脖颈和胸脯的味道，不太能听见妈妈嗓音中的爱意，不太能感受到妈妈手掌的爱抚。这种消极的解读（起码积极程度低于某一阈值）其实来自母亲的无意识，却在宝宝周围营造了一种相对来说更加冷漠的感觉。

依恋关系的缔结本就依靠意义，而母亲赋予婴儿微笑的意义也会改变缔结依恋关系的意义。微笑从绽放之初就是生命与意义、生物学与各种阐释的混合。微笑的意义已经发生了改变，一旦被阐释，微笑就承载了人的经历，就已经在本质上不同于纯粹生物学意义上的第一抹微笑。

两周大的时候，婴儿的微笑开始社会化，这时宝宝已经睁开了眼睛，嘴巴也张开了。妈妈一边把脸凑近宝宝，一边用没什么具体意义的尖锐声音与宝宝嬉戏，宝宝便会受到这种意味着强烈社交愉悦感的信号刺激。

那性别在其中发挥什么样的作用呢？毕竟性别是人这一生中许多事情的基础。

20 世纪 70 年代，我们发现了二到四个月大的婴儿在何种程度上会扮演母婴对话中的合作者角色①。通常情况下，互动是由婴儿发起的，而母亲往往会模仿婴儿的面部表情：皱眉、撇嘴、吐舌，以此来回应婴儿邀请母亲与之建立的非言语对话。婴儿也会突然感到厌倦，示意结束互动。此时他们会扭过头、别开眼睛，并且不再回应母亲的逗引。

---

① TREVARTHEN C., HUBLEY P., SHEERAN L. (1975), «Les Activités innées du nourrisson», *La Recherche*, n° 6, pp. 447-458.

当时我们觉得这项观察进行到这里就可以了，整个过程简洁明了。不过我们当时的确对“交谈”的结束很感兴趣，认为婴儿视线的移开就意味着交流不再可能进行了。

不过，大多数女性还会继续逗引已经在此前的互动中得到满足的婴儿。于是我们计算了母亲对不同性别的婴儿发起逗引行为（触摸、呼唤、寻找眼神接触）的次数。

通过观察得出这样一个数字：母亲逗引女婴的次数比逗引男婴的次数高出几乎三倍！

不同性别婴儿的母亲在孩子这么小的时候就表现出的行为差异意味着什么？应该如何对这一数据进行解释？这是否意味着母亲对男婴的容忍和对女婴的干涉？有人认为这一数据表明，相对来说，母亲对男婴兴趣更低，因为男婴的性别与自己不同；而对女婴则会更加亲近，更容易产生认同感，因而会更加频繁地逗引女婴。

对真实微笑和想象微笑的描述有助于意义的建构，有助于我们理解事物怎样产生意义，螺旋式的互动怎样发生，以及生理性的微笑怎样一经他人阐释就转变为社交信号和性别信号。

对新生儿第一次微笑的观察说明，想象层面的互动也能在现实中被观察到，也让我们看到想象性互动如何赋予事物意义，以及在何种程度上在儿童成长中发挥塑造作用。

当胎儿尚在母腹中时，我们将其看作声音信号的接收者。然而婴儿一旦降生就变成了声音信号的发出者，母亲则变成了往来互动中用行动做出回应的一方。我们记录了足月出生的胎儿和早产儿的第一声啼哭①。

---

① CYRULNIK B., PETER H. (1984), «Ontogenèse et fonction des cris de bébés», in *Une Nouvelle Clinique de la dépression*, I. R. E. M., Cambridge.

为了避免打扰到产科医生的工作，我们用一台小型磁带录音机和一条长导线进行了简单的录制。婴儿的啼哭似乎也会变换方式、强度以及和音，不过我们还是希望能赋予这些哭声一种看得见的形式，将其转换为更容易被观察和分析的图像。频率分析仪将婴儿的啼哭声分解为一个个频率峰值，向我们呈现了所希望得到的图像。当婴儿用尖锐的声音啼哭时，峰值出现在右侧，因此左侧的峰值表示较为低沉的哭声。峰值的高度则反映了声音的强度。

数据的处理也非常简单：只需要用磁带录音机录下婴儿的第一声啼哭，把磁带送到频率分析仪那里，然后将频率分析仪绘制出的婴儿哭声的形状与母亲的行为反应和言语反应对应起来就行了。完完全全就是我们从海鸥那儿学来的方法。

首先，第一件出乎意料的事情是，我们给一群围坐在桌边的朋友和学生播放录音带，然后发现当婴儿的哭声频率较低时，成年人的反应往往是愉悦高兴的。他们很快就能辨认出婴儿哭声的含义，然后说："天呐，这是个饿肚子的宝宝……噢噢，小可怜哭了，可把他给愁坏了……宝宝将来肯定是个吃货，像他爸爸一样……"或者别的什么类似的话。

而当宝宝的哭声频率较高，电脑绘制出的图像呈现为曲线右半部分的高峰值时，人们就会做出完全不同的阐释，其中往往带有焦虑色彩。阐释者精神状态的躯体化出人意料地早早显现出来，甚至在弄清楚婴儿哭声的含义之前就表现出来："我觉得不舒服……这个声音好像卡住了我的胃或者喉咙……这个宝宝的情况应该不太好……"

因此，婴儿哭声的物理结构形成了情感传递的物质基础，成为婴儿内心状态的声音转译，传达给成年人后，成年人就对婴儿状态进行了各种各样的复现。

低频哭声传递出的情绪会唤起愉悦的阐释："他像爸爸一样是个吃货。"然而尖锐的高频哭声则表示婴儿正处在一种不舒服的状态中。这样的哭声很快就会引起成年人焦虑情绪的躯体化反应：“这个声音好像卡住了我的喉咙。”

我们又把这种尖锐的哭声播放给动物们听，母狗听到后马上就会发出呻吟声，耳朵向后贴，变成“飞机耳”，行为中流露着对录音机的担忧。母猫则会身体僵硬，开始在房间里四处寻找，同时喵喵叫着发出召唤，在发出声音的地方和人类之间来回走动。

这项观察引发了我们对物种间交流的思考。既然经常有人指责我们过度阐释，那猫猫狗狗们也要承担一定责任。可它们又能介入什么呢？它们又不会用各种理论从猫狗之间的交流出发过度阐释人类之间的交流。人与动物之间根本不存在过度阐释的可能，因为人就是人、猫就是猫。而母性十足的母猫并不会对认识论问题感兴趣，它们只是单纯地被人类婴儿尖锐的哭声所触动。

还有一件出乎意料的事情。在这一情感互动过程中，我们观察到母亲在一定空间内的行为会根据婴儿的内在状态做出调整。我们记录了几名生病宝宝的声音，不过与设想不同的是，生病的宝宝不会哭。没有哭声的婴儿就像过分懂事的孩子，总是令人担忧。其中一个宝宝患上了脑脊膜炎，他只不过是在轻轻呻吟罢了。人类的耳朵听到这种声音，然后将其转化为富有含义的声响。不过录音机会记录所有声音。因此电脑也会分析所有声音的频率，在最终呈现的图像中，我们看到声音的峰值非常低，高度几乎与婴儿房间里的背景噪声相同！

在观察中我们能够看到这位母亲离宝宝非常近，几乎是目不转睛地盯着宝宝。当病床边的声音提高时，宝宝的哭声就会越过房间的背景音，重新变得具有交流功能，能够传递情绪。此时母亲就不会再花那么多时间和精力盯着宝宝，她可能会离开一会儿宝宝的小床，去找点东西或者跟护士说话。

对母亲的话语进行收集，再同我们对患病婴儿的观察联系起来，就能发现当婴儿生病时，对其他事情不再感兴趣的母亲往往会觉得被限制在了婴儿身边。而当婴儿重新开始啼哭，母亲就能打开自己周围的空间，看向别处，向别处移动或说话，因为她们“知道”万一有什么事的话，通过婴儿哭声建立的沟通渠道是畅通的。

海鸥和人类婴儿通过哭声让我们明白，一切信息都镌刻在生物学基础之上，不过刺激一旦被感知就会被阐释，因而就会获得意义。信息接收者的个人经历赋予感知以意义。

也就是说，生物学现象与个人经历联合起来，共同催生了意义。

个体经历的生物学

直接观察法发展到今天获得了一部分精神分析学家的青睐，但同时也激怒了一些人。一批人觉得很高兴，因为动物行为学证实了他们的猜想。另一批人则感到担忧，就像安德烈·格林（André Green）写的那样：“儿童作为观察对象被物化，面临着主体被压抑的风险①。”

不过父母们的说法正相反。“孩子最终会辜负我们的期望，就像我们当初也辜负了我们自己父母的期望②。”孩子还小的时候，人们尽可以想象他们的未来，天下所有母亲都会将自己的憧憬投射到孩子身上，好几年间都会一直觉得被自己带到世界上来的是个奇迹。在成年人与儿童相互影响的这一阶段，儿童不是“面临风险的物化对象”，反而像电影银幕那样可供我们将自身的憧憬投射其上。后来，儿童的个体化发展迫使父母不得不遗憾惋惜地承认自己心目中的“梦中情宝”并不存在，并且将自己的关注焦点转向眼前这个与“梦中情宝”迥然相异的小孩。其实“主体被压抑的风险”往往来自我们成年人的憧憬和想象，以及社会凝视造成的压力。

直接观察法让我们能够对现实进行观察（这并不意味着观察现实本身）。

儿童在成长和互动中被部分地分析，要注意被观察分析的并不是儿童的全部，因为人们必须选择自己将要进行观察的对象。举个例子，比方说我们要观察儿童用手指指物的动作如何与最早出现的言语行为同时发生③。我们打算拍摄下这一组行为的发生过程。观察装置看起来有点残酷，因为我们要让婴儿坐在宝宝座椅里，然后在他能够触及的范围之外放上一罐糖果。我们会将观察的对象简化为一组动作（我们可没对婴儿做什么简化）。之后我们就会观察到，十五个月大以前，所有婴儿伸出手时都是手掌朝下，五指分开，眼睛盯着糖罐，嘴巴发出很响的音节。这时我们要求母亲坐在一边旁观，不得插手干预。被困在宝宝座椅里的婴儿尝试实现自己的愿望但以失败告终，于是会发出绝望的哭声，同时身体向后仰。被婴儿的表现触动的母亲此时可以介入，将婴儿抱入怀中，观察便到此为止。

不过在婴儿长到十五个月左右时，我们观察到他们的行为策略发生了根本上的变化。婴儿会用食指指向糖果，眼睛望向母亲，同时尝试说出类似元语言的话："糖糖""果果""糖糖果"。对这组行为的观察表明，一旦这套动作完成，婴儿就不再因为自己的愿望没能实现而大哭，也不会再由于绝望而做出过激的动作。此时婴儿能够想到，一旦央求母亲帮助自己，自己想要得到的物品就会被放置在可以触及的范围内，婴儿口中发出的类似"糖果"的声音也可用来表达意愿。也就是说，言语一旦出现，身体语言的形式就完全发生了改变。身体语言变得没那么紧张、没那么绝望，更多的是想表达一种恳求的情感。语言的出现带来了希望。

这一简化的、机械的观察促使我们思考更加本质的问题。或许可以认为，婴儿只有在愿望没能得到满足时才会受到刺激并尝试进行言语沟通。只要母亲冲到婴儿身边，把糖罐放到婴儿能够到的地方，婴儿的牙牙学语就会停下来。

---

① GREEN A. (1970), «L'Objet», *Revue française de Psychanalyse*, XXXIV, n°s 5–6, pp. 885–1218.

② HORASSIUS N., *Pouvoir et possession*, Colloque Pierrefeu, 1988.

③ ROBICHEZ-DISPA A. (1988), *Observation d'une relation médiatisée par l'objet chez l'enfant préverbalisant: le pointer du doigt*, Mémoire du diplôme universitaire de psychopathologie, Aix-Marseille II.

或许也可以认为，必须等到大脑发育到某个阶段，能够同时处理来源不同的空间信息，婴儿才能做到将食指指向空间中的某个方向，而将目光投向另一个方向。指挥手部动作的神经元也必须发育到一定阶段才有能力使得另外四根手指弯曲，而食指保持伸直，指向远处的事物，指向将来才会发生的意义所指。最后婴儿还必须能够感知到央求母亲替自己实现愿望是可行的，以及要想尝试说话，婴儿必须能够理解某一约定俗成的声音可以指代某样他够不到的东西。

总而言之，大脑必须足够发达、情感经历必须足够丰富，婴儿才会尝试开始进行话语的历险。而这一信息模式和情感模式一旦显现，婴儿的人际关系就会发生改变，此时婴儿不必再亲自行动，只需要说话就行了。

这一象征化过程的诞生基础是身体、大脑以及情感。

要想实施对照实验，或者说对照观察，只需要观察一个或是由于孤独症，或是由于大脑疾病（脑部器质性病变）而无法说话的婴儿处在相同情境中的表现。我们观察到这些孩子只会伸手指着自己想要的物品，盯着物品看，同时大哭。愿望没能满足给他们带来的失望感会引起更加激烈的身体表达，婴儿会用力后仰、大哭，或者用力折叠身体。

因而我们能够在实验环境中观察到，没有语言能力的儿童如何在日常生活中不断重复发出同一种声音、做出同一组动作。

在一次行为学临床观察实验中，三十五个月大的宝宝大卫从来没用手指过东西。不过通过录像中一些转瞬即逝的画面，人们还是能够观察到这一行为序列曾短暂地出现过：伸着手望向母亲，手掌内旋，喉咙里发出声音。“这一序列尽管转瞬即逝，但在该语境中还是能够表示试图获得帮助以便得到物品。儿童—对话者—物品的三角关系因此也是成立的[1]。”后续的临床观察也证明这个孩子并没有完全囿于自己所患的精神疾病，他的行为给他留下了一道窄门，使得他能够与外界交流，并最终有可能击碎困住他的精神壁垒。

我们通过直接观察法描述的这个孩子与精神分析学家口中的儿童隐喻没有丝毫关联。可记忆的事情与可观察到的事情之间也没有丝毫关联。人们躺在心理咨询师的长沙发上追忆过去，在想象中完成某种建构，重新感受、重新经历被贮藏在记忆中的事件。这些人之所以能回忆起某件事，是因为他们至今依然能够感觉到这件事，或者这些记忆中的事实对他们来说富有意义。记忆的过程也是建立认同的过程，是十分重要的情感修正过程，并不必然与可观察到的事物相关联。无意识并不是非意识，而是一种心理组织方式，掌控我们的憧憬、幻想和决策。按照精神分析学通常所认为的，通过某种巧妙的关系，无意识最终能够以记忆和梦境的形式被带到意识层面，并最终通过言语表达出来。

然而非意识的东西是不能够被记忆的。这种没有被意识到的记忆引发的情感和行为日后都无法被回忆起来：六个月大时就失去母亲的人在长大后是不会记起这种绝望感的。但失去母亲会改变他的人格发展，使他变得尤其渴望被深爱。丧母一事会引发婴儿做出此前从未有过的恳求行为或牺牲行为。这些行为可以被观察到，但无法被记忆。我们只会发现婴儿突然变得出奇乖巧，过于安静听话。然而成年后，他绝不可能重新回忆起令自己产生如此重大变化的丧母一事。

这就像人类的生物学分子一样，可以被观察到，也真实存在，但不能被意识到。无法被记忆的东西永远也不可能进入人类对自身经历的叙

---

① ROBICHEZ-DISPA A.（1988），*Observation d'une relation médiatisée par l'objet chez l'enfant pré-verbalisant：le pointer du doigt*，Mémoire du diplôme universitaire de psychopathologie，Aix-Marseille II.

述，因而也无法成为其心理认同构建过程的一部分。安德烈·格林曾指出，“仅凭自然观察永远也无法得知孩子如何内化并阐释他所处的人类环境①。”一名自然观察学家回应道，仅凭精神分析观察也永远无法得知孩子如何在他所处的人类环境中行动并做出反应。

精神分析学家和行为学家永远也无法相互理解，因为他们所从事的根本就不是同一种观察。精神分析学家听取成年人解读事件的方式，并赋予这些事件以一定意义。而行为学家观察能够使内心世界的迹象变得可见、可实验操控的行为本身。

精神分析学的优势在于能够说明言说的主体如何感知世界，治疗功能在于帮助主体发展出内部感受，从而使得主体能够逃避来自外界的压力以及自身的阐释。精神分析学的目的实际上是帮助主体完成个体化②。

而行为学的优势在于能够说明主体如何成长发展，以及某些影响因素如何诱发主体的行为表现（例如在感情缺失状态下主体会作何表现），或者如何扰乱主体（例如社交隔离会对主体产生什么影响）。行为学实际上是一种符号学或症候学研究。

精神分析活动要想顺利开展，需要叙述者有能力将自己的内心世界转化成言语表达出来，也需要精神分析师能够对言语进行相关解释，就像音乐家用乐器阐释音符，赋予音符生命一样。

行为学则需要观察者具备特定的观察天赋，也需要观察者学习一定的方法，以便描述发生紊乱的行为，并找出相应的原因。

我想用母羊和早产儿的故事进一步说明二者的关联。

母羊只有在特定时刻才会开始表现出母性行为，也就是说必须在分

---

① Cité *in* LECAMUS J. (1985), *Les Relations et les interactions du jeunes enfant*, E. S. F.

② 许多拉康派的精神分析学家将此视为一种解构。

娩后的数小时内与小羊发生特别互动，母羊的母性行为才能被触发，而且小羊必须对母羊发起相应的感官刺激①。

在分娩后的数小时内，母羊能够与自己的幼崽或者与任何被托付给它的幼崽建立依恋关系。然而在这一仅持续几小时的阶段之前或之后，母羊不会与任何新生幼崽建立此类关系，甚至还会抛弃幼崽，包括它自己的幼崽。

实验操作十分简单，只需要等小羊羔一出生就将它带走，四十八小时后再将它送回母亲身边。这样的话，母羊会拒绝照料这只小羊。小羊蹒跚学步时母羊根本不会跟在后面。当小羊试图靠近母羊的乳房时，母羊还会踢踹小羊。

对照实验就是让母羊与幼崽之间的互动自然发生。出生后羊羔会爬向母羊的乳房，这时母羊也会舔舐羊羔，尝尝小羊身上的味道，然后用自己的味道给小羊做标记。

假如我们在羊羔出生两周后再将其与母羊隔开四十八小时。此时母羊熟悉小羊的互动过程已经完成，再将小羊带回母羊身边时，母羊很快就能认出自己的幼崽，毫不犹豫地将幼崽留在自己身边。

对于羊来说，气味是触发情感联结的首要途径。眼睛被蒙住的母羊能够认出自己的幼崽并照料它；然而鼻孔被堵住的母羊会将幼崽当作外来者，不会与其建立情感关系。

不过仅凭气味还不足以触发母羊的母性行为。要想使气味发挥作用并参与依恋关系建立过程，信息接收者还必须处在高度敏感的阶段。假如我们将一块浸满羊水的布放在并不处于分娩期的母羊鼻子底下，母羊就会挣扎反抗，并将头扭到一边。而假如我们将这块散发着气味的布放在刚刚

---

① POINDRON P., LENEINDRE P., LEVY F., KERVENEC E. (1985), «Les Mécanismes d'adoption chez les brebis», in *Lieux de l'enfance*, *L'adoption*, Privat, n^{os}1 et 2.

分娩的母羊鼻子底下，母羊就会表现出极大的兴趣，用鼻子仔细嗅闻。

因此要想让母羊收养一只陌生羊羔，只需要给小羊羔涂上羊水，然后把小羊送到一只刚刚分娩后的母羊鼻子底下。

依恋关系的建立和连接始于外部信息（新生儿的气味）和母羊体内感觉（分娩过后激素水平剧烈变化）的双重作用。

这一系列观察和实验表明，母羊分娩后确实会经历一个敏感阶段，在该阶段母羊会变得对某类感官信息尤其敏感。而为了脱离母体，从阴道中挣脱的幼崽天生就带有此类感官刺激。幼崽爬向母羊的乳房，周身散发着羊水的味道。幼崽一边慢慢接近母羊，一边咩咩叫着回应母羊发出的细弱声响。这一敏感阶段建立起的所有沟通渠道都参与了母子互相熟悉的生物学进程。

分娩后的敏感阶段经常能被观察到，人们也就此进行过多次相关实验。对于小鸭、刚分娩的母狗、斑马以及一切母子间存在依恋关系的物种都可见相关描述①。电生理学分析、大脑和激素受体位点，以及行为标志都已被上千次地描述和分析。

由此可以得出，对动物来说存在一个敏感时期，该时期内母子间的依恋关系很容易就能够建立。

相应的担忧也随之而来，而且似乎证明安德烈·格林是对的。母羊的案例说明母亲和孩子之间的依恋关系是通过一种生物黏合剂建立起来的，那么“主体被压抑的风险”就变得真实存在了。

不过在精神分析学中，原因并不一定会导致结果，某些观念在特定文化背景中有时会出乎意料地被推翻或重获生机。两名英国的儿科医生②基于有关敏感期的论断，尝试观察人类母子间的依恋关系如何在分

---

① JEDDI E. (1982), *Le Corps en psychiatrie*, Masson.

② KLAUS M. H., KENNEL J. H. (1972), «Maternel Attachment: Importance of the First Post-Partum Days», *New England J. Med.*, n° 286, pp. 460–463.

娩后建立。他们对母羊所表现出的“情感黏合”进行了更深入的阐发，声称人类母亲在分娩后三天内都能够与新生儿建立依恋关系。既然时间上来得及，那这一关键时期也就显得不那么关键了。不过说到底，三天也很快就会过去，一旦错过建立联系的最佳时期，紧随而来的可能就是情感危机了。

早产儿可以成为我们进行自然观察的对象，因为早产儿通常必须与母亲分离，独自被关在能挽救其生命的保温箱内。一些心理学家①发现早产儿在成长过程中会遭遇重大障碍。他们很难养成规律的进食习惯，夜间睡眠时发出的脑电波呈现异常状态，异常的肌张力也给母亲和婴儿调整各自的身体姿势造成了一定困难。甚至还有人描述过“早产儿晚期综合征”，主要表现有青少年时期体格瘦弱、近视、诵读困难、胆小懦弱以及学习成绩差。

那两名英国儿科医生认为，在分娩之后随之而来的敏感阶段，母子分离会对早期依恋关系的建立造成困难，这也能够解释早产儿在成长过程中遭遇的一系列重大障碍②。

然而有观点认为，从母羊到人的类比推理并不成立，两名儿科医生使用的方法也并不牢靠，这在行为学界引发了巨大争议。“人类女性并不是母羊……这些医生从母羊推理到人类女性的做法毫无理论依据……对依恋关系建立障碍的观察过于敷衍潦草……毫无理论依据……毫无方法可言……儿科医生们的做法完全不对③。”

---

① LEZINE I. (1976—1977), «Remarques sur la prise de conscience du corps chez le jeune enfant», *Bull. Psycho.*, n° 30, pp. 253-263.

② KLAUS et KENNEL, *op. cit.*

③ COHEN-SALMON, Ch., explosant lors du séminaire de Bobigny, dirigé par Serge LEBOVICI, 1984.

“完全不对。”科学家们如是说。这帮科学家整日待在实验室里闭门不出，满口都是只有自己才明白的理论，以及由于太过深奥而无人能与之交流的方法论。然而对于临床医生来说，儿科医生的做法却并非一无是处。这些临床医生是富有经验的实战者，他们需要在有限的几个小时之内，通过几个关键操作和决定来挽救早产儿的生命，否则就只能任由生命逝去。

“这一发现在产科学界引发了巨大反响①。”从那时起，临床医生们就尝试尽量不再让母亲和新生儿分离，并且尽可能将临床操作中的技术性降到最低。外科医生也常将儿童和母亲一并收治入院，孩子们被送进手术室时可以抱着他们的毛绒玩具或是脏兮兮的安抚巾。心理学家会与早产儿的母亲谈话，同时提醒保育员们不要将自己当作新生儿的“母亲”，以此来帮助母亲与婴儿之间重建想象性关系，让产妇重新感觉到自己成了母亲。心态上的转变收获了良好的临床效果。只需几个月的时间，这些早产儿就达到了与足月儿相同的发育水平。只需要简单的方法、明确的临床操作和一些必要的话语，就能让从前困扰早产儿的“早产儿晚期综合征”逐渐消失。多亏了这项显得不那么科学的发现，母亲们和临床医生们如今才能见证早产儿预后情况的变化。

就这样，母羊帮助人类早产儿完成了正常的生长发育过程。不过就算人们通过观察母羊理解了人类个体发育可能面临的困境，也无法通过观察母羊解释儿童在个人生命历程中产生的感受，无法解释儿童自身的历史性。通过观察比较人类早产儿和弃婴，我们或许可以理解生物学意义上的个体发育和个体经历之间的区别。弃婴同样也遭遇了母婴分离，同样也是在分娩后尚处在敏感期时突遭变故。不过弃婴遭遇到的分离不

① KREISLER L., SOULÉ M. (1987), in *Traité de psychiatrie de l'enfant et de l'adolescent*, t. II, p. 627.

像早产儿那样具有强烈的刺激性，毕竟弃婴不必输液，不会被针头刺痛，不用插管，不用忍受周围各种监护仪器发出的声音。但是弃婴最初表现出的行为障碍与早产儿是相似的：动作迟缓、空间方位感弱、身体姿势错乱、对噪声和抚触过度敏感，尤其是食欲低下、睡眠障碍，以及不会调整身体迎合照料者的臂弯。

对母羊的观察研究让人们懂得应当尽早将早产儿安顿在母性环境中，这样能帮助早产儿尽快克服行为障碍。然而弃婴往往被送到社会福利机构，其中的母性价值观非常薄弱。几个月后，等这些弃婴具备了语言能力，他们就会告诉自己："我是个被抛弃的孩子。"

他们很快就会明白被抛弃的处境意味着什么，这也很快就会在他们心中唤起羞耻感："我是垃圾桶里捡来的孩子。"羞耻感塑造了这些孩子对自己的感知。那么他们为什么会对自己没有妈妈一事感到羞耻呢？因为没有妈妈对他们来说好像是某种缺陷，某种不光彩的疾病。他们会说："肯定是因为我糟糕得无可救药，妈妈才会想要抛弃我。"这些话表明，他们认为自己毫无价值，甚至有罪。

早产儿经历的是同样的生物学和行为意义上的障碍。但记忆、自我认知、身份认同塑造了个体历史化的过程，而这一过程与母羊无关。

个体历史化，也就是自我记忆，其实是一个主动创造自身过往的过程，也塑造了述说者的身份。这一过程的机制与直接观察法的机制大相径庭，但并不妨碍我们在理解该过程时依旧秉持行为学的态度。

熟悉精神分析概念的安娜·弗洛伊德（Anna Freud）曾经观察过遭遗弃的儿童："他们找到了另外一个地方来安放自己的力比多，从而能够控制某些焦虑情绪，习得一定的社会态度①。"在此番描述中，我们

① FREUD A., DANN S. (1961), « An Experiment in Group Upbrinding», *Psycho. Anal. Study Child*, n° 6, pp. 127–168, p. 165.

既能够看到精神分析学的影子："控制某些焦虑情绪"，又能够看到可观察行为的影响："他们找到了……习得一定的社会态度（对……说，和……玩）。"

简言之，对想象性互动的研究希望在通过话语表达的内心世界和通过动作表达的外部世界之间建立联系："我母亲在我眼中就像一个魔鬼，她让我遭受了多么大的痛苦啊。我自己也成为母亲后就总想惩罚自己。于是我强迫自己做一个完美妈妈，就像强迫自己受难一样。我每天做很多家务，为了不把沙发坐垫弄乱宁肯站着，给孩子们吃最完美的饭菜。他们吃的饭我都会按时备好，端上漂亮的餐桌。喂孩子们吃饭的时候我总是喂得特别快、特别多，同时还会大喊大叫，因为他们总让我感到焦虑。要是他们不好好吃饭，我就不能成为一名完美妈妈了。最后我总要把他们喂到吐出来才肯罢休。可是他们和邻居家的妈妈一块吃饭时就从来不会呕吐*。"

说出这番话的年轻女士曾经是一名受虐待儿童，从她的讲述里，心理医生可以听出她的个体历史化过程。她的讲述其实就是一位"魔鬼妈妈"的叙述。医生也能听出事实中包含的精神分析意味："我自己也成为母亲后就总想惩罚自己。"医生还能听出对行为的描述："宁肯站着……端上漂亮的餐桌……喂得特别快……大喊大叫……"医生甚至还能捕捉到近似实验操作的线索："……他们和邻居家的妈妈一块吃饭时就从来不会呕吐。"

因此想象性互动实际上是可以被临床观察到的，人们只需要学会倾听和观察，对一位受虐待儿童的成长经历感同身受。

我还接诊过另一名年轻女士。她长得非常漂亮，金发碧眼，平时喜欢参加社交活动，这是她对抗焦虑情绪的方式。然而她怀孕了，胎盘附着异常导致流血。医生为她注射了大量激素和皮质酮。她不得不连续数月卧床休养，因为经常需要输液，所以哪儿都不能去。雌性激素会干扰某些神经递质的分泌，从而容易引发抑郁情绪。一些皮质酮也会引发强烈的焦虑情绪。这位年轻女士为了保住自己的宝宝哪儿都不能去，更别提使用从前那种对抗焦虑情绪的方式，也就是投身大量的社交活动。

在这样的行为和生理条件下，宝宝对她来说具有了某种特定意义。她说："我饱受焦虑之苦，被输液管连续折磨了好几个月。那段时间里我寸步难行，以至于当时的每一天、每一秒都希望肚子里的胎儿死掉。他死了我就自由了*。"

然而这样的想法又令她产生负罪感，于是她越发逼迫自己躺在床上不要动，以免害死腹中的胎儿。孕妇神经紧张往往会造成胎儿多动。事实也的确如此，她的胎儿不仅没有死掉，还变得越发多动。胎儿在子宫内的每次惊跳和挣扎都会使她流血，并且痛苦不堪："他出生的时候我就已经在恨他了。"她这样说。这对母子之间的互动往来在开局时相当不妙。

通过其他一些行为学观察案例可知，有着类似念头、筋疲力尽、饱受焦虑仇恨折磨的母亲往往会粗暴地对待婴儿，无法很好地理解婴儿的哭闹，甚至会在婴儿向自己表达恳请时被激怒。可以想象这位母亲为了使婴儿入睡，会突然将婴儿扔进摇篮，喂奶时会将乳房粗暴地塞进婴儿嘴里。这样一来，婴儿在本应该慢慢安静下来直至入睡的时候，突然感觉到自己被抛离母亲的身体。每当饿的时候也会感觉嘴巴被粗暴地填满，因此婴儿自然会入睡困难、缺乏食欲。

然而母亲却这样解释婴儿的行为："我起早贪黑地工作全都是为了他，可他却不让我睡觉……他拒绝吃饭……这样下去他会死的……他早点死了倒好……"

社工带这个孩子来我这里接受心理咨询的时候，他已经六岁了。这是个挺可爱的小男孩，长着一头金色的鬈发、一双湛蓝的眼睛。

整个谈话过程中，大卫的眼睛始终没有离开过妈妈。而妈妈就在他面前，用过激的语言谈论他。这位妈妈告诉我，这个孩子如何不停地折磨她，日日夜夜，就连现在，在学校里也不肯放过她。小男孩在学校里表现不好，老师们纷纷找妈妈告状。总之，小男孩就是无休无止地折磨妈妈，一刻也不消停。

突然之间，她拉我当证人，跟我说："你看看，他又开始了。"然后她就咬牙切齿地拧小男孩的大腿。小男孩任由妈妈这么对待自己，坐在那儿一动不动，双眼充满爱意地望着妈妈，不过泪水很快涌上来。"你看见了吧，你看见了吧。他没完没了，没完没了，永远都不会停下来。"这位被一动不动、安安静静的孩子"迫害"的妈妈如是说。

当时我很难保持冷静平和，于是做了一件错事。我尽可能温和地向她指出，我没看出小男孩有什么错处。那位恼羞成怒的母亲捉住孩子的一只胳膊将他从椅子上拉起来，然后扬长而去，离开时嘴里说着："好吧，你也一样，你和他是一伙的！"

两年后我再次见到了他们：大卫在学校里打架，还试图用火柴将自己点燃；他在同学的座椅靠背上放上针头；在练习册上涂画一些恐怖的性爱机器，它们都有着捕兽夹一样的阴道口；他还会画一些刀状的阴茎和"自动手淫器"。

母亲被他吓坏了，继而感到前所未有的疲惫。她向我展示她孩子是个施虐狂的种种证据，而这时大卫就在一旁眼含爱意地望着母亲。母亲曾经对大卫说过这样的话："我真希望你死了。你自杀吧……自杀吧。你怎么还不自杀？"她一边大喊，一边使劲晃动儿子的身体。这一次我什么都没说，眼睁睁地看着她摇晃孩子的身体，之后我将他俩分开，单独给他们做咨询。

她说："我真想勒死他。"然后她沉浸在想象中愿望实现后的快感里。

而他说："我想把自己吊死在学校里。我真是糟透了。"

"他想死。这我知道。那他赶快自杀呀！他要是死了就好了！他没出生之前就该这么做了。”

“我特别特别想让妈妈开心，但我就是忍不住干坏事。”

这个孩子还没出生就让母亲饱受折磨、痛苦不堪，对这个胎儿的仇恨、盼望其死亡的欲念投射到长大后的孩子身上，彻底占领了妈妈的头脑。恶性的螺旋互动已经开始，接下来就只能任由痛苦的轨迹蔓延、变换，直至最终合理化。

这名受母亲虐待、向母亲施虐的儿童有着一位受孩子虐待又向孩子施虐的母亲，然而这位母亲却与自己的另外两个孩子建立了一种非常亲切欢乐的关系。她甚至觉得抚养另外两个孩子是一件轻松惬意的事情。

母羊和人类女性之间也存在着共同的生理机制，二者都拥有子宫。不过母羊和人类女性之间也有着巨大的差异，那就是是否掌握语言。而语言的介入能够从根本上改变母子间互动的生物基础。

假如堵住母羊的鼻孔，也就切断了母羊和小羊之间的互动，彻底阻止了二者间建立依恋关系，也就是说，母羊再也无法与自己的幼崽建立依恋关系。由于闻不到幼崽的气味，母亲会将幼崽视作外来者，并对其进行驱逐。

然而人类女性的意识却能够帮助她重建母子间的螺旋式互动……只要她愿意。她只需要知道保温箱里的宝宝是她的孩子，就能够修复被分离破坏的依恋关系。最初她可能也会表现得笨手笨脚：总是用拇指和食指提着宝宝，而不能像从未经历过分离的母亲那样用整个手掌抱起宝宝，让宝宝靠在自己身上。她要过上三四天才敢把鼻子埋在宝宝怀里去辨认宝宝的气味①。要想辨认宝宝的哭声还需要更长时间。但无论如何，

① SCHAAL B. (1984), *Ontogenèse des communications olfactives entre la mère et son nouveau-né. Approche par l'éthologie expérimentale*, thèse en neurosciences, Besançon.

她很快就能重新获得与生俱来的母性，重新建立的感官沟通渠道也会产生各种刺激，从而不断增强母子间的情感连接。

母羊没有意识，因此对于母羊来说，决定论是长期有效的。母羊听从生物信息的指引，一旦刺激缺失，联系就再也无法建立。

然而对于人类女性来说，一句简单的“这是你的宝宝”就能让她们知道这件事，而知道这件事就能让她们重建感官沟通渠道。因此语言能够修复分离造成的紊乱……当然也可能加重这种紊乱。一旦产生认知和重建连接的意愿，早产儿经历的紊乱就只适用于短期决定论的规律。

不过情况也并非总是如此。一些母亲在宝宝被送进保温箱时会感到获得解放，而宝宝回到身边就会剥夺她们的自由。这种分离往往会加重那些自身并没有太多母性的母亲的焦虑情绪，她们会觉得自己很不称职。继而，宝宝稍有病痛就会重新被送入医院，托付给“更称职”的人，早期的分离再次上演，分离带来的问题也一同再现。

因此这种早期的分离会暴露母亲的脆弱性，而这种脆弱又会在不知不觉中维持早期分离给儿童带来的困扰。恶性的螺旋式关系由此开始，在儿童的成长经历中留下一处薄弱点。这处薄弱点有可能会在若干年后，在诸如搬家等契机中重新表现出来。人们已经发现，在成年抑郁症患者群体当中，很大一部分在早年曾经历过母子分离。人们最近也发现，由于搬家引发的消极情绪远比我们想象的更加常见，并且其背后几乎都隐藏着成年人早年间经历的母子分离造成的薄弱点，而这样的早期分离早在三四十年以前就曾引发过依赖性抑郁症①。

虽然螺旋式互动关系由于母亲的意愿得到了修复，但这段经历带来的痕迹无法抹去，只要具有特定意义的事件发生，痕迹就会重新表露

---

① KLAUSHER J., JOUVE S., GINESTET D. (1988), «Déménagement et réaction dépressive», *Nervure*, n° 7, octobre.

出来。

不过决定论也并非如此绝对。我们之前谈论了母亲的意愿在修复分离问题时起到的纠正作用，现在有必要再来看看语言具备的纠正功能。一旦儿童能够将语言作为一种交流工具，他的行为动作就会发生改变。这时儿童可以不再移动身体，而只需发出一连串声音，再配上几个面部动作和手势。儿童开始能够感知情绪，并分享情绪。语言具有惊人的情感功能，让人们能够为二十年前发生的事情哭泣，或是期盼十年后才会发生的场景。人类特有的语言功能可以放大当下的情感体验，也能够让人们重新体验某种情感，甚至能够就完全不在场的事物交换彼此的意见。

海鸥就没有这种超越时空限制的能力，也无法重温由不在场的事物所引发的情感。海鸥总是高度依赖自己所处的语境。要想证明海鸥无法超越空间限制，只需用磁带录音机播放提前录好的表示警报的海鸥叫声，我们会看到鸥群的反应是纷纷起飞、啼叫不止。而录音机放置的位置离鸥群越远、播放的声音越弱，起飞啼叫的海鸥数量就越少。只需数数海鸥发出的胜利叫声的次数就可以证明它们无法超越时间限制。通过观察可以发现，刚刚发出过胜利叫声的海鸥更有可能重新唱响它的断奏曲。不过随着时间的推移，这只海鸥讴歌胜利的次数会越来越少①。

动物的语言其实是一种高度依赖语境的语言，取决于动物在短期内获得的情绪情感。然而人类语言的惊人力量却能够使人类感受到产生于过去或即将到来的情绪情感，并据此作出决定或采取行动。

通过语言逃离所处环境的能力让人类得以创造自己的生活。这也是为什么内心有着情感缺失的弃婴总是可以通过语言逃离情感缺失带来的影响，可以重新审视这段记忆，有时甚至能够将自己的个人经历转化成

---

① 实验描述详见《意义的诞生》一章。

艺术作品。

跨文化行为学是对不同文化中相同行为的比较研究，这样的研究可以证明人类语境与母羊语境究竟有多大程度的不同。

在乌干达的一些部落中，文化习俗反而会要求将儿童与母亲尽早分开。社会目光将这种分离视作文化规则，孩子们也会表现出巨大的悲伤，随后却能够聚在一起，互相安慰，然后毫不费力地融入新的社交关系网络，而在这个社交网络中，母亲并不存在。然而如果在一个群体中，儿童与家庭的分离是由政治决策导致的，那么这些孩子的生命历程就会走向一种异常的心理状态。

两种情况的本质实际上相同，都是与母亲的分离。不过当社会目光赋予该事实一种特殊含义，使得分离成为文化规则时，几乎所有孩子都能顺利度过分离；而当社会目光将该事实视作不公正的处罚时，几乎所有孩子都会深受其苦。

社会目光作为一种集体表现具有很强的塑造能力，能够形塑一个人的生命史。

在肯尼亚，古西族①文化中有两种家庭组织形式：西方式的核心家庭和多偶制家庭，后一种家庭由孩子的母亲、母亲的丈夫，以及这位丈夫的其他几位妻子组成②。研究人员曾围绕这两种家庭形式中的孩子展开了长达十五年的观察，观察显示，多偶制家庭中的孩子遭遇精神障碍、需要精神治疗的概率远远高于核心家庭中的孩子。

---

① KLAUS K., MINDE R., SEGGANE H. (1983), « Quelques aspects de la rupture du système d'attachement des jeunes enfants: perspectives transculturelles », in *Enfants dans la tourmente, parents de demain*, PUF.

② BOUSSAT M. (1986), fondateur de « Psychiatrie sans frontières », « Les Familles polymaternelles» in *Les Attachements nouveaux*, Relais Peiresc-Toulon, février.

该项民族行为学的观察促使我们思考家庭组织形式的问题：我们西方人总是认为核心家庭是精神障碍的根源，将其命名为“细胞家庭”，好像这种家庭是监狱一样；而错综复杂的家庭网络中，儿童在类似格栅的环境里成长，其组成包括两处住宅、一名父亲、另外的一个男人、一名母亲、另外的一个女人，以及一大群异父或异母兄弟，有四分之一血缘关系的姐妹，更不用说还有数不清的表亲。

然而通过对古西族孩子的行为学研究可以得知，核心家庭这一既是安全感来源也是冲突来源的场所，其实具备比大家庭、多偶制家庭甚至聚合家庭更加完善的能力。

核心家庭的完备能力或许能够解释在此类家庭中常见的坚固的情感关系及其具备的“安全堡垒”功能。

“安全堡垒”功能也就是斯皮茨所说的依恋关系（anaclitisme），弗洛伊德所说的依赖情结（étayage），以及玛丽·安斯沃斯（Marie Ainsworth）所说的安全感基础（base de sécurité）。三位精神分析学家都认为核心家庭的安全堡垒功能意味着孩子对母亲的依恋。此外观察也表明，在多偶制家庭中，“与家庭中的其他照护者相比，儿童总是与他们的生物学母亲有着更加紧密的联系①”。

失去安全堡垒会造成一个脆弱时刻，最终会在个体生命的螺旋式发展中产生一个薄弱环节。从这一行为学推论出发进行的验证性研究，比较了一群有着童年早期分离经历的成年人和一群没有经历分离、始终在安全堡垒庇护之下长大的成年人。最终发现，在早期经历分离的群体中成年抑郁症患者的数量，比早期成功建立依恋关系的群体中成年抑郁症患者的数量高出十倍。

因此在儿童发展的敏感时期，早期分离和依恋关系破裂的行为学推

---

① KLAUS K. , MINDE R. et SEGGANE H. , *op. cit.*

论在临床上得到了验证。依恋关系的断裂会产生某种薄弱因素，或许在二三十年后，由于生活中发生的某件寻常事情的刺激，才会表现出来。

旁观者总是这样说：“你拥有幸福生活所需的全部，没道理会抑郁。”这样的推理毫无道理可言，因为在生命头几年发生的事会在一个人的性格中留下永久的痕迹和薄弱环节，这便是为什么机体会对生活中的某件寻常但具有特殊意义的事件产生消极回应。

这样看来，抑郁症并不是病理性的伤心难过[1]，而是由于早年间留下薄弱点而变得支离破碎的机体的病理性反应。

但薄弱点并不是病因。薄弱点甚至还能构成平衡因素。我们会听到类似“我没办法不工作……情况就是这样，我也没办法……我绝对没办法在乡下生活”的说法。这些话是在承认自己的薄弱点，也是在构建一种平衡的生活方式（或许应该说“维持平衡状态”）。

不过有些表面上的平衡状态反而恰恰预示着抑郁症的降临。比如那些过分乖巧的孩子，还有生活方式无可挑剔的完美成年人，这样从病理学上看过分平衡的人生经历恰恰导向罹患抑郁症的结局。

其实绝大多数偶然并非真正的偶然，而是某种行为方式的结果。这样的行为方式总有一天会导致薄弱点处的断裂。偶然因此成为必然，成为这种反复行为的必然结果。

同样可以用行为学的方式解释抑郁症：它不再是偶然事件，不再是悲剧或是坏消息的直接结果，而是个体的一种回应，而个体自生命之初的经历决定其性格中的关键因素。

这种获得性的生物学特征始于敏感阶段。处于这一阶段的机体对环境中的各种压力异常敏锐，在此阶段获得了某种行为能力，并可能不断重复，而行为的重复就带来了某种必然结果。

---

① WIDLÖCHER D.（1982），*Les Logiques de la dépression*，Fayard.

有些人将抑郁症视作命运的结果[1]，比如奥地利精神病学专家特伦巴赫（Tellenbach）教授。此人从来不会觉得抑郁沮丧，他甚至说自己的一生始终在愉悦中度过，生活井井有条、工作勤奋努力，无可指摘。他还特别强调“无可指摘”这个词。当人们问他怎样才能过上一种无可指摘的生活时，特伦巴赫教授解释道，收拾得井然有序的书桌、精心分类整理的文件，还有永远整洁、熨烫平整的衣物，都能给他带来平和的心境。他通常会在晚上睡觉前，或者周末家人们都去海边度假时熨烫衬衫。秩序感和稳定性对他来说具有很强的吸引力。他喜欢构思书架的归纳方式，喜欢为即将到来的一整天和一整年做计划。

他是一位好父亲、好儿子、好丈夫，是忠诚可靠的朋友，周围人有困难时他总是挺身相助。星期天他会帮邻居修补露台。自己没钱时也会借钱帮表兄度过发薪日前的最后几天。工作上也深得领导赏识，谈起他时领导们总是赞赏地说他永远按时上班，随时做好准备，无可挑剔。这个勤奋开朗的男人对自己有着极高的要求，别人都不敢这么要求他。他希望别人过得幸福快乐，身边人自然从他那里受益良多。

然而这样的平衡状态是病态的。对他的内心世界进行分析后，我们发现他很难感觉到幸福。对他来说单纯地获得愉悦是有罪的。他不敢自己直接享受生活，只能通过其他人来实现。他爱别人是因为他不爱自己，而他爱的方式就是奉献。他奉献自己的时间、精力和金钱。他送给别人大量礼物，因为与他建立情感连接的人就是代替他享乐的人。对他来说，他的孩子、家人或者受苦受难的所有人，都是代替他享乐的完美人选。他说：“别人的快乐才是真正的快乐，我自己的快乐毫无价值。我的快乐经常会令我感到焦虑，让我有种负罪感。”

这种《圣经》式的奉献精神和慷慨牺牲，在他一生中的很长一段时

---

① TELLENBACH H. (1979), *La Mélancolie*, PUF.

间里维持着平衡。只要他能坚持下去，只要他的身体能够承受这种对精力的无限索取和毫无节制的约束，平衡就不会被打破。

直到有一天，一起微不足道的事件，一个生活中的小意外，会突然引发他的一阵伤感，继而导致他的彻底崩溃。这起小意外可能是他母亲得了流感，也可能是小孩某次考试考砸了，或是养的猫死了。总之就是好像有人突然按下了什么开关，焦虑感将他彻底冰封，将他折断成两截。他的身体再也不听使唤，道德上的痛苦汹涌而至。他吃不下饭，喝不进水，睡不着觉。几天里，家人们眼睁睁地看着他的状况迅速恶化，但并不知道此刻他的脑海中只有一个迫切的念头：自杀。有时候他甚至想杀死自己所爱的那些人，好将他们从生活中解脱出来，为他们消除负担，用死亡这样一个最后的礼物继续帮助他爱的人。

精神药物被发明出来以前，这些忧郁症患者都会在相当悲惨的境地中死去。现在他们的忧郁情绪倒是很容易被治愈，但心理问题依然存在：他们通常会拒绝治疗，因为不相信治疗的有效性，或者认为自己不值得接受治疗。对他们来说，身边人过得好就够了，自己内心的痛苦不值一提。他们认为自己只配在房间的角落里或是狗窝里悄悄死去。他们的死亡微不足道。

然而忧郁症患者一旦被治愈，他们的家人又会来指责我们。药物能够改善几天内的情绪，但个性的养成是从童年时期就开始的。个性编织家庭关系网络，发展关于生命的看法，这样的个性及其所处的环境本身可不是一天两天就能被改变的。治疗会使原本的小世界发生动荡。于是我们会听到这样的说法："自从他好了以后就不怎么收拾家里了。"或者："接受您的谈话治疗以后他的状况更糟了。他开始跟着我们一块去沙滩，而不是留在家里熨烫衣服。还是以前的他更好一些。"

所以说在家人看来忧郁症的治愈可能是一件坏事。于是忧郁症患者会重复那些导致他们生病却又塑造了他们生活的永久性的性格特征，病情的好转反而会让他们产生负罪感。患者可能会故意做些什么好让病情复发，如缺席与心理医生见面，中断或者干脆拒绝精神治疗。

这样的一生中有哪件事是偶然发生的吗？人们发现，这些忧郁症患者大多在早年间经历过长期的母子分离，或是在他们与父母进行的早期互动中后者曾表现得十分消极。

情感连接的缺失会促使性格发展走向由抑郁导致的崩溃，而想象却能变成行为的主宰，从情感连接中汲取塑造行为的力量。

为了验证这一点，我们选择了最自然也最不可避免的行为来进行观察，也就是观察母亲在刚刚分娩后如何将宝宝抱在怀里[1]。我们随机选取的场景是母亲第一次给自己刚生下的宝宝做清洁。观察者坐在一张桌子后面，桌上放着两个用纸板做的婴儿玩偶，纸板上打着方格，这两个玩偶一个代表男孩（区分正面和背面），另一个代表女孩（区分正面和背面）。如果母亲用拇指和食指接触宝宝，观察者就在被母亲接触到的部位相对应的格子上画一个叉号；如果母亲用整个手掌接触宝宝，就画两个叉号；母亲让宝宝靠在自己身上时则画三个叉号。这些叉号都被画在母亲实际触碰的宝宝身体部位在玩偶身上所对应的地方。

按照这种方法观察记录了一定数量的通过手掌完成的抱起动作后，我们发现不同性别的玩偶身上被打叉号的方格竟然有着明显不同的分布情况!

由于体重和体型的缘故，所有宝宝在被抱起时都需要母亲将手掌放在腋下，两根手指放在颈后，以便起到支撑作用。臀部和大腿也是被接触比较多的部位，这样才能将宝宝安放妥当。

---

① ALESSANDRI J.（1986），*Différenciation sexuelle：préhension maternelle au cours de la première toilette*，thèse médecine，Marseille.

不过我们发现在代表女孩的玩偶身上，身体中部的叉号更多。女孩的胸部、腹部、后背中部和臀部被接触的频率要远远高于男孩。这可是从宝宝刚出生没多久就开始出现的行为差异！

与宝宝性别相关的身体语言上的差异并不能用体重或体型来解释，毕竟宝宝们在这方面差别不大。因此有必要承认从一开始，母亲用手掌抱起婴儿的行为就受到两方面不同性质的因素影响：动作的实用性和动作的想象性。要想抓牢并抱起宝宝，腋下、枕骨和臀部是最实用的几个支撑点，这样的动作与宝宝的性别无关。

可为什么女婴的身体中部常常得到更多接触呢？这样的动作并不能让母亲更好地抓牢或者抱起婴儿。因此，可以认为母亲对女婴身体中部的触碰其实是基于动作的想象性因素。母亲心里知道自己生的是个与自己性别相同的宝宝，并且会想到"一个女人正抱着自己的女儿"。这时母亲往往会将自己的身体退让到一边。母亲与女儿之间有着特殊联系的念头会促使母亲在抱起女婴时采取一种与抱起男婴时不同的身体位置，因此男婴的身体中部更少被触碰到。也就是说，母亲在最初抱起婴儿时就赋予了这个动作以性别特征。

也正因如此，不同性别的婴儿看到的与母亲有关的世界大不相同：男婴往往从正面感知到母亲的气味、颜色、动作以及嗓音。而女婴感知到的母亲的移动、散发的温度、发出的声音则往往来自侧面。对女婴来说，母亲对自己身体的触碰更多，并且可能发生在任何部位，包括胸部、下腹部、背部，还有臀部①。

于是这些感官信息形成了基于母亲想象的生物学影响。

而保育员或是其他协助生产的专业人员就不会赋予最初的抱起动作

① MILLOT J. -L. , FILIATRE J. -C. (1986), «Les Comportements tactiles de la mère à l'égard du nouveau-né», *Bulletin d'écologie et éthologie humaines*, novembre.

以性别特征。对他们来说，婴儿就只是婴儿而已。这样的认知方式将动作的实用性因素置于优先地位：他们用相同的方式抱起男婴和女婴。而母亲会将性别表现置于优先地位：这是个男孩或者女孩。出于对自己宝宝性别的认知，母亲的动作也会具有完全不同的性别意涵。

我们曾经与一位高危妊娠孕妇交谈。她担心失去自己的宝宝，在交谈中曾表现出对死亡的想象①："我很害怕胎儿会畸形。要是这个宝宝死了，我就再要一个。下次就不会再这样了。"宝宝出生以后，母亲的抱起动作也是优先服从实用性因素，尤其母亲习惯用手指抱住孩子。要等过一段时间，等母子之间的依恋关系更加稳固一些的时候，这位母亲才敢用整个手掌抱起宝宝，之后才敢将宝宝抱在臂弯里。

专业人士的话语也会在很大程度上改变母子之间的第一次接触。难产之后助产士或者医生可能会告知母亲："婴儿出现了脑功能障碍。"或者是："婴儿刚才出现了窒息。"这样的告知往往意味着婴儿的某些生命指征十分脆弱，尤其是大脑的部分。而以这样一种方式谈论婴儿就会使得母亲的身体语言更加重视实用性而非想象性：母亲更多的是会用手指把婴儿扶起来，而更少为了逗引或抚摸婴儿而触碰其身体中部。专业人士的话语也有着塑造母亲行为的效果。

通常来讲，母亲的想象对儿童的成长有益。当一个孩子被期待（而不是被欲求）、社会目光赋予怀孕较高价值、家庭成员用充满自豪的语气宣布婴儿的诞生、丈夫的举动充满柔情、产妇年轻且感受到幸福与安全时，母亲在与宝宝建立最初的互动时会更加重视行为的想象性因素。母亲的动作会更多以游戏和通过触碰获得愉悦感为目的，这样的动作为宝宝营造的感官世界与单纯以实用性为目的的动作营造的感官世界截然

① MOLENAT F.（1983），« Nouveau-né à risque en milieu hospitalier：les signaux d'appel au cours de l'interaction enfant/personnel soignant »，in *Le Développement dans la première année*，PUF.

不同。

然而令人惊讶的是，亲吻这个动作其实十分罕见[1]。一项关于“亲吻的开始”的观察呈现了亲吻这样一个富有意涵的动作是如何发生的，以及一个最初以实用性为目的的生物反射如何在关系中获得情感意义，并最终参与依恋关系的建构[2]。

最初亲吻只是一种觅食反射，通过超声探测可知，胎儿还在子宫里的时候就拥有这种反射了。出生后不久，婴儿就会将头转向母亲的乳房并试图寻找乳头，从而完成哺乳这一令人不可思议的协同反射活动。

直到婴儿六个月大的时候，人们还是能够通过展示母亲的乳头来激发婴儿的这一反射……或者展示母亲的嘴唇也行！一旦看到母亲的乳头或嘴唇，婴儿就会转动脑袋，张开嘴巴，伸出舌头。不过在大约七个月大的时候，这一行为具有的反射意味就不再那么强了，而是呈现出更多的意图性。婴儿会睁开眼睛看着自己的“猎物”，然后张大嘴巴，尽可能地咬住妈妈的鼻子或者脸颊。当嘴巴接触到能够让他们产生快感的对象时，婴儿就会闭上眼睛，一边吮咬妈妈一边露出微笑。

这样的行为是从反射活动发展变化而来的，这时母亲的阐释就会赋予该行为一定意义。妈妈可能会说：“不可以咬人……坏坏……不可以对大人这么做哦!”当然妈妈也可以对此行为爆发出一阵大笑，然后将自己的鼻子或脸颊伸给宝宝，好刺激宝宝重复这样的行为。因此，母亲的阐释不同，这一行为传达的情绪、营造的感官氛围也截然不同。

反射活动在最初是纯粹生物性的。神经心理层面的成熟使得婴儿在七个月大时开始能够通过这项反射活动完成一个可以表达意愿的行为。

---

① ROBIN M.（1983），«Les Contacts tactiles dans les jours qui suivent la naissance»，*Le Développement dans la première année*，*op. cit*.

② AJURIAGUERRA J. de et CASATI I.（1985），« Ontogenèse des comportements de tendresse»，*Psychiatrie de l'enfant*，n° 28，2，p. 385.

母亲对孩子的口唇行为做出的解释也从此参与到依恋关系的建立之中（“这个宝宝可真可爱啊”），或者与此相反，参与到依恋关系的抑制之中（“不可以咬妈妈，你这坏孩子！”）。

母子间的螺旋形互动也由此开启，因为从八个月大起，就轮到宝宝在高兴时将脸颊伸给妈妈以便索要亲咬了。

这种介于亲和咬之间的行为呈现出的矛盾性，以及母亲所做阐释中的含混性，还要等宝宝更加成熟后才能得到澄清，因为与动作和语言交织混杂在一起的欲望要等到宝宝二十个月大以后才能呈现为亲吻这一最终表达形式。

因此，觅食和哺乳反射需要将近两年的时间才能发育成熟并迎合母亲的阐释。反射的意义也由此诞生，这一行为日复一日地反复发生，最终织就了母子二人之间的生命故事。

神经发育和母亲的不断阐释也需要两年的时间才能让这项反射活动成为有意义的行为，母子二人两年间的经历才能让婴儿的口唇行为最终成为一个吻。宝宝要花上两年的时间才能学会这样一个文艺复兴之后才出现的文化行为。不过这也意味着儿童的学习速度其实很快。

这一观察方法已经被玛丽·安斯沃斯使用过①。她的方法很简单，就是记录新生儿哭闹的时长。通过观察她发现不同婴儿的表现之间存在很大不同：有些宝宝每小时哭三分钟，然而另外一些宝宝每小时的哭闹时间远远超过二十分钟！她也记录了宝宝在一岁以前哭闹的总时长，发现所有宝宝，无论是比较爱哭的还是不那么爱哭的，在一岁以前哭闹的时长都遵循相同的变化规律：总是在头三个月哭得比较多，在之后的三个月里频率会逐渐平息，又会在一岁之前的最后三个月里重新升高。无

---

① AINSWORTH M. D. S., BELL S. M., STAYTON D. J. (1979), «L'Attachement de l'enfant à sa mère», in *La Recherche en éthologie*, Seuil.

论处在什么样的环境中，无论婴儿是什么性别，所有宝宝的哭闹都遵循这一规律。这一发现成了宝宝先天行为的良好证据，“基因时钟”不会受到环境的影响，那些认为人体就是一台机器的人会这样说。不过只需要稍微修改一下问题，就能得到另外的答案。纳入考虑范围的新变量是母亲在婴儿哭闹时介入安抚的时机，也就是从婴儿开始哭闹到母亲将婴儿抱起来之间所花的时间，从这个角度出发，可以看到婴儿哭闹的规律发生了变化。婴儿在一岁以前哭闹频率的变化还是遵循之前发现的规律：四个月大时开始逐渐平息，然后十个月大时重新升高。不过新的视角显示，如果婴儿在头三个月哭闹时很快被母亲抱起来，那么他们在十个月大时，哭闹频率的升高并不明显。而如果婴儿在头三个月哭闹时并没有及时被母亲抱起来，那么他们在十个月大时哭闹的频率会很明显升高。

因此早期的互动，例如及时安抚哭闹的一月龄婴儿，能够使婴儿具备某种行为能力，而这种行为能力可能会在事件发生很长时间以后才会表现出来。

通过观察一些自然且不可避免一定会发生的动作，例如亲吻、用手掌抱起婴儿或者回应婴儿的哭闹，能够帮助我们理解个人的经历和生物学基础在何种程度上相互结合，共同赋予行为一定意义。

父亲如何诞生

我在准备这篇有关父亲的行为学文章时遇到了一个奇怪的现象：我搜集相关的文章，积累临床档案，给研究动物学的朋友们打电话咨询，然而每当就自然界中的父亲这一主题提问时，收到的资料或者档案都是关于父母行为的，每次都是这样。

在动物学叙事中，父亲的缺席本身就构成了一种叙事，即动物界当中没有父亲①。

因此关于本章节的谋篇布局，我建议先讨论父亲这一角色在动物界的诞生，然后再考虑儿童头脑中父亲角色的形成。

在动物界中，性别分化的代价是极其高昂的。无性繁殖的生物成本很低。变形虫繁殖所需的能量很少，只有在细胞分裂时才会调动细胞的所有能量以便完成活动。而当变形虫不必进行分裂生殖活动时，它们的生活从生物学意义上来说就相当闲适。

在鱼群当中，通常是雄性照料鱼卵和幼鱼。如果将刺鱼②的求偶行为拟人化就会发现这一行为相当有趣：雄鱼在雌鱼面前“跳舞”，目的是“引诱雌鱼”。随后，雄鱼会将雌鱼引向自己事先准备好的洞穴入口处。不过洞穴非常小，雌鱼并不能整个钻进去，身体的后半部分还会露在洞口外面。于是雄鱼就会趁机摩擦雌鱼的腹部，直到雌鱼排出一团鱼卵。此时雄鱼会马上排出精液，将鱼卵包住。然后雄鱼就会赶走雌鱼，用鱼鳍将鱼卵铺开。鱼卵孵化后，雄鱼还会继续照顾幼鱼。

其实除了“求偶行为”“舞蹈”和所谓“父爱”，一些化学或视觉诱饵也能够确保鱼类的各种繁殖行为依次有效进行。这样看来，有关父亲的诗性叙事也没什么好稀罕的③。

鸟类之间的夫妻关系能维持很长时间：乌鸦的婚约维持的时间最久，海鸥在幼崽成年以前也会一直维持婚姻关系，不过女性主义者们援引最多的案例还是阿德利企鹅。雌企鹅每次只下一颗蛋，下蛋后将雄企鹅推到巢中，自己离开。企鹅爸爸会蹲下来，用肚子下面一层厚厚的皮肉将企鹅蛋覆盖④。雄企鹅两个月不吃不喝，只等着企鹅妈妈回来，然后两只企鹅会挤在一起取暖，好抵抗暴风雪的侵袭。

动物界中雄性履行父职的例子还有很多，不过我们还是先将这些朴素观察的迷人表象放在一边，分别从种系发生学的角度和认识论的角度考虑问题。

当我们考虑物种的种系发生时，自然就会发现，食草动物当中，雄性几乎不会参与对幼崽的教育，然而食肉动物中的雄性却会履行父职。

根据神经生物学中的动物印随行为机制，食草动物的幼崽会一直跟在母亲身边⑤。由于食草动物的食物随处可见，只要跟着妈妈就能获取食物。就拿野牛来说，只有突然遭遇食肉动物，体形庞大的公牛才会加入到由母牛和牛犊组成的牛群中，迎战入侵者。而通常情况下，公牛们会自己组成一个牛群，与母牛和幼崽组成的牛群保持一定距离。

因此，当遗传因素决定了动物可获取的食物分布范围很广时，比如食草动物，动物种群的组织方式就会更多地依赖生态因素而不是父母的影响。而当遗传因素决定了动物需要寻找食物时，比如食肉动物，情况就不一样了。在后一种情况中，为了喂养幼崽，父母之间需要互相配合。

---

① DÉSOR D. et KRAFFT B. (1986), «Les Comportements parentaux», C. N. R. S., 6.

② TINBERGEN (1951).

③ EIBL-EIBESFELDT I. (1972), *Ethologie. Biologie du comportement*, *op. cit.*, p. 166.

④ 如今我们已经知道雌企鹅并不是“将雄企鹅推到巢中”，原文只不过是观察者自己的阐释。实际上雌雄企鹅会在孵卵期相互合作。

⑤ 参看《从爱的烙印到宁静依恋》一章。

海鸥父母会轮流外出觅食，并且在食谱上从来不会出错：海鸥总是会给留在家中的成年海鸥带回来贝壳类食物，而给幼崽带回来的则是经过初步消化后反刍的鱼肉。

不过父母间的合作也并非不可或缺，比方说母猫就能自己完成所有工作：喂养幼崽、给小猫做清洁、外出捕猎、教小猫捕猎，还能保护小猫免遭公猫进犯。

其实动物只不过是根据生态因素调整自己的遗传特征，是我们人类观察者将其行为命名为"履行父职"。实际上这些行为的施动者只不过是一个个传递物种基因的雄性成年动物，在鱼类和鸟类当中皆是如此。只有在受到一系列化学或感官刺激时，这些雄性成年动物才会成为我们眼中教育者的角色。

在猴群中，承担教育功能的雄性可能并不是幼崽的生物学父亲。对父亲行为的描述如此晚近这一事实本身反映了观察者的某种浪漫偏见。观察者不敢开始关于父亲的研究，因为他们认为只有雌性才应该照顾孩子。

是时候改变这一偏见了，人们应该看到雄性也会照料幼崽。不过雄性照料幼崽的场景千变万化，有些物种就不会表现出雄性充当教育者的行为特征。成年雄性在照料雄性幼崽和雌性幼崽时也可能会采用不同的方法，就像人类母亲用不同的方式对待性别不同的婴儿。

成年公猴通常只在母亲角色缺失的情况下才会成为教育者，比如当母亲过于年迈，无法为幼崽咀嚼食物时，就轮到公猴来进行交哺行为。

有些公猴也会收养年幼的孤儿，不过前提是幼猴躲过母猴为争抢幼崽而发起的纷争①，这一过程有时候相当残暴。

---

① THIERRY B. et ANDERSON J. R. (1986), «Mécanisme de l'adoption chez les primates: rôles de l'adopteur et de l'adopté», *C. N. R. S. Comportement*, pp. 165–171.

在大猩猩、猕猴和长臂猿当中，如果幼猴过于肥胖，精疲力竭的母猴就会开始啃咬幼猴以便驱逐它们。这时通常会有一只公猴来收养这个绝望的孩子，为它梳洗，陪它玩耍。

有些物种十分宽容，例如狒狒就十分纵容幼崽的专横行为。不同群体的演化方式也截然不同：在日本猕猴这个群体中，公猴就从来不会照顾幼崽，而其他猕猴群体中的雄性则习得了教育者的行为。在叟猴（北非猕猴）群体当中，幼猴一开始会挂在母亲腹部的毛发上；年龄大一些以后，幼猴就会挂在体形更大的公猴背部的毛发上。

实际上，我在前文讲述的案例可能在叙事层面上是成立的，然而在命名层面上则有可能是完全错误的。我将需要被命名的对象称为“履行父职”，或者说成年雄性照护者的行为。然而这些照护行为中表现出的所谓“父性”很可能只是行为本身的附庸罢了。

生物学意义上的父亲，也就是真正的父亲，其实是提供精子的那个人。那么我们为什么一定需要一个播种的父亲呢？

单性生殖在动物界其实是十分常见的现象。卵母细胞，也就是雌性生殖细胞，能够在没有雄性生殖细胞介入的情况下自行分裂。卵母细胞独自就能开启孕育新生命这一工作。

不过对哺乳动物来说，“有男人”依旧是一个不可避免的步骤①。没有雄性，仅靠一名母亲无法孕育出孤雌胚胎或哺乳动物。人们曾经尝试过在没有雄鼠的情况下，仅通过化学刺激诱使雌鼠在子宫内孕育胚胎。但实验中只分裂出了一些最初的细胞组织。从细胞层面来讲，生殖细胞必须经过细胞分化这一步骤才能发育成胚胎。

---

① BARRA J. et RENARD J.-P. (1986), «Superflu, le spermatozoïde ?», *La Recherche*, n° 174, février.

因此，尽管没有雄性参与的单性生殖在动物界中十分常见，但无法在哺乳动物的子宫内实现。

从进化的角度来看，哺乳动物这一特征的产生原因，以及这一特点具备的优势，实际上都非常重要。

我们都知道细菌的繁殖方式是分裂生殖。当生态环境良好时，细菌会拉长细胞，然后一分为二，变成两个“相同的细菌”。当环境条件恶化时，细菌就不会进行繁殖。新生细菌的遗传信息与之前的那个细菌一模一样。当然有时候染色体复制也会出现差错，比方说漏掉一个基因片段，或者把一个基因片段放错位置。不过总体而言，从细菌的整个生命的层面上看，细菌存在的根本原则就是自我复制。细菌没有雌雄之分，因为细菌的遗传物质全都一样，它们就这样无休无止地复制下去（每一代的每个生物体的每个基因都能复制 10^{50} 次）①。繁殖活动由环境决定，物种的寿命也由环境决定。生态环境发生任何一点微小的改变都有可能令整个物种在一夜之间灭亡。

随着生命形式逐渐复杂，差异也随之显现，出现了雌性和雄性之分。不过雄性特征相对来说仍然比较无用。有几种蜥蜴尽管也有雌雄之分，但依然保留着孤雌生殖的繁殖方式。性接触的作用只是促进卵母细胞发育，在此过程中并不会发生雌雄遗传信息的混合。不过这样的繁殖方式就可以被称作有性生殖了。能够称之为“生殖”是因为遗传物质在代际间发生了传递；而这样的生殖又是“有性的”，是因为必须要有雄性参与，卵母细胞才能够开始发育。

细菌也有“生殖”，但细菌的生殖是无性的，因为细菌有新一代和老一代之分，但是没有雄性和雌性之分。而哺乳动物的生殖方式是有性生殖，因为必须要有性行为，受精卵才能开始发育，而且还会发生两套

---

① OHNO S. (1973), «La Différenciation sexuelle», *Nature*, n° 244, pp. 259–262.

遗传物质的混合。其实“生殖”一词严格来说并不恰当[1]，因为性别的混合一定会创造新的东西，在所有有性生殖中，染色体的组合都会创造出全新的个体[2]。

由此可见性别分化带来的优势。当生命通过自我复制的方式繁衍后代时，环境中发生的任何一点微小改变都有可能会导致整个物种灭绝。也就是说，在自我繁殖中没有性别特征参与，环境因素就会起到决定性影响，生物的遗传信息必须与环境相适应，不然的话整个物种就灰飞烟灭。

而在有性生殖这一创造活动中，环境的改变反而会有利于某些个体的发展。个体差异的存在帮助整个物种更容易找到应对变化的多种不同方式。

单性生殖的生物特点是冒着物种灭绝的风险不断自我复制。而有性生殖的生物特征则是创造差异，从而确保物种的创新性与适应性。

青蛙的例子能够帮助我们理解以上两种不同的生物适应策略各自具有的功能。有些种类的青蛙会在生态环境适宜生存的情况下进行单性生殖；而在缺水、日照时间延长、食物匮乏等条件下重新进行有性生殖，从而产生存在个体差异的后代，以便适应新的环境。如果此时隔离雄蛙进行对照试验，雌蛙会继续进行单性生殖，直到整个种群因为不能适应环境而消亡。

其实雌性是繁殖活动唯一必要的性别。雄性的出现只是带来差异和新性状，从而为物种适应环境创造可能性。

从这一系列观察实验中能够得出的一个普遍认识是，在生态环境相

① 在法语中，reproduction 一词除了表示“生殖、繁殖”以外，还可以表示“转载、翻印、复制”，因此作者说使用该词并不十分恰当。——译者

② LANGANEY A. (1979), *Le Sexe et l'innovation*, Seuil.

对适宜的情况下，不需要性别特征、雌性不断自我复制的单性生殖策略显得更加经济实用。而在恶劣的生态环境中，性别的差异就显得十分必要，因为每次异性相遇都能创造出全新的个体，而新的个体有可能更好地适应新的环境。

人类的生存环境往往充满艰难险阻。人类在出生时也并没有发育成熟，因此需要长期依赖成年保护者，需要不停地从外界获取热量，也需要依靠来自外界的机械力量、社会关系以及精神支持。人类如此脆弱，如果不是依靠能够不断产生新个体的性别分化，人类根本走不到今天。

也正是从这个意义上说，性别分化的代价才是极其昂贵的。如今人们几乎要花上一辈子的时间去解决性别带来的问题，例如出生、身份、夫妻结合，以及随之而来的一系列社会约束问题。人类的确克服困难走到了现在，可代价多么昂贵！

从生物进化论的观点来看，作为播种者的人类男性在产生后代这个过程中的作用，实际上是给女性基因注入差异；而女性自己也完全可以产生后代，只要生存环境绝对安全且适宜。

我打算将孩子的生长发育过程根据所处的不同生态环境划分成三个阶段，分别观察每个生态环境中父亲如何出现、角色如何成型、如何被认知，以及在感官上和意义上如何被看待。这三个生态阶段分别是：

— 小型哺乳动物生活的第一个生态环境，即母亲的身体（包括在母亲身体中和依附在母亲身体上）。
— 生长发育阶段的第二个生态环境，即母亲的周围，包括母亲的栖居地、家庭，以及母亲的亲密关系网。
— 第三个生态环境与母亲之间有一定距离，是哺乳动物所处的社会关系网、组织机构，以及文化赋予动物的角色。

胚胎学家指出，对所有哺乳动物来说，感官通道的建立都遵循同样的规律：首先是在子宫收缩时通过触觉接收信息；之后是嗅觉和味觉的建立，胎儿会吞下少量羊水从而尝到母亲的味道；再之后是听觉的建立，胎儿在大约二十七周大时能够辨认出母亲发出的语言信息；最后建立的是视觉通道，婴儿在出生时并未完全获得视觉，最初只能看见距自己二十至三十厘米远处移动的发光体，要等到几个月后视觉发育才能成熟到可以综合性地感知他人的面部特征。

触觉学①鼻祖弗兰斯·维尔德曼（Frans Veldman）在80年代首次建立了父亲与子宫内胎儿之间的直接互动。他让一名父亲将手放在自己怀孕晚期的妻子的肚子上，然后轻轻施加压力。几分钟之后，胎儿调整了姿势。这一发现倒是很快就让产科医生们想到可以利用该影响调整子宫内胎儿的位置。如今这种触觉影响也真的被用于引导胎儿调整姿势，从而以更有利于分娩的姿势进入骨盆腔。

可是通过接触按压的方式与胎儿进行交流的人究竟是谁？是父亲，还是产科医生，还是某个与母亲关系密切的男人？

出于种种母性中心主义的预设，父亲与子宫内胎儿的嗅觉沟通渠道没能得到充分研究。人们已知父亲身上有种特殊的麝香气味②，母亲会吸入这些气味分子，人们也在怀孕晚期的女性羊水中发现了这些分子，同时还通过超声观测看到了胎儿会在受到刺激时吞下羊水。因此理论上，父亲的气味能够穿过胎盘，胎儿能够辨认父亲的气味。可是这种气味真的是父亲的气味吗？还是只是生活在母亲身边的某个男人的气味？

至于父亲与胎儿之间的听觉沟通渠道，倒是有很多相关研究。研究人员都倾向于认为父亲的嗓音能够轻松穿过子宫壁，胎儿能够辨认父亲的嗓音。而且放置在子宫内的水听器也的确清晰地采集到了来自母亲腹

---

① 关于触碰及感受的科学，侧重关注人类的内心和情感领域。VELDMAN F.（1989），*L'Haptonomie, science de l'affectivité*，Payot。

② BARBIER M.（1982），*Les Phéromones*，Masson.

部周围的谈话声。实验中当父亲被要求讲话时，负责采集子宫内声音的录音带也清晰地记录到了父亲的声音。

不过胎儿始终是在液体环境中听见声音，感知声音带来的影响。当母亲说话时，由母亲的胸腔、横膈膜和子宫组成的大型过滤器会将高频率的声音过滤掉，只有频率较低的声音才能穿过这样的过滤器。因此，胎儿听到的母亲的声音温柔遥远、低沉悦耳。通过电脑分析这样的声音，得到的关于母亲嗓音的图像完全不同于子宫内背景噪声对应的图像。

然而父亲的声音只需要穿透一层薄薄的由肌肉做成的子宫壁和液体就能到达宝宝的内耳。父亲的男性嗓音几乎不会被过滤，比母亲的声音更加尖锐，响度更强。电脑生成的子宫内父亲嗓音的图像几乎完全与子宫内背景噪声对应的图像重合[①]。

因此可以想象，生活在液体环境中的胎儿会将外界的谈话声和父亲的嗓音与子宫内的背景噪声混淆起来，却能清晰地分辨出母亲的嗓音。

这些结果相反的观察实验仍有待进一步推进，目前尚且没有明确的、站得住脚的解释。就算我们认为父亲的声音能够刺激到胎儿，那这个男性嗓音究竟来自父亲，还是来自某个离母亲腹部距离不远且正在说话的男人？

通过一系列观察，可以渐渐得出这样一个观点：父亲的影响能够深入子宫，不过是观察者将这个男人任命为“父亲”，因为有人告诉观察者这个人是父亲。实际上更准确地说，这个人是与母亲关系密切的男人，指出这个男人特殊身份的人是母亲。母亲将其命名为“父亲”，也就是说，母亲给予了这个男人进入自己子宫的特权。

当这个与母亲关系密切的男人和母亲说话时，胎儿会做出相关反

---

① CYRULNIK B., PETIT J. (1986), *Ontogenèse des cris de bébé*, colloque C. N. R. S. Marseille, février, Bulletin S. F. E. C. A., 1987.

应，比如心跳加速、吮吸、调整姿势。我倒是认为这个男人的说话声并没有直接刺激胎儿，而是刺激了母亲，也就是说，这个男人的声音通过一个处在中间的翻译才刺激到了胎儿。假如胎儿的生物学父亲说话时母亲并没有产生任何情绪，那么就不会对父亲的声音做出反应，心跳不会加速，子宫不会收缩，胎儿也就不会对这个男人的声音刺激做出什么反应。而只要母亲不通过情绪反应指认这个男人的特殊地位，他就永远也无法成为胎儿的父亲。

与此相反，假如母亲与一个男人建立了情感连接，无论这个男人是不是胎儿的生物学父亲，母亲都能够给予这个男人与腹中胎儿互动的机会。此时母亲就是中间的那个翻译者。是母亲的阐释给予了男人刺激子宫内胎儿的权利。

姿态研究①描述了胚胎运动机能的发育过程。超声图像显示，符号的能指出现在所指之前：最初胎儿调整姿势、绷直身体或是转动脑袋的行为与外界并没有明显关联。不过在二十五周以后，这些姿态调整变成了对来自外界的感官信息的回应。一个能指事件，比方说母亲受到的一次袭扰，会被翻译成胚胎能够接收到的生物学信息。

与母亲有情感关联的男人可以对母亲发起类似的能指事件，母亲会将此事件转译为宝宝能够接受的生物学信息。因此人们能够看到，当父亲生病的时候，胚胎也会表现出行为变化②。男人的病痛令母亲忧心忡忡，从而感到焦虑紧张，随后母亲传递给胚胎的感官信息也会发生改变。一位母亲得知丈夫生病，她腹中的宝宝开始变得不安多动，之后母亲由于情绪过于激动而昏迷了一段时间。这一系列事件可能会使婴儿在

---

① COMPARETTI M. A. cité in VINCENT M. (1985), «La Relation de la mère avec son fœtus et la relation fœto-maternelle», in *Traité de psychiatrie de l'enfant et de l'adolescent* PUF., t. II, p. 613.

② BARWELTON T. B. (1982), *La Dynamique du nourrisson*, E. S. F.

离开母体后依然表现出抗议、绝望和冷漠的情绪。

不过我们之所以能够描述胚胎如何对父亲的病痛做出反应，也是因为大家都说这个男人是宝宝的父亲。可以想象，胚胎会对所有母亲对之投注情感的男性做出相同的回应：对于胚胎来说，父亲就是那个对母亲来说有独特意义的男性，是母亲通过各种感官信息呈现给胚胎的男性。

我想如果将这一系列观察的对象命名为“父亲的职能”是会引发歧义和矛盾的，因此或许应该将其命名为“丈夫的职能”，或者“与母亲建立情感联系的男人的职能”。

母亲自己对那个于她而言意义非凡的男人做出阐释，她的感官性翻译随后会改变腹中胎儿的生态环境。

现在让我们来看看刚出生不久的婴儿。婴儿的降生并不是出生这一动作告一段落，而是婴儿尚在子宫内时就开始的感官活动的延续。出生后这些感官活动会在婴儿经历的第二种生态环境，即母亲的身体上，继续展开。

“在母亲身体上”意味着婴儿从此感知到的是母亲周围的环境，而“在母亲身体内”的阶段，婴儿必须通过母亲这一中介才能感知周围环境。

哈洛（H. F. Harlow）① 的隐喻实验揭示了母亲身体具有的安抚功能：他通过两只人造母猴来抚养小猴。一只人造母猴是用铁丝做成的，身上安装有一只奶瓶；另外一只是用柔软的毛毡做成的，但不能为小猴提供任何食物。

猕猴幼崽只有在感触到毛毡那种像妈妈一般的柔软质地时才能平静

① HARLOW H. F. (1972), «Love Created – Love Destroyed – Love Regained», in *Modèles animaux du comportement humain*, C. N. R. S.

下来，从而观察周围的世界。要是把“毛毡妈妈”拿走，小猴就无法平静。它会四处乱撞、不吃不喝、不眠不休，既不能感知也无法处理来自周围世界的信息。然而只要将令小猴感到熟悉、安全的柔软毛毡重新放回笼子里，蜷缩在“毛毡妈妈”身上的小猴就能够重新感知母亲身体周围的世界。

这项观察实验十分重要，因为从中得出的行为学观点能够解释其他观察。也正因如此，哈洛的观察实验才能够印证斯皮茨在 1946 年进行的临床观察。他描述了新生儿被迫与母亲分离时如何表现出抗拒和绝望，甚至放弃求生意志，因为环境在剥夺母亲身体的同时也剥夺了新生儿安全感的来源，新生儿因此无法再对周遭世界进行探索。

还有一个值得思考的问题是，儿童能否感知成年教育者的性别，以及儿童是否会对不同性别的成年教育者表现出不同的行为。

自然界中，幼崽在出生后的很长一段时间里会优先对来自母亲的信息做出反应。从神经生理学的角度来看，猕猴幼崽首先会感知到母亲的接触，甚至还在分娩过程中、尚未完全娩出的幼崽也会在古老的达尔文反射的作用下抓住母亲的毛发。幼崽抓住母亲毛发的行为可以让自己从母亲身体中脱出，也由此建立了首次母子接触，并且能够在分娩过程中就感觉到自己依附在一个早已熟悉的物体上。幼崽会感觉到自己挂在一个温热的有生命的物体上面①，它刚一出生就能认出这个生命体的气味。随着时间的推移，感官认知会变得越来越精细，幼崽慢慢能够辨认颜色、形状、大小，还有运动，这些因素与其他一些感官因素就是令幼崽感到熟悉的生物学组成部分。

幼崽要等到出生三十天后才能从视觉上辨认出母亲②，认出母亲的

① JEDDI E. (1982), Importance de la chaleur dans l'orientation des nouveau-nés. *Corps et cultures*, Masson.

② GOUSTARD M. (1975), *Le Psychisme des primates*, Masson.

样子，并将其与群体中其他成年动物区分开来。而幼崽一旦能够看见母亲，就会朝着母亲而不是其他成年动物爬过去。

在猕猴群体当中，幼崽对母亲的辨认需要经历一个过程，对母亲形象的认识也是逐步发生的。幼崽最先感知到的是作为物体的母亲身体的一部分，母亲以感官认知因素（触感、温度、气味、声音）的形式出现，随后才会变成一个视觉上的母亲形象，成为一个与其他生物体不同的、能够从更远一些的地方被认知的形象。

行为精神分析学先驱 H. 斯皮茨描述的这一熟悉感的生成过程也让人们注意到从八个月大起，婴儿在被不熟悉的人抱着时会表现出焦虑情绪。

今天人们用一种更加关注历史的眼光提出问题，试图观察一个已经习惯了母亲的婴儿如何应对分离以及周围人或环境的变化。在六个月大以前，婴儿会被一切新事物吸引，会观察、摆弄这些新事物，还会将新事物放进嘴里。婴儿往往是用嘴巴而不是眼睛进行观察，因此把东西放进嘴里是能够使他们获取最多信息的观察方式①。

直到六个月大的时候，婴儿才能在获得触觉、嗅觉和听觉能力之后最终获得关于面部的视觉能力。在神经心理发育的这一阶段，婴儿开始能够感知到自己十分熟悉的视觉图像（母亲的图像）和其他图像之间的差别。于是婴儿的行为会发生改变。从六个月大起，再次面对新事物时，婴儿会先看向妈妈，然后才会试图探索新事物。

因为自从神经系统使得婴儿能够分辨熟悉图像和陌生图像之间的区别，他就需要从熟悉图像那里获得安全感，然后才能试着探索陌生图像。六个月大以前，婴儿会将一切陌生事物当成母亲的替代物，因此不

① SCHAEFFER H. R. (1971), « Objective Observations on Personnality Development in Early Infancy. », *Brit. J. Med. Psych.*, n° 31, pp. 174–183.

会在不熟悉的人试图改变他们的姿势时表现出不舒服的迹象，例如绷紧身体、将身体中部拱起、躲避眼神接触、蹬踢腿①，更不会尖声哭闹。

七个月大以后，通向大脑枕叶的视觉通路发育成熟，婴儿能够感知图像，眼前看到的场景就不再是一成不变的了。到了这个时候，婴儿在看向新事物之前一定要看向妈妈，将手臂伸向陌生人的时候一定要倚靠在妈妈身上，也一定要感受过妈妈的安抚才能对新的冒险经历产生兴趣。

早期与母亲分离的婴儿在头六个月里没有经历过母亲的安抚，这些幼年生病的孩子，或者幼年时母亲患病的孩子通常会对新事物表现出畏惧。而其他在幼年时曾经历过母亲安抚的孩子会对新事物和陌生人表现出极大兴趣。父亲的形象就在这时诞生。

父亲形象的诞生需要同时满足三个条件：婴儿在生物学意义上发育成熟（获得视觉图像）、母亲和婴儿之间存在一定关系，以及母亲和丈夫之间存在一定关系。这三个条件的满足能够唤起一定的想象，最终将婴儿引向父亲这个熟悉的陌生人。

对父亲的认知一下子变成了图像认知。不过之前来自母亲的与父亲有关的感官信息还是会使婴儿对父亲这位熟悉的陌生人产生一定情感。父亲的形象诞生于生物学和社会学之间的中间地带，诞生于通过母亲得到延续的感官经历，这使得婴儿能够继续探索母亲周围的生态环境。

简言之，控制父亲形象诞生的三种力量是：能够使婴儿获取图像信息的视觉通路的发育、母亲曾在其中起到安抚作用的早期母子互动经历，以及通过想象行为给予这个男人父亲地位的母亲的无意识结构。

因此，父亲形象的诞生也存在一个敏感时期。在婴儿六个月以前，

---

① WIDMER Ch. TISOT R.（1981），*Les Modes de communication du bébé*，Delachaux et Niestlé.

父亲只不过是母亲的替代物，是一个与妈妈一样的男人。婴儿并不能自发地将这个男人想象成父亲，因为从神经学角度来说，婴儿还没能获得熟悉的图像[1]。

在我们目前关注的有性别分化的一小部分生物当中，幼崽朝向成年个体运动的行为与成年个体的性别有关：幼崽总是会优先寻找雌性个体。在狐猴（长相类似狐狸、体形较小的猴）群体中，幼崽只会寻找各自的母亲，并且这样的排他性会持续一至八个星期[2]。在叶猴（手臂较长的猴）群体中，幼崽一开始会朝着自己的妈妈爬行，不过很快就会朝着群体中的所有妈妈爬行，最终会试图寻找群体中的所有雌性成年个体，无论该个体是不是其他小猴的母亲。叶猴幼崽会在很长一段时间里避开雄性个体。

在狒狒和猕猴当中，母亲在幼崽刚出生的头一个月里总是与之形影不离，幼崽几乎不会离开母亲的身体。

食蟹猕猴的母亲只允许雄性头领触碰自己的幼崽。当雄性头领查看幼崽时，母猴也会不停地给头领捉虱子，因为母猴“知道”梳洗和按摩能让公猴放松平静下来。不过只要公猴的动作稍微有点粗暴，母猴立刻就会将它赶走，才不管它是不是头领。

到了七个月大的时候，母子相处的模式开始发生变化，代际冲突开始显现。母亲如果被自己的“巨婴”折腾得筋疲力尽，就会把幼崽带到公猴群当中，踩住幼崽的尾巴使它动弹不得，同时将自己的身体慢慢往后退，然后突然逃走，留下哭闹着表示抗议的幼崽。这时一只体形更大

---

① 婴儿在六个月大时的认知和在八个月大时的认知并没有太大不同，H. 斯皮茨的说法是“生命头一年的后半年”。但实际上婴儿的生长发育并不是线性的，而是阶梯式的：一个婴儿可能在七个月大的时候发育迟缓，却在七个半月时发育超前。甚至发育阶段中的某些倒退也是正常现象。

② KLOPFER（1970）.

的成年公猴就会靠近幼崽，安抚它，陪它玩。

类似的观察实验还有很多，不同物种的观察结果不尽相同。不过通过这一系列自然观察还是不难发现，幼崽朝向成年个体移动的行为受到两个因素的影响：一是幼崽自身的生长发育阶段，二是成年个体的性别。

通过一项实验我们可以更加清楚地认识这一点①。这项实验的设备非常简单，符合行为学研究的一贯作风：就是一只大笼子放在中间，两侧各放一只小笼子。在其中一侧的小笼子里我们放进去一只雄性成年猕猴，另一侧的小笼子里放进去一只雌性成年猕猴，再往中间的大笼子里放上几只猕猴幼崽，然后我们记录猕猴幼崽往哪只成年猕猴那边移动。最后发现所有幼崽——无论雄性还是雌性——在四个月大以前，经常往关着雌性猕猴的那一侧移动。在三十八个月大的时候，雄性猕猴幼崽会表现得犹豫不决，然后开始朝向雄性猕猴那一侧移动。不出我们所料，青春期的到来使得不同性别的猕猴幼崽开始寻找与自己性别相异的成年猕猴。成年后，中间的猕猴朝向两侧移动的频率相等。在猕猴生长发育的这个阶段，精神状态成了支配它们行为的主要原则。当一只雌性猕猴发情时，雄性猕猴都会争先恐后地涌向它。要是没有雌性猕猴发情，雄性猕猴寻找两种性别的概率几乎相等。不过不同性别之间的关系结构大不相同：雄性猕猴之间关系的竞争性和等级性更强，而雌性猕猴之间往往是共同玩耍、相互梳洗的关系。

还是用同一套装置，这次将猕猴幼崽放入两侧的笼子里，在中间的笼子里也放入猕猴幼崽。我们发现直到九个月大的时候，猕猴幼崽的行动方向还是与性别无关。不过到了十六个月大的时候，猕猴幼崽就会开始选择同性作为自己的同伴。从第二十四个月起，雌性猕猴会开始寻找

① SACKET G. P. (1970), «Unlearned Responses, Differential Rearing Experiences, and the Development of Social Attachments, by Rhesus Monkeys», *Primates Behavior*, Academic Press, New York.

雄性猕猴，雄性也会寻找雄性。也就是说从两岁起，雄性猕猴开始成为群体中关注的焦点。也是从这时起，雄性猕猴成为猴群的引力中心。

通过以上观察可以得知，哺乳动物有着对性别和年龄的偏好。幼崽首先会对雌性成年个体产生好感，其次是处于同一年龄阶段的伙伴。随着幼崽慢慢认识到性别的不同，便会逐渐开始趋向雄性个体。

现在让我们来描述一下履行传统母职的父亲。通过观察母亲最初用手抱起新生儿的动作，我们可以猜测想象性行为的存在，也就是说，我们猜测行为的基础是头脑中的想象。而父亲们也一样，头脑中也会有各种各样的想法，嘴里也会说出各种各样的话。

对于父子间直接互动的观察能够表明父亲对孩子的想法会如何影响两人间的相处。这里的父亲是那种会承担母职的父亲，是女性主义者在二十世纪 70 年代打造的父亲。

关于男性怀孕①的问卷调查显示，受访者中竟有 36% 的男性希望自己可以生育！在我看来这个数字已经很大了，不过和表示自己愿意照顾宝宝的男性数量相比，这个数字也不算什么。其实直到 1976 年，关于父子间直接互动的观察才开始出现，这件事本身就证明在我们的文化中，"新生儿"这个词是多么毋庸置疑地与"母亲"联系在一起。许多男性被剥夺了照料宝宝的乐趣。多亏了女性主义，如今我们才能够看到这些年轻男人在抱着宝宝、喂他们吃东西、亲吻他们的时候有多开心，很长时间以来在男性当中只有孩子的祖父才会做这些事情。

早期的行为学家，例如约翰·鲍尔比和玛丽·安斯沃斯，生活在一个对父亲缺乏科学认知的文化背景中，他们向我们描述了一个婴儿没有

① BYDLOWSKY M.（1986），Commentaire de son intervention lors du congrès mondial de psychiatrie de l'enfant et de l'adolescent，Paris.

父亲的世界图景①。

1974年，当父亲们被问到孩子出生时他们有什么感觉时②，他们像背诵课文一样脱口而出的话几乎是一种迷狂般的赞叹："太了不起了，那一刻简直太不可思议了……我的宝宝完美极了（他和我长得很像）……我惊呆了，感到如痴如醉……简直太了不起了，以至于我连话都说不出来了"，诸如此类。

这样的叙述难免让人联想起瘾病患者谈论自己性欲时的话："不可思议，没有什么比这更美好了，爱情啊……爱情*……"不过这种迷狂般的表述其实与情绪无关，反而十分空洞，显示出说话者的无动于衷以及对于自己无动于衷的极度失望："我真的很想感受一下我描述的那种感觉*。"

父亲们知道宝宝的出生是他们人生中的一件大事。他们今后要学着与一个孩子在一起生活，改变与妻子之间的关系，社交活动从此多了一份束缚，感情生活也从此发生变化：少了一分温柔缱绻，多了一分父母责任。

父亲们的处境的确给他们造成了一种认知错乱③：情感与想象不相符，所以就要创造出一种合理性，以便重新弥合这种分裂。

毕竟宝宝的出生使得父亲的生活再也不可能回到过去，所以出生这一事实在父亲的设想中应该有着重大意义。然而父亲实际经历到的情感又非常平庸无奇，不温不火，几乎有种不真实感。情感体验比较强烈的

---

① 写到这里我经常能够想起伊冯娜·克尼比勒（Yvonne KNIBIEHLER）教授，她经常批评我没有为那些的确在照料孩子的父亲挺身而出。这几页能够证明她错了，不过她应该十分开心。KNIBIEHLER Y.(1987), *Les Pères aussi ont une histoire*, Hachette。

② GREENBERG M., MORRISS N.(1974), «The Newborn Impact upon the Father», *American Journal of Orthopsychiatry*, 44.

③ FESTINGER L., CARLSMITH J.M.(1959), «Cognitive Consequences of Forced Compliance», *Journal of Abnormal and Social Psychology*, 68.

其实是母亲。母亲会体验到更强烈的爱意和痛苦，经历更加真实。于是父亲会说："我知道宝宝的出生对我来说非常重要，可是我体会不到我妻子经历的那种真实感，还有她和孩子之间的那种紧密联系。"这样的认知错乱经常引发空虚感和混乱感，父亲在这一事件中找不到自己的位置——就像分娩中常见的那样，父亲忙着给妻子端水，拍拍妻子的耳朵鼓励她，重复成百上千件类似的事情。从那些在妻子分娩后得知自己成为父亲的男人口中，我们经常能听到类似"空虚和混乱"的表述。于是，就像所有认知错乱的情况中都会发生的那样，他们神思恍惚地重复一些套话，试图弥合空虚感，然而按理说这些套话描述的应该是他们妻子感受到的真实情绪。重复这些话有一种类似洗礼的功能：让我们祝贺这位父亲，因为他的妻子刚刚生了孩子！

民族学家描述过印第安人的产翁习俗（couvade）[①]，西方人在妻子分娩后庆祝丈夫成为父亲的行为其实也是在践行类似的习俗。妻子也接受来自丈夫的庆祝，因为社会性的产翁仪式能够让丈夫"受洗"成为"父亲"。至于妻子，则不需要这种社会承认就能成为母亲，她非常明确地知道孩子是她自己的！而且她亲身经历的"入教仪式"可比这残酷多了。而男性则必须经历产翁仪式才能确认与妻子之间的联系，从而成为一名"父亲"。也就是说，孩子出生时，男性要经过社会性产翁仪式才能"受洗"成为"父亲"。

不过现在的年轻父亲可以与宝宝进行直接的感官互动，父亲的行为也基于他们自己的想象而发生。

1976年，行为学家开始观察父亲和新生儿之间的互动场景[②]。总体而言，与母亲相比，父亲较少为宝宝做清洁，却更多地与宝宝玩耍。他

---

① MÉTRAUX A. (1982), *Les Indiens de l'Amérique du Sud*, éd. Métailié.

② LEMAY M. (1983), *L'Éclosion psychique de l'être humain*, Fleurus, pp. 586–590.

们直言自己对于给宝宝准备奶瓶一事不感兴趣。不过对于他们哺乳行为的直接观察显示，爸爸们在喂宝宝吃东西时的行为表现可以与妈妈们相媲美，有时甚至比妈妈做得还好。

最大的区别出现在游戏互动中。母亲们更倾向于轻轻摇晃宝宝或是轻推摇篮，而父亲们则更倾向于有节奏地摇晃宝宝。孩子对后一种行为传递的信息更感兴趣。

观察也发现，有些游戏互动的发起者明显以男性为主，几乎看不到有母亲会做这种游戏，比方说拨弄婴儿的嘴唇，让婴儿发出像吃奶一样的声音。父亲更多是被宝宝通过视觉（捉迷藏游戏）和触觉（摸和捏）感知到，而母亲更多是被宝宝通过听觉感知。父亲更喜欢抓住婴儿的下肢，让婴儿做蹬踢的动作。

不过最受男性喜爱的游戏还是将宝宝抛起来再接住。妈妈们更喜欢将宝宝抱起来的同时发出声音，而爸爸们却热衷于抛接宝宝。他们伸直胳膊举起宝宝，并不会真的松开手，不过会让宝宝像一部电梯那样升高再落下。宝宝们很喜欢这种游戏。

母亲喜欢通过玩偶、小毛巾一类的东西与宝宝游戏互动，而父亲则更喜欢直接的身体接触①。

这些目前仍然呈现矛盾结果的观察描述了我们的文化中一种更关注身体（触摸、捏、弹、抛、蹬踢）的父子相处模式和一种更关注智性（发出声音、展示物体）的母子相处模式。

可以思考的问题是，相处模式的区别在多大程度上会对婴儿的生长发育产生影响。通过观察婴儿第一次吃奶活动，行为学家发现人类婴儿是所有哺乳动物幼崽当中唯一从刚出生起就能有节奏地进行吮吸动作的动物。动物吃奶时如果饱了或者累了就会停下来，所以小牛犊在用桶喝

---

① CYRULNIK B., ROURE J., PETIT J. (1986), *La Poupée dans le triangle*, film vidéo.

奶时会比直接通过乳房喝奶喝得更多，因为用桶时小牛可以大口大口地喝，从而节省了一些力气。人类婴儿的吮吸则是间歇性的，而且间歇的节奏似乎与婴儿喝奶的方式无关，也就是说无论婴儿通过乳房还是奶瓶喝奶，吮吸的节奏都不会变。这种被马塞尔·鲁弗称为“与奶瓶的愉快交谈①”的节奏性很可能是语言发生的生物学前兆。

其实游戏的关键在于与同伴保持一致。社会性动物的确会在姿势上表现出某种一致性，但并不具备真正的节奏性。因此男性和女性用十分不同的方式与婴儿进行“双人舞”式的互动，其实他们自己在跳双人舞时也会采用不同的动作：有人转的圈比较完整，有人转的圈则会被节奏切分②。

对于父亲承担母职的认识可以改善儿童的成长发育。“婴儿会感到父亲比母亲更加活跃、更具攻击性、更加粗鲁、更加大胆，也更加疏远，因此父亲有利于培养宝宝的独立性和好胜心……父亲……通过游戏的方式成了母子分离的调停者和激发好胜心的催化剂③。”

为单独考察父亲的工作对婴儿产生的影响，人们对一群被父亲照料的五个月大的婴儿进行了观察④。与被母亲照料的同龄人相比，这些婴儿在陌生人面前会发出更多声音，对物品展开更多探索，被不熟悉的人抱在怀里时也没有那么不情愿。似乎承担母职的父亲与婴儿的直接互动让宝宝们更加愿意探索未知。

在比较自然的状态下（即我们今天的文化中），父亲常常是和母亲

---

① RUFO M. (1985), *Le Dialogue tonique avec le biberon*, film vidéo, colloque des Embiez.

② BRAWELTON T. B. (1979), *Behavioral Competence of the Newborn Infant*, Seminars in Perinatalogy.

③ KESTEMBERG E. cité in LEBOVICI S. (1985), *L'Interaction père nourrisson*, *op. cit.*, pp. 199–211.

④ PEDERSEN F. A., RUBINSTEIN J. et YARROW L. J. (1979), «Infant Development in Father Absent Families», *Journal of Genetic Psychology*, p. 135.

合作一同抚育婴儿。父亲与婴儿的直接互动只不过起到一种塑形作用。更常见的情况还是父亲通过母亲这一中介与婴儿进行互动，这组关系当中有三个人。

人们也记录过在一组游戏当中母亲向婴儿发起触觉和听觉刺激的次数，然后再要求父亲加入该项互动。此时发现，在父亲加入后，母亲的行为发生了极大转变。父亲只需要消极地在场，并不需要主动参与游戏，就会使得大多数母亲减少发起刺激的次数。反过来，当父亲被要求照料孩子时，观察人员也发现只要母亲在场，父亲的行为就会发生极大转变①。母亲的在场会使得父亲更好地完成清洁和喂食的工作。不过在母亲的注视下，父亲抚摸婴儿、发出声音、抛举宝宝的次数会明显少很多。

父母之间的情感连接使得其中任何一方对另一方发出的哪怕最轻微的语言或肢体信息都异常敏感，双方在配偶在场时都会改变自己单独在场时对宝宝做的动作和说的话。

总而言之，夫妻之间的相互影响使得他们与宝宝之间的互动具有更强的安抚效应②。如果只有父母当中的一方，尤其是只有父亲与宝宝进行互动，宝宝会变得更加兴奋。

夫妻效应能够改善母子互动模式，这样的结论看起来似乎非常简洁漂亮③。一名患有精神病的年轻母亲在分娩以前说自己肯定没办法给孩子喂奶。后来她的宝宝患上了厌食症，这又加重了母亲的焦虑情绪。观察人员录下她哺乳时的视频然后慢速播放，通过分析发现这位母亲哺乳时姿势紧张僵硬，身体绷得太直以至于宝宝没办法吃奶，这种哺乳障碍

---

① CORBOZ A. (1985), «Le Rôle du père dans le post-partum», *Psychologie médicale*, 17, I, pp. 75-85.

② PARK R.D., POWER T.G., TINSLEY R.R., HYMEL S. (1980), *Parent-Infant Relationships*, Paul Taylor, New York.

③ FIVAZ E. (1980), «Analyse systémique d'une famille à haut risque», *Thérapie familiale*, Genève, 2, pp. 165-180.

完全是由空间位置上的障碍导致的。

惊慌失措的母亲会绷直身体，四下观察自己有没有被看见，而不是把宝宝抱到一个合适吃奶的位置。

这时一位之前与母亲建立过移情联系的心理治疗师走过来坐在母亲身边。她一句话也没说，只是将手放在年轻妈妈的肩上，后者因为熟悉的人在场而安静下来，身体慢慢放松，脸上露出微笑，终于能将注意力放在宝宝身上。她开始寻找宝宝的眼神，对宝宝微笑，调整自己小臂的角度，然后下一秒……宝宝重新开始吮吸了！

在这三个人之间流动的力量是一股情感力量，承载着从两位成年人的互动经历中产生的意义。宝宝的厌食症也只不过是成年人的无意识引发的症状。

这样的观察方法可以证明，根植于父母无意识中的互动能够形成一个力量场，影响婴儿的某些行为发展。

六个月以前的宝宝的父亲可以被称为“妈妈父亲”，因为这时父亲与宝宝之间的互动和妈妈与宝宝之间的互动完全一样。父亲以一种和母亲完全相同的方式，通过感官沟通渠道直接进入孩子的心理，父亲和母亲遵循同样的生物学规律。

到了六个月左右，宝宝的视觉通路发育成熟，此时对宝宝来说是一段敏感时期。从前宝宝只能感知到部分的感官信息，随着神经系统慢慢发育成熟，宝宝开始能够将部分的信息整合起来，从而感知整体、辨认形状。

在这之前，宝宝对人脸的感知都还只停留在组成人脸的部分因素上。别人只需要动一动鼻子眉毛就能逗宝宝开心[1]。然而从六个月大开

---

① SPITZ R.（1953），*La Première Année de la vie*，PUF.

始，宝宝只有在看到熟悉的面孔时才会显得开心，看到一张陌生人的脸时则会躲进母亲怀中，而不是露出微笑手舞足蹈。勒内·斯皮茨将这种行为上的改变命名为“陌生人焦虑”，其实这种现象并不像精神分析学家所说的那么常见。不过“八月焦虑”还是相当明显的，意思是八个月大的时候宝宝开始能够区分熟悉的面孔和陌生的面孔。

父亲的地位因此发生改变。

瑞典的政策使得当地成了一个绝佳的自然观察场①。在瑞典，有许多女性外出工作，她们的丈夫则留在家中打扫卫生、做饭、照顾孩子。母亲们回到家中后什么都不用做。

瑞典宝宝们在六个月大以前并没有表现出什么特殊之处，尽管父母的风格不同，宝宝们还是能与双方都建立依恋关系。无论社会分工如何，母亲总是比父亲展露更多微笑、发出更多声音、更经常抚摸宝宝。

承担母职的父亲也将宝宝照料得很好，尽管不像妈妈一样经常为宝宝做清洁，不过爸爸会更多地逗引和抛举宝宝。宝宝在爸爸的照料下茁壮成长，表现出一系列建立依恋关系的行为：靠近、触碰父母，发出声音，伸出手臂，在父母两人面前手舞足蹈和微笑的次数同样多。

不过到了七个月的时候，宝宝的情感策略开始发生变化：尽管母亲是家庭中经常缺席的那个，他们开始只对母亲发起寻求安全感的行为，就好像女性的身体天生更能抚慰人心。

母亲尽管更多地承担着家庭之外的社会角色，却还是保留着自身的安抚作用。

有一项类似的观察围绕大部分时间在幼儿园里度过的儿童展开，发现这些孩子的成长依然依靠他们从家庭关系中获取的力量。因此塑造幼

---

① LAMB M. E. et alii (1982), « Mother and Father Infant Interaction Involving Play and Holding in Traditional and Non Traditional Swedish Families », *Developmental Psychology*, n° 18, pp. 215-221.

儿成长过程的力量来自父母双方的无意识，与幼儿参与真实互动的时间长短无关。

母亲的想象尤其具有强大的组织力量，因为其身体特有的安抚力量，母亲能够为幼儿的探索行动提供安全感的来源。

尽管母亲参与社会工作，她的身体还是在行为学意义上控制着儿童的认知。尽管父亲一直照料婴儿，可在宝宝六个月大时，父亲的形象还是要通过母亲才能被呈现给婴儿。因此为宝宝提供安全感的母亲能够让宝宝熟悉父亲的面孔。母亲能够为她身边的这个男人"施洗"，使其成为"爸爸"，并通过这个词赋予男人一个身份，通过自己的想象性动作，让宝宝熟悉这个男人。

父亲由此诞生。

从怀孕六个月时起，母亲就在宝宝的心理发育中留下了最早的感官烙印。而生物学父亲直到孩子出生六个月后才能真正成为父亲……比母亲晚了整整九个月。父亲形象的呈现依然是感官的，不过从第一声"爸爸"被喊出时起，父亲就成了母亲身边的形象。

六个月以前，婴儿对所有面孔一视同仁，一个名字和另一个名字之间没有任何区别，因为名字并没有与不同的面孔对应起来。不过随着神经系统的发育，婴儿开始能够区分面孔的不同，这时如果母亲将婴儿抱在怀中，将身体转向父亲的面孔，低下头来看着宝宝，微笑着说出"爸爸"这个词，那么她就通过感官在婴儿心中种下了最初的符号象征。母亲的身体使婴儿镇静下来，也让婴儿面向这张熟悉的脸庞，告诉婴儿这个男人是谁、叫什么。

这个男人曾经照料婴儿的事实的确影响了婴儿的成长过程，让婴儿更加活跃，竞争意识更强，性格也不那么安静。尽管这个承担母职的父亲能够实现自己的愿望，能够维系夫妻关系，可他还是要等到婴儿长到六个月大并进入敏感期后，通过婴儿母亲的指认和命名——要是她愿意的话——才能成为父亲。

获取参照和表征、成为象征符号的过程使得父亲的缺席具有了特殊的意义。父亲离家一段时间后再回来这一事件构成了特别“能说明问题”的行为学观察契机。孩子们在该事件中表现出的情绪能够很好地反映出某些符号意义在家庭内部的流变，揭示出母亲无意识地表征父亲的方式：“我听见他们的父亲上楼梯时会说‘爸爸回来了’，同时我也会感到焦虑。这时我三岁的女儿就会停止说话，无精打采地一动不动……丈夫让我感到焦虑，我听见他上楼的声音时总会感觉自己的眼泪快要涌上来了*。”

这位年轻母亲说的话提供了一条信息：“爸爸回来了。”不过与这句话相伴发生的语境（co-texte）是她的身体突然僵硬，呼吸陡然加速，目光变得呆滞。对于一个尚处在母亲呵护下的孩子来说，这一切都会向她传递一种十分强烈的感官信息。

于是父亲回到家，对一个眼里噙着泪的女人和一个被母亲的焦虑吓得动弹不得的小女孩说“你们好”。

尽管直接观察可以揭示家庭中的情感关系如何流转变化，以及父亲的意义如何被逐步建构，但此类自然生活中的片段并不能说明这个家庭究竟如何走到这番境地。因此需要对观察对象的一生展开纵向观察，甚至要对其父母一代进行观察，才能看到母亲如何赋予丈夫一定意义。

通过事后收集到的信息我们得知，这位年轻女士的母亲在她童年时备受压迫，这给她带来了极大的痛苦。她很害怕会重蹈自己父母的覆辙，遭受与她妈妈同样的命运，光是她丈夫的脚步声都能唤起她的焦虑情绪。

至于这个家庭中的父亲，可以观察到当他回到家里，跟妻子打招呼时，他妻子勉勉强强地从嘴角挤出一句话来做为回应。他转而问候女儿，后者也扭过头去抱紧妈妈。这样尝试了几个月之后，父亲终于气馁，于是回到家后一个字也不说了。

过上一段时间，与小女孩谈话的时候，人们就会听到这样的说法：“我爸爸回家的时候会让我感觉焦虑。他一个字也不说。”这个小女孩在她父亲和她自己的焦虑中间建立了一种因果关系。“他一回来就让我感到焦虑”，确实是这样，但其实她焦虑情绪的根源在于她母亲的童年经历。

还有一项关于“父亲回家”的临床观察：小女孩停止吃东西，盯着妈妈，后者对她说：“跟爸爸打招呼，快点……这是你爸爸！”这样的表述其实意味着“他也只不过是你爸爸而已”，以及有必要为此承担一项繁重的情感徭役。

还有一个母亲的案例。她总是面色红润、精力充沛。爸爸回家的时候，她冲着四个女儿露出狡黠的微笑，没人正眼瞧爸爸。然后妈妈说：“要对爸爸礼貌一点哦。”结果只有最小的女儿站起来跑过去抱了抱爸爸。

几分钟后，这对夫妻外出遛狗。母亲牵着一条浑身都是肌肉、重达六十千克的德国看门犬，父亲牵着一条白色的小卷毛狗。父亲回家时母亲通过语言和动作传达出的自己居高临下的地位在遛狗时又再次被表达出来。

谈话时这位女士说：“我们家是一个女儿国。男人的唯一用处就是种下他那颗小小的种子。男人必须听话，然后尽量保持透明。我的女儿们将来会继承这个女儿国。”

还有另外一些常见的场景。孩子们有时候会试图搂住爸爸的脖子，妈妈这时就会说“让爸爸安静一会儿，他累了”，尽管爸爸反复强调自己一点都不累。妈妈这么说只是表达出了自己无意识中想要与孩子们建立排他性情感连接的愿望。

在这一系列被命名为“父亲回家”的自然观察中，人们可以发现，语境也和话语本身一样参与对父亲意义的建构过程。

要想揭示父亲的缺席会产生何种影响，对海员们的孩子进行观察实验再方便不过了，这样的孩子在土伦有很多①。父亲经常不在家，但母亲经常通过照片向孩子展示父亲的样貌，通过物件来呈现父亲的意义，通过言语讲述父亲这个人。

观察实验的具体做法是向两组情况不同的孩子展示一摞照片：作为实验组的是海员的孩子，他们的父亲经常不在家；而对照组孩子们的父亲则经常在家。向孩子们出示的一摞照片中混有他们父亲的照片。观察人员试图记录下孩子用手指着照片上的父亲，看向妈妈，嘴里说出“爸爸”这个词的瞬间。

父亲经常不在家的孩子当中，能够在十五个月大时指认出父亲的孩子占比高达25%；而父亲经常在家的孩子要等到十八个月大时才能达到与另一组孩子相同的语言和行为水平②。

这项观察说明了父亲的形象如何在表征中诞生。等到经常不在家的父亲真的回家时，实际发生的情况又能够印证我们之前描述的观察实验：有些人的丈夫回家时，孩子们像过节一样欢迎他；而有些人的丈夫，尽管在照片上能够被很好地认出来，却会被孩子们耷拉着脸迎接。在出示“爸爸的照片”时母亲营造出的语境其实已经向孩子们传达了某种情绪，而这种情绪会参与建构现实中父亲具有的意义。

对于处在母亲身边的父亲的感知会催生出对差异的感知，也就是对性别身份的认知。要能够感知到，并从感觉上处理两张面孔、两个人、两种功能之间的差异，人们才能开始思考自己究竟处在哪个范畴。对差

---

① LEWIS et BROOKS cité in LEMAY M. (1983), *L'Éclosion psychique de l'être humain*, *op. cit.*, pp. 586–591.

② Observation confirmée par ATKINS R. (1986), New York, *Développement de la représentation du père*, 11e Congrès international de psychiatrie de l'enfant, E. S. F. Paris.

异的认知和处理能够开启认知过程。要想得出抽象的概念，就必须在两种感觉之间体会到差异性。比方说，在一个只有蓝色的世界里，蓝色这个概念是无法产生的；要想感知到蓝色，就必须能够感知到另外一种波长的颜色，而不是仅仅感知到那种被命名为“蓝色[①]”的波长带给我们的感觉。

在神经心理学上，如果不断重复毫无变化的同一种刺激，那么这种刺激到最后就不会再具有刺激性。不断重复的信息其实并不能提供任何信息。信息要发生变化才能产生意识以及抽象的思想和表征。

在一个全都是女人的环境中，有些表征是无法产生的。要想产生表征就必须认识到不同女性个体之间的差异，而这样的差异可没有男性和女性之间的差异那么明显。

相反，如果母亲指认父亲，让父亲活在某种表征里，那么孩子就能够通过感知差异产生抽象认识，形成对符号的认知，从而能够对并不在场的对象产生认知。

这一实验的天然对照实验就是观察精神病患者对父亲形象的认知。精神病患者被囚禁在某种亲密的情感关系中，无法认知差异。精神病患者在谈论起自己时经常混淆“我”和“你”，词汇的阴阳性经常出现错误，也不认识镜中的自己。这一切在临床上证明“精神病患者无法摆脱自恋幻想，对自恋幻想的摆脱需要依靠患者对差异和不对称现象的认知，例如能够区分认识的和不认识的面孔，或者从镜子中辨认出自己的形象[②]”。

在毫无差异的认知世界中，在到处都是蓝色的世界里，父亲这一角色甚至都谈不上不在场。某人要想不在场，首先得需要被指认出来（就

---

① WATZLAWICK P., WEAKLAND J., FISCH R. (1975), *Changements, paradoxes et psychothérapie*, Le Seuil.

② ROSOLATO G. (1975), «L'Axe narcissique des dépressions», *N. R. P.*, II, pp. 15-16.

像门后的某物），要有一个人说出父亲不在场这件事（“爸爸不在家，不过他会回来的，他回来以后会检查你的成绩单”）。精神病患者的父亲处于一种完全不在场的、彻底的缺席状态。而海员父亲处于一种被谈论的缺席状态（“爸爸不在家”），或是得到某些物件的象征（照片、衣物、家具）。精神病患者通常总是用一种陌生的方式谈起父亲：“很长一段时间里我都搞不懂这个经常到我妈妈家里来的男人是谁*。”

精神病患者对父亲形象的认知错乱可能发生在父亲形象生成的任何阶段：宝宝尚在子宫里时，父亲形象的呈现还要依靠母亲的翻译，这时父亲就已经能够改变宝宝居住的子宫环境了。如果夫妻关系融洽，母亲认为“与这个让我怀孕的男人待在一起时我感觉不错”，那么她就会通过温柔的子宫收缩向宝宝翻译父亲的形象。当父亲说话时，子宫收缩给胎儿带来的触感会发生变化，言语信息转化为触觉信息被胎儿感知。

如果夫妻相处并不融洽，那么父亲的形象就会被翻译成子宫痉挛和胎盘噪声频率加快，因此母亲在物理上、情绪上或心理上遭受到的刺激会增加胎儿感受到痛苦的可能性①。

父母与新生儿之间发生的这种重要交流也能够暴露人性中的弱点。近来关于“人生大事②”的分析刚刚发现，父亲们经常在妻子生完孩子以后感到沮丧。关于这个，我也想起自己遇到的一个案例。一位女士告诉我：“我怀孕时患上了孕期高血压，医生让我注意饮食。有一天我丈夫吃的东西特别咸……然后他就特别焦虑，因为他担心对宝宝不好。”

这位父亲在妻子怀孕时自愿穿上裙子，在裙子里塞上枕头，以此来假扮他怀孕的妻子。不过这种产翁习俗有时候也暴露出父亲的身份困

---

① CULLEN J. et CONNOLLY J. A. (1985), «Bébés soumis à des stress, adultes de demain», in *L'Enfant dans sa famille*, PUF.

② FERRERI M., VACHER J., ALBY J. M. (1987), «Événements de vie et dépression», *Journal de psychiatrie biologique et thérapeutique*.

惑。这个男人勤劳善良、活力十足。他娶了一位患有精神疾病的妻子，让妻子怀孕以后他密切关注妻子的状况。妻子分娩之后，他曾一度因为自己的下腹部也感到疼痛而无法走路。随后到来的巨大幸福感将他击中，他包揽了所有家务，给宝宝洗澡换衣服，喂宝宝吃奶，怀着极大的愉悦不停地谈论宝宝。宝宝的母亲坐在一边什么也不用做，很快母亲就开始觉得无聊。丈夫满怀柔情地告诉她："我替你做，你什么都不用操心，只管好好休养身体。"母亲很快觉得自己被孤立，继而开始产生幻觉："既然我跟你说只管好好休养身体……除了这个，别的你什么都不用做……别的事情你也做不了*……"母亲就一动不动地躺在床上，双目无神地胡思乱想："让我生病的会不会正是那些药物……那我才不要蠢到继续吃药*。"

两星期后，这位母亲陷入严重的认知混乱，神志不清、极度兴奋，最后被消防员救进医院。从此以后她就生活在一家精神病院。那位父亲则回了自己母亲家中居住……当然带着宝宝。

现在这个男人在他自己的母亲和孩子面前表现得善良愉快，而他妻子一旦稍有好转，表现出能够出院的迹象，他就会对妻子表现得十分残忍。两种态度形成了鲜明对比。

事实是，他不敢直接和自己的母亲生孩子，于是找了一位代孕妈妈，后者帮他迂回曲折地满足了自己的欲望。

精神分析学家总是谈到父亲的分隔作用，但或许是父母和孩子之间形成的三角关系决定了父亲具有介入、调解母子关系的功能。

当父亲开始"罢黜"母亲时，就像存在乱伦关系的家庭中常见的那样，家庭经历就开始为孩子营造一种直至孩子青少年时期才会显现的处境。有着区分、标记和分隔功能的三角关系无法建立，母亲形象惊人地透明，甚至完全让位给父亲："我非常爱我的父亲。他什么都会做。他开着一家广告公司。晚上下班回家的路上他会去采购，然后我们的生活就开始了。他做饭的时候一边放着音乐，一边讲他这一天经历的事……后来在我十七岁的一天，在浴室里，我发现我父亲想要我。我当时幸福得快要疯了。从那之后我们就一直维持着规律的性关系*。”

这名二十四岁的社会学系女学生很少谈论自己的母亲。“她一直是灰色的。灰色的发髻、灰色的上衣，安静地坐着。我不太了解她。她能听到我和我父亲做爱时的动静，不过她从来不说什么。”

通常来说，从对孩子的心理和生理影响看，母亲具有时间上的领先性，因此更容易罢黜父亲。母亲也能增强父亲的分隔功能：“我母亲只有和我父亲在一起才会开心。她把父亲据为己有。她经常说：‘小心了，爸爸要回来了。’她什么都要汇报给父亲。然后父亲就会打我们。他也真是可怜，身心俱疲地回到家里，还得揍我们。我母亲让他这么干，真是坏透了*！”

人们在青少年时期会完成与俄狄浦斯时期正好相反的心理重组：“我母亲总是要插在我和我父亲之间。她背着他做出一些越界的举动，或者在他跟我说话时也凑过来对我小声说话。所有这些举动的目的都是让我父亲不再说话。等到我自己成为母亲时才真正理解我父亲。他完全不是我母亲所说的那个样子。我一和他讲话，我母亲就会变得非常沮丧*。”

当父亲被迫缺席时，母亲就能独享与孩子之间紧密的情感连接，而这种情感连接到了青春期就会变成情感牢笼。

一位母亲曾说：“我要让别人需要我。我丈夫抛弃女儿们时我感到非常高兴。我对她们充满了柔情，觉得我们之间存在某种默契*。”然而不久以后，等女儿们进入青春期，同样还是这位母亲却说：“我被完全占用了，彻底臣服于孩子们。她们为了我的房子和退休金大打出手。当初我赶走了她们的父亲，现在可好，她们住在我家，像寄生虫一样赶也赶不走。”

父亲这一角色可以不出现，或是待在母亲的阴影之下。他们能够进入孩子头脑中的时间就只有一段敏感期，也就是说在孩子六到八个月大的时候。要是这时出了什么意外，导致在生物学上建立主客体关系的关键时刻往后推移，那父亲的角色就再也无法建立。

第二次世界大战期间有许多母亲对孩子谈起被俘虏的父亲，这样的案例能够说明以上这一点。父亲的缺席使得真实的情感关系无法建立。当被俘虏的父亲回到妻子家中时，认得这个男人照片的孩子们反而会拒绝接受现实里的这个男人。他们还是会管照片里的那个男人叫爸爸，却拒绝家中这个陌生人的任何接触，当父亲拥吻母亲时他们还会哭闹。

也就是说，父亲的形象及其象征性的地位由于能够构成三角关系而对孩子的成长来说必不可少。现实中的父亲通过动作、言语、感官沟通在孩子心目中留下烙印，因此对于父子间依恋关系的建立也不可或缺。而这位现实中的父亲，做出行动的、能够被感觉到的父亲，正是履行母职的父亲。

父亲相较于母亲而言处于不利地位，因为他在时间上迟到了九个月。在我们如今拿破仑式的文化中，现实里的父亲依然处于不利地位。拿破仑式的文化要求父亲具有男子气概，应该是严苛的执法者，不被允许做出温柔爱抚的动作。因为这位通过母亲的话语得到表征的父亲也是国家在家庭中的象征。这位父亲集母亲与社会的话语于一身，因此不能流露感情。给宝宝洗澡换衣服、喂宝宝吃饭、把宝宝抱在怀里走来走去，这些都是从温柔爱抚中获得愉悦的行为，都是毫无男子气概的行为！

拿破仑在工业革命方兴未艾的背景下掌权，让男人从事生产、女人从事生育。在生育活动中，抚摸是一种刺激——这是女人该干的事；而在生产活动中，机器可不需要被抚摸——这是男人该干的事。而在我们如今所处的后工业化时代，拿破仑的那一套渐渐落伍：机器开始贬值，爱抚的价值与日俱增，父亲也能够履行母职。因此，人们在临床观察中也能够发现，父母角色的变化引发了一系列新的问题……

阿德里安（Adrien）与所有在社会福利机构中长大的孩子一样，头脑中有一个幻想出来的理想家庭。阿德里安在大约二十岁时，有一次到山里徒步，目睹了一位父亲照顾自己四五岁大的小儿子的场景。那位父亲身材魁梧，强壮结实，脸上还有漂亮的伤疤。他一直在照顾自己的小孩，走在孩子前面，温柔仔细地调整孩子身上的背包带，时不时询问孩子是不是渴了或累了。阿德里安被彻底迷住了。他反复回味这个对他来说意义重大的场面，三十年之后向我提起时依然情绪饱满。

后来他娶了一位很活跃、经常参加社会活动的妻子。她为他生下了两个儿子。一天，阿德里安向分身乏术的妻子建议由自己来照顾两个孩子、料理家中事务，而由她外出工作。两人在这件事上达成了共识。

于是这个男人度过了情感上异常丰富饱满的二十年。他给宝宝洗澡、换洗衣物、打扫卫生、做饭。整个家庭运转良好，家庭成员之间的情感连接相当紧密。父母和孩子之间形成了完美的三角关系，对两个男孩的茁壮成长十分有利，除了一点：孩子们管母亲叫“妈妈”，管自己的父亲叫“男妈妈”！从十八岁到二十岁这段时间，两个男孩纷纷离家独自生活，父亲很快就陷入消沉和沮丧。孩子离家造成的紧张从前往往是女性才会出现的病理反应，如今却也开始困扰一些承担母职的男性。

在另一个案例中，父亲在完成医学学位后留在家中照顾女儿，母亲做医疗秘书的工作挣钱养家。孩子四岁的时候，父亲搬到城里去住，母亲决定回归家庭。此后连续数周，小女孩入睡困难、拒绝进食。孩子不再说话、不再玩耍，将自己紧紧贴在门上，等着父亲回家。而等父亲真的回来时，小女孩又会对父亲恶语相向。

父母社会角色的转变会改变家庭中依恋关系的流动。尽管母亲的身体有着更强的安抚能力，承担母职的男性也能建立起非常强大的情感连接，承担起很强的安抚功能。不过这个案例就像我们之前提到的女性离开家外出工作的案例一样，父母的社会角色在孩子的成长过程中发生了变化。人口学研究表明，女性的工作对儿童的成长没有任何影响。不过临床医生并不承认这样的统计数据，因为临床上经常能够看到，一旦母亲开始外出工作，家庭中所有孩子的行为都会发生改变。我曾遇到过一名四个孩子的母亲离家外出工作的案例。通过这个案例我立刻明白了人口学研究和临床医生产生分歧的原因。母亲外出工作后，四个孩子中的两个在接下来的一星期里快乐成长，他们变得活泼快乐、更有担当、胆子更大；而另外两个孩子却在母亲的社会角色发生改变后的一个月内变得情绪不稳定，容易焦虑，在学校里的表现也变差了。两个孩子情况变好，另外两个孩子情况变糟，两方数字相互抵消。要是从统计学的角度来看，母亲开始工作后孩子们的情况的确没有发生改变；可要是从临床角度看，所有孩子都发生了变化。

实际上，并不是母亲的工作引发了某种改变，而是在新的社会角色影响下，家庭内依恋关系的流动方式发生了变化。通过改变依恋关系的生理学和心理学流动方式，新的社会角色也改变了家庭三角关系中情感力量的分布方式。

因此可以想象这样一个家庭三角关系：承担母职的父亲照料孩子，与孩子进行各种感官交流，而母亲通过父亲的讲述，更多地存在于孩子的想象中。

儿童惊人的可塑性和文化规范的不断变化使得人们能够做出上述假设。我们进行的一系列实验观察和临床观察也表明这样的家庭三角关系能够良好运转。不过必须符合三个条件：

— 在新的三角关系建立时，母亲之前在感官交流方面具有的优势会被颠覆，这会给儿童造成一定困扰，儿童必须要有能力修复这种混乱。

— 必须通过精神分析来认识这种三角关系的倒置对儿童的心理具有何种意义。

— 此外，除了三角关系的倒置，还要关注性别角色的分化对儿童心理发展中的自我认同的影响。

现在人们已经知道，父亲形象承担着构成家庭三角关系、促使儿童产生抽象思维的功能，因此父亲形象的呈现十分重要。父亲在家庭关系中起到分隔母子的作用，尤其是儿童既对母亲身体所提供的安全感保有依赖，又有着渴望进行社会化探索的焦虑。父亲的分隔作用能在二者之间建立一个中间地带，因此对父亲形象的认知有助于儿童的社会化进程。

如果父母角色混在一起，且没有能够起到区分作用的第三方出现，孩子就会感知到两个“相同的”形象：他们承担相同的社会角色，产生相同的心理学影响，发出相同的感官刺激。必须承认这样的相似性甚至有可能表现得完全等同，就像在一个只有蓝色的世界里，蓝色的概念永远也无法产生，儿童的思维中也无法产生关于性别和差异的概念。当父母角色发生混合时，孩子不会感受到父亲和母亲的交替出现，有助于儿童社会化进程的中间地带和对分离的学习过程也无法建立。曾经来找我做心理咨询的一名母亲和她八岁的儿子就处在这样的境况中。这位母亲向我解释在他们家父母双方是多么好地承担了各自的义务。父亲是一名肉店老板，非常喜欢照料宝宝，会主动给孩子们洗澡换衣服、喂他们吃饭、陪他们做游戏，一下班就迫不及待地赶回家里接替妻子照顾孩子，好让妻子去工作。这位母亲对夫妻之间做家务和照顾孩子的分工方式感到十分满意。

他们的儿子罗杰（Roger）一直健康成长到四岁。这对夫妻度过了几年平静幸福的岁月。母亲说："我丈夫爱的就只是小宝宝。他将我们的四个孩子都照顾到三四岁那么大……然后他就几乎不再跟他们说话了＊。"

他们的第二个孩子是个女儿。小女孩出生时就患有严重的胃食管反流症，需要进行手术。母亲不得不花大量心思照顾这个脆弱的宝宝。当时罗杰也足够大了，父亲对他失去了兴趣，再加上父亲也有充足的理由去照顾刚出生的患病宝宝。于是在两个成年人的精心照料下度过四年时光的罗杰一下子跌入情感荒漠。他开始大小便失禁，拒绝去厕所，大小便都排在内裤里。在罗杰的小妹妹出生后的两年时间里，他自己也因为肠梗阻接受了两次手术。

在人际关系方面，这个从前性格完美、开朗活泼的甜美小男孩突然变得对母亲极具攻击性，但同时又无法离开母亲。他不停地用眼角偷偷监视母亲，不愿意去学校，不再跟街区里的朋友玩，粗暴地顶撞母亲为进行沟通做出的一切尝试，无论是话语沟通、身体接触，还是喂食和游戏。到了快八岁的时候，他开始表现出一系列施虐行为：折磨家里的宠物，把猫从窗户里扔出去，眼睁睁地看着猫断气；他戳瞎了邻居家小孩的一只眼睛，还告诉小孩的妈妈等小孩从医院回来就戳瞎他的另外一只眼睛。

这个孩子在幼年时期就被突然逐出情感乐园。他不敢在学校里和同伴们中间尝试开展社交，因为他没有经历过位于母亲和社会之间的情感中间地带，这样的中间地带往往是由父亲建立的。

后来他被送到祖母家中，只用了几个星期的时间，大小便失禁和施虐行为就都消失了。又过了一段时间，孩子的父亲被要求带他去参加足球比赛，陪着他到学校里去，于是这个孩子的学校恐惧症也消失了。

要想让孩子不再依赖母亲身体带来的安全感，父亲就必须提供一种陌生的熟悉感，而罗杰的父母角色发生了混淆，使得他没有在成长过程中经历这一步。社会化的步骤被跳过了，妹妹脆弱的健康状况也暴露了他们家庭结构中的弱点。

生态学意义上的个体发育过程使得孩子先是在母亲的身体里成长，然后继续在母亲的身体上生长。正是在母亲身体上的这个阶段，孩子感知母亲周围的环境，父亲就产生于这个环境。要是男人在孩子六个月大以前介入该环境，此时孩子尚且不能感知母亲周围的环境，那么这个男人就承担着与母亲一样的职责。男人的角色此时令人愉快，有助于宝宝的健康成长，有时也是必不可少的。要是这个男人在孩子八个月大以后才进入这个环境，那么他就会承担起成年教育者，类似兄长或是叔父承担的职责，而很难再获得父亲的地位。

孩子必须在自己的感官神经成熟过程中的敏感期感知父亲，母亲必须通过想象性行为无意识地将父亲形象呈现给孩子。男性要想成为父亲，就必须抓住这个多方力量都团结在一起的时机，获得母亲的指认和孩子的确认。唯有如此，他才能在家庭的三角关系中获得自己的位置。

那么失去父亲的孩子会经历怎样的心理变化？临床上可以观察到一种新的家庭模式越来越常见，即家里只有母亲和孩子的一夫一妻制家庭。

蜜月期的如胶似漆过去以后，人人都会觉得蜜有点太黏了。我接诊过的一个挺可爱的青春期女生告诉我："没有父亲的话就不会害怕了。父亲不在的时候我能随心所欲地亲咬妈妈，我理所当然地要求她为我干这个干那个……可是当父亲来看我们的时候，我会感觉不知所措，有种想要逃离家的冲动*。"

另一名十八岁的男生告诉我："我单独和妈妈在一起的时候没办法看电视。电视里的性爱场面太多了，我会觉得很尴尬。不过要是爸爸和我们一块看电视，对于同样的场面我就不会感到那么尴尬了。”患者的陈述让人一下子想起父亲具有的抑制功能。只要父亲在场，家庭中的性别特征就不会显现，这样的抑制能够平息缓和冲动带来的焦虑。父亲在场意味着这个年轻人不得不到别处去求爱，而这是受到社会认可和允许的。患者的反思其实揭示了由电视引发的家庭内部性别特征显化的问题。电视中的性爱场面是一种不合常规的僭越，这样的僭越显然不能抹消性别特征，反而会带来焦虑，因为在家庭中，一切性都是被禁止的。对家庭内部欲望的压抑需要一个承担抑制功能的第三方，也由此建立了一条文化上的原则：男性的求爱对象必须是家庭以外的某个得到社会习俗认可的女性。

父亲角色的缺失（并不是某个特定父亲的缺失）也会给欲望的转移带来困难。当精神病患者真的实施乱伦行为时，母子间的乱伦并不会引发焦虑，因为父亲这一角色在精神病患者的认知中是缺失的，他们也不会尝试进行社交活动。

性设想的第一个可欲对象就是母亲。小男孩经常会说：“等我长大了就和妈妈结婚。”可是当青少年对母亲这个身处强势地位的女性产生欲念时，就会受到焦虑的袭扰，因为这个女性是禁忌。而父亲只需要在场，甚至都不需要说话，就能在禁止一切欲念的同时使欲念者平静下来。年轻人就必须完成社会化的过程，离开父母的家，独自进行社交尝试。

有时候母亲的死亡也会释放父亲的形象：“母亲去世以后，我对父亲的看法就发生了变化。他和我母亲描述的完全不同。跟他相处让人觉得十分愉快……可母亲总说他很扫兴。他很善于交际，工作十分勤快。对这个男人的新发现让我感到很吃惊*。”

当女儿自己成为母亲，社会和性别角色发生改变后，母亲说的话也会变得不再那么专断教条和不容分说。女儿们会开始发现父亲的另一面，发现父亲身上有着与母亲呈现出的形象不同的男性个性特征："自从我生了孩子以后，就不再害怕父亲了……原来害怕他的人一直以来都是母亲*。"

孩子生活其中的第三个生态环境，就是社会意义上的父亲为其营造的环境。社会意义上的父亲就是当人们说起父亲时头脑中习惯性地想到的那个人。父亲为孩子营造的环境是一个社会化、符号化、法治化（孩子被冠以父姓）的环境。这种社会化的父亲在自然界大多数动物当中并不存在。

不过也有例外。弗洛（Flo）① 是一只担任头领的雌性猩猩，它奇迹般地将自己生下的头四个孩子培养成了和它一样的头领。在孩子们六岁时，也就是在它们刚进入青春期时，弗洛就将它们赶到背部皮毛发亮的成年雄性猩猩组成的猩猩群中去。小猩猩们一开始非常害羞，任由自己被头领统治，不断地做出表示臣服的行为。迫于成年雄性的压力，它们还任由自己被驱逐到群体边缘活动。后来它们慢慢开始参与社交竞争，失败后就跑到妈妈那里，将身体缩成一团靠在妈妈身上，如此反复几次后它们都在各自所处的小群体中取得了统治地位。

弗洛对待所有儿子都这样，除了年龄最小的儿子弗兰特（Flint）。弗洛怀上弗兰特的时候已经有一把年纪了，它的统治地位不再像之前一样稳固，它自己也不再像以前一样风情万种。弗洛照料弗兰特时明显不那么上心，甚至像照顾其他雌性幼崽那样照顾它。弗兰特出生头几个月里，弗洛分给它的关注并不多，也不经常为它梳理毛发和捉虱子。到了弗兰特七个月大的时候，弗洛也没有像它以前对孩子们做的那样驱赶弗

① GOODALL J. (1986), *La Mort de Flo*, film TF1.

兰特。相反，它像对待雌性幼崽那样，鼓励弗兰特接近自己、对自己微笑、替自己觅食和捉虱子。母子之间建立的关系与弗洛同其他几个儿子之间建立的关系大不相同。它们俩几乎形影不离。弗洛的小儿子不和其他年轻雄性猩猩打闹玩耍，也不去追求其他雌性猩猩，一门心思地照料母亲。弗兰特进入青春期后，弗洛既没有将它赶出自己所在的群体，也没有将它带到气势汹汹、贪玩好动的雄性猩猩所在的群体中去。母亲和儿子继续待在一起，彼此之间十分亲密。弗兰特也没有融入到那些经常在群体周边吵吵嚷嚷的年轻小猩猩当中去。

后来年迈的弗洛生病了，失足跌入一条小溪，由于没力气重新站起来，它最终被淹死在小溪里。它那不知所措的儿子在它的尸体周围徘徊了几天几夜。弗兰特哭上一阵，走远些，又回来，不吃东西，偶尔喝点水，几乎不合眼。弗兰特从来没有学习过任何觅食技巧，也没能掌握社交技能，因此无法融入其他群体。度过慌乱不安的几天以后，它躺到母亲腐烂的尸体旁边，任由自己死去。

这项自然观察提出了一系列已经通过实验获得解答的问题。年老体衰的母亲与儿子之间建立的情感关系类似于雌性猩猩和雌性幼崽之间的情感关系。年轻的雄性猩猩通常在尚未性成熟时就被母亲赶到群体边缘生活。成年雄性猩猩会来和这些小猩猩一道玩耍，然后趁机将它们收入麾下。

而弗兰特却被当成雌性幼崽来抚养，没有被母亲驱逐出群体，也没有受到雄性猩猩的吸引。脱离母亲独立的过程一直没能完成。母亲就是弗兰特的全世界。母亲死后，它自然也就无法独自生活下去。

猩猩母亲通过行为和生物学力量行使的“第三方分隔者”功能，或许就是自然界中某种父亲形象的原型。

另一个自然主义谜团来自对杀害幼崽现象的观察。对父母的付出行为感兴趣的动物学家观察到，在狮子中间[1]，公狮有时候会杀死幼狮。社会生物学的解释是杀婴行为能够让基因计数器归零。母狮必须和这些杀婴的公狮交配繁育后代，这样公狮就能够“确定”母狮生下来的小狮子是它们的生物学后代，从而确保自己的基因得到延续。

直到后来，人们又在印度观察到一群叶猴的杀婴行为[2]。这群体形硕大的猴子显得威严端庄、不容侵犯。被观察的这群叶猴生活的地区遭到了印第安人的毁林行动。短短几星期之内，好几群叶猴被剥夺了生存空间和食物来源，猴群数量超出了环境能够承载的限度。于是人们看到，一只公猴突然开始袭击邻近的猴群，几乎杀光了这个猴群中的幼猴。这只发动袭击的公猴十八个月前曾在被袭击的猴群当中生活过，它在大肆屠杀幼猴时放过了自己的生物学后代，也就是说它只杀其他公猴的幼崽!

很难说这只公猴是认出了它自己的孩子[3]，然后有计划、有预谋地保留自己的后代基因。相反倒是可以说，它很有可能是认出了自己与之共同生活过一段时间的母猴，这阻止了它对母猴身边缩成一团的小猴们展开攻击。

这样的解释的确不乏感性成分，目前尚且无法定论，但也说得过去，并且能够让人联想到人类行为。叶猴之间的熟悉感恰恰构成了一种很原始的三角关系的生物学基础。

由于子宫和哺乳行为的存在，母子之间的依恋关系不可避免。可是父母之间从求偶行为开始建立的依恋关系能够为后来三方之间熟悉感的建立提供基础。一种原初的父亲形象因此可以通过母亲的

---

① BERTRAM B. (1976), «Growing Points in Ethology», in BATESON P. P. G. et HINDE R. A., Cambridge University Press.

② CURTIN R. et DOLHINON P. (1978), *Am. Scient.*, n° 66, p. 468.

③ HOPKINS P. O. (1979), «Le Meurtre des nourrissons», *La Recherche*, n° 96, janvier.

感官再现，从而被孩子感知。母亲的感官再现也就构成了三角关系的中轴。

因此能够看到，在哺乳动物当中，父亲介于母亲的身体带来的具有安抚作用的熟悉感和社交活动带来的焦虑感之间。父亲处在母亲周围的环境中，从感官上接替母亲，帮助孩子开展社交活动。

对原始游牧民族的刻板印象也因而显得陈旧过时，不过在 19 世纪的文化背景下人们可不会这样想。当时体格健壮的先民们保护弱小的妇女和怀里的幼儿远离野兽的侵袭。做出这种猜想的弗洛伊德当然也没能摆脱他所处时代的限制。如今的动物学知识已经与从前大不相同。动物社会的组织程度远远高于弗洛伊德的想象。在大猩猩当中，担任头领的雄性猩猩不会禁止群体中年轻猩猩的性行为。可是在狒狒和鹿群中间，头领仅仅是出现在年轻雄性动物面前就能抑制它们的激素分泌。除非头领消失，否则年轻雄性就无法做出求偶行为①。

因此，猩猩完全不符合弗洛伊德的学说，而狒狒头领的出现却真的能够完成一场心理生理学上的阉割。可狒狒头领并不一定是父亲！因为我们刚刚也看到了，对动物来说，只有母亲在某个男性和宝宝之间建立联系时，父亲这一角色才能够出现。

我们先是澄清了父亲在生物学上具有的革新功能，之后又探究了父亲在心理和感官层面具有的分隔功能，再之后是有助于幼儿开展社交活动的父亲。现在我们再来谈谈父亲这一角色。

角色是文化规则赋予人们的行为框架，是一系列社会标准，而行为必须符合社会标准。生理学和心理学不再是行为的组织基础，行为依据社会规则展开，而社会规则会引发某种心理状态，甚至从生理上改变人

① WICKLER W. (1971), *Les Lois naturelles du mariage*, Flammarion.

的代谢活动①。

这一社会生物学的综合特征可以通过两项观察实验得到印证。从生理学角度看，狒狒的青春期发育在大约五岁时开始，八岁时生理发育成熟，但直到大约十岁、十一岁时狒狒才能取得社会自主权②。五六岁左右的年轻狒狒就能够感觉到性冲动，并表现出与性相关的行为，但雌性会拒绝与之交配。狒狒必须等到完成社会性发育，学会象征其所处群体文化的交往礼节之后才能与异性交配。纵观狒狒的整个成长历程会发现，狒狒的生理成熟要早于社会融入。生理发育和文化发育的分离使得狒狒要经历长达五年的性障碍期。

雄性头领狒狒的压抑—分隔功能因此与另外两股力量纠缠在一起，即诱发求偶行为的激素力量和抑制个体对母亲产生性冲动的情感力量③。雄性头领的出现会造成生物心理学上的阉割效应，这促使年轻狒狒转而追求其他群体中的雌性，因为狒狒在自己生活的群体中会受到母子间依赖情感和雄性头领的双重抑制。

因此，只有当双方最终都在家庭中经历了全面完善的成长，并学会了狒狒群体的社交仪式后，交配活动才会真正进行。

这项在自然环境中开展的观察能够帮助人们分析生物学规律和文化规范之间的关系。

人类也摆脱不了这样的关系。罗马史学家撒路斯提乌斯（Salluste）认为，少女在月经初潮后一年内（十七八岁左右）出嫁才是合乎道德的。

如今，由于童年时期良好的卫生条件对激素分泌产生的影响，女性

① *Approche Culturelle et sociale de l'évolution biologique de l'homme* (1989), 19e colloque du Laboratoire d'écologie humaine, Aix-en-Provence, mai.

② DEVORE I., EIMERL S. (1966), *Les Primates*, Time-Life.

③ 参见《从爱的烙印到宁静依恋》一章。

首次月经的年龄一代比一代早。另一方面，这种文化环境在降低人类生理发育年龄（十到十一岁）的同时，也给年轻人带来了经济压力，延长了他们的求学过程，从而推迟了人类社会性发育成熟的年龄。生理成熟和社会成熟在时间上的差异造成了一段时间相当长的性障碍期。尽管性解放被大力鼓吹，但真正的性心理行为却没有这么自由：观察发现人们的第一次性行为大概发生在十七八岁，且往往是为了“试试看”；而第一段恋爱关系通常要在很长时间以后才发生，大约在二十到二十一岁。

我们的社会结构对性行为具有很强的塑造作用。社会结构产生的作用往往与生物学带来的影响相互分离。

人类社会分配给父亲的角色经历了漫长的演变，可以说对父亲角色的研究是历史学家的任务。

“只有母亲是处女，父亲才能确认孩子是自己的①。女性的贞洁对男性来说就像一种解剖学签名，能够提供关于谱系的保障。”谱系还是具有一定价值的。罗马人的习俗是接生婆把婴儿放在地上，父亲必须把婴儿从地上抱起来才能成为父亲。如果父亲不愿意承认这个孩子，就任由婴儿躺在地上，一般来说这样的婴儿最后都会死掉。把孩子从地上抱起来的同时父亲也就从社会意义上认可了这个婴儿。作为家族财富的守护者②，婴儿被父亲命名，不过父子之间的依恋关系要在父亲教养孩子的过程中才能建立。

父亲拥有的大量权力不可转让，这也就解释了罗马人的弑父行为在文化上具有的重要性。喀提林（Catilina）决定杀死父亲是因为除此之外别无选择。4 世纪以后，上帝的形象使人联想起父亲。天主教教义浸润下的文化将父亲视为家庭中的上帝。

---

① KNIBIEHLER Y. (1987), *La Naissance des pères*, Conférence, relais Peiresc, Toulon, février. Et *Les Pères aussi ont une histoire*, Hachette, 1987.

② VEYNE P. (1985), «La Maisonnée et ses affranchis», in *Histoire de la vie privée*, t. I, Seuil.

婚姻在基督教发展早期与天赋荣耀并无关系。圣保罗曾说："结婚总好过被烧死。"直到16世纪的特伦托会议之后，婚姻才配享天福①。

父亲的教育者角色也不容忽视，不过这样的角色只对单一性别有效。父亲教导儿子，母亲教导女儿，战士将儿子带上战场。每天几小时的高声朗读是家庭文化的重要组成部分。罗马绘画，例如十八世纪的画作（尤其是格勒兹的作品），经常呈现的场景就是父亲在读一本大部头的书，面前围坐着全神贯注的孩子们："我给长子念西塞罗的法律篇，给次子念撒路斯提乌斯。"② 在小酒馆里也能看到传令官给围在他周围喝酒的人念上几页书。

对女孩的教导则由指导性质不那么强的女性小团体完成。女孩们通常在闲聊和旁听中获取知识。

红色和黑色代表着决定男性命运的两种重要象征：红色象征剑上的鲜血，黑色象征教士的袍子。人们常常忽略生物学意义上的父亲，只强调精神上的父亲或部落的头领。他们传授作战和打猎技巧以及手工技艺。这种感官教育往往通过接触进行，更多地依靠模仿和情感同化，而不是言语和独立的书本知识。

居住在安马沙利克（Ammassalik）的因纽特人③可以证明感官交流的确具有教育功能。第二次世界大战以后，丹麦人发现自己在帮助因纽特人的同时也摧毁了他们的文化。于是丹麦人决定拿出一笔钱资助因纽特儿童学习他们祖父辈掌握的那种打猎技能。老师们带着示意图、计算工具，还有各种深奥的图表来到当地，但几乎没有一个孩子真的学会了如何用海豹皮做捕鱼小船。最终还是请来了几位掌握这项技术的老人给孩子们传授制作海豹皮小船的奥秘，还有海豹从天而降的传说故事。孩

---

① SULLEROT E. (1984), *Pour le meilleur et sans le pire*, Fayard, pp. 99–104.

② Dugos le Lyonnais, 1718, in *Histoire de la vie privée*, *op. cit.*, t. III.

③ GESSAIN R. (1970), *Ammassalik*, Flammarion.

子们仅仅是摸了摸制作材料，模仿了一下老人们的动作——也就是说通过感知情绪和重复动作——就明白了应该挑选什么弧度的木材来做船底肋板，火要烧到多旺才能使海豹皮绷紧。现在几乎每个因纽特人都会用海豹皮做捕鱼船。

父亲的职能由给孩子命名的教父、赋予孩子话语权的精神父亲，以及家庭中的父亲共同承担。

到了 16 世纪，战争已经失去教育意义。教育本身成为孩子们生活中的重要组成部分，最早的初中就在那时出现。女孩们留在家里，男孩们被送往寄宿学校。不同性别的社会角色开始分化：男孩被培养成擅长使用工具的人，女孩则被培养为擅长装饰的人①。18 世纪人们开始使用机器，男孩们一方面接受学校教育，一方面接受使用机器的培训。

在 18 世纪，才智只被看作一种次等品质，一种属于女性的品质②。而到了 19 世纪，由于能够帮助人们获得社会权利，才智一下子变成了一种男性的品质。学校也成为培养新兴社会等级的地方。20 世纪初，俄罗斯女犹太移民在蒙彼利埃成功注册医学院，她们也只不过是因为有着外国人的身份才能参与社会竞争。依然保留着“家庭大学”的犹太文化鼓励女性接受教育。当基督教文化中的女性终日与装饰和家中闲谈为伴时，才智依旧是犹太女性追求的品质。

与人们以往听说的不同，这些年轻的犹太女性在法国大学生中间很受欢迎③。可是，法国大学生们接受与自己处在相同文化背景中的姐妹们也像犹太女性那样行事吗？俄罗斯犹太女人“像男人一样”会很有趣，可是天主教法国女人这么做却会背离文化规范。

如今文凭已成为提升社会阶级的主要因素，同时也意味着父亲的权

---

① KNIBIEHLERY. (1987), *La Naissance des pères*, *op. cit*.

② LAFFITTE-HOUSSAT (1971), *Troubadours et cours d'amour*, PUF., «Que sais-je ?», p. 22.

③ GILIS L., *Étudiant en médecine à Montpellier en 1908*, lettre personnelle, mais 1987.

威和感官教育不再必不可少。人们常常不知道自己的父亲如何工作，看不见父亲在工作时的行为举动。情感教育变成了女孩们的专属，就像人们在大量发行的爱情占据巨大篇幅的女性报刊①上经常能够读到的那样。

电视的出现让孩子们能够逃脱父亲指派给他们的命运，因此在父子关系平等化的过程中也起到了推波助澜的作用②。父亲要求孩子在房间里做功课，孩子却屈服于电视文化营造的昏沉状态。父子关系简化成了踢上几脚足球、打几个回合网球、玩几次滑雪。儿子们在十二岁时就能在这些体育项目中赢过自己三十五岁的老爸，父亲的情感教育功能自然也就不复存在。

父亲的角色在福利国家看重的女性力量面前渐趋透明。

根据社会学家们的解释③，社会环境提供的保护越多，父亲角色的地位就越次要。用戏剧的术语来说就是，父亲这个角色离开台前，到幕后去跑龙套。对父亲称呼方式的演变也能证实这一点。古罗马家庭中的父亲被称为“主人”，象征着绝对的权威。到了十八世纪，父亲被称呼为“老爷”，意思是“我的领主”，是国家在家庭中的代表。“爸爸”这种亲切的称呼要到十九世纪末才出现，发音类似“妈妈”，不过“爸爸”的“p”这个音比妈妈的“m”有更明显的送气，因此听起来令人感觉疏远许多。

20 世纪 70 年代起，社会心理学家就开始强调“高度组织化的社会中父亲逐渐被边缘化④”的现象。

技术的发展引起了社会环境的巨大变革，儿童成长发展的感官世界

---

① RAFFIN Th. (1987), « L'Amour romanesque: mythe et réalité d'un mode féminin d'engagement matrimonial», *Dialogue*, n° 2.

② SOULÉ M. (1987), bavardage lors des journées de pédopsychiatrie, Marseille, septembre.

③ SULLEROT E. (1984), *Pour le meilleur et sans le pire*, *op. cit*.

④ MITSCHERLICH A. (1969), « Le Père invisible », *Vers la société sans père*, *op. cit.*, Gallimard.

也发生巨大变化。消费与生产完全分离。人们再也看不到父亲建造独木舟、给马钉马掌，也不会再看到母亲缝衣服、做布鞋。一个个没有历史的产品进入消费市场，物件被剥夺了意义，毫无语义价值，成为不愿意进行任何言说的、完结的物品。

我通过一件小事注意到了父亲的消失。当时我在帮一家瑞典电视台拍摄短片。我注意到导演①在面试年轻演员时从来不会询问他们父亲的职业。更加令人诧异的是，那些友好的瑞典人同意在接下来的面试中询问这个问题，但没有收到任何回答！这些年轻演员才华横溢，年龄在二十到二十五岁之间，他们当中大多数人竟然根本不了解自己父亲的职业！

短片进入剪辑阶段，剪辑师们聚在一起，也纷纷承认自己从来没想过这个问题。这时，一位有着耀眼金发的年轻助理突然哭了起来。人在这种环境下总是很容易对彼此产生共情。这位年轻女士一边擦鼻涕一边哭着说："我妈妈总是跟我说：'你爸就是一张长了脚的支票。'"

于是我决定开始关注这个问题，并邀请几位心理分析学家组织了一次小调查。结果我惊讶地发现，很大一部分法国年轻人不了解或无法想象父亲的职业：

"我爸爸和妈妈在一张床上睡觉，不过早上一般都是妈妈整理床铺。"

"你爸爸工作吗？"

"他工作……噢，应该是的*。"

受访的年轻女孩刚刚通过了高中毕业考试，拿到了一辆车，住在她妈妈家里，房子带花园和泳池。

"那你爸爸从事什么工作呢？"

---

① NILSON E. (1982), *L'Avenir des jeunes talents*, téléfilm, Suède.

“噢。他总是在外面。到处溜达。我妈妈工作。”

“你爸爸从事的职业具体是什么呢?”

“他在一家公司里。”

“他在一家公司里到处溜达?”

“我不知道，我只知道晚上回家后他会花时间清理泳池，然后抱怨泳池不干净*。”

这个女孩的父亲经营着一家小公司，每天从早上五点工作到晚上九点。不过在家庭生活中，父亲只有到了晚上才会现身，这时大家才能看到——亲眼看见——父亲只是安安稳稳地坐在桌边发牢骚，因为泳池不干净。

如果拿这位看不见的父亲与左拉小说中的父亲进行比较，就会发现在十九世纪，生活在社会底层的矿工真正出现在儿女面前的时间也不长，但是母亲的话语会肯定这个男人所做工作的价值，指出社会组织需要这份危险的职业，将父亲的角色放到台前。当时所有孩子都知道矿井和工头的名字，也知道发生过的矿难。父亲在日常生活中总是缺席，但在家庭中无处不在。他下到高温的矿井中去，在家人们对他的动情赞美中死于矽肺病，这是世界上最光荣的事。

今天的父亲被剥夺了自身的存在，被赶出介于母亲和社会之间的过渡地带，无法在家庭中获得感官意义上的存在，因为如今的社会组织形式抹消了父亲的功能。父亲们不再能传递物件的意义，也不能在存在中让孩子看见、听到、感受到各种行动的规则。他们不像因纽特人的父亲，通过呈现制作小船的可感经验赋予物件意义：“我父亲就是这么做的。他会加热兽骨，好让它们发生弯曲，然后这样撑开兽皮。”

没有父亲的物件，也没有语义价值，物件就变成毫无意义的物，变成消费市场中的碎片。没有父亲的仪式也失去了原有的功能，变成无所指的空洞行为。

德国社会精神分析学派解释青春期危机的观点与民族学家相同："身份危机通常出现在从童年向成年过渡的时期，基于传统结构建立的社会中，青少年似乎不会遭受太过强烈的人格动荡①。"

这一德国学派很好地描绘了一个没有父亲的社会，例如纳粹国家。没有父亲的社会并不意味着没有男人的社会。社会中的男子气概过度发展以致变形，只有具有男子气概才是美的。女性形象令人作呕："婊子们的乳房比肮脏的小孩还叫人恶心！……女人就像一堆化开的蜡，散发腐臭味，还在不断融化，淌得到处都是，把碰到的东西裹得严严实实，还不断从底下渗出来②！"

女人这种无知愚蠢的哺乳动物不得不像排出粪便一样把婴儿排出体外。女人只有作为孩子的母亲时才值得被歌颂，只有通过乳房与婴儿结为一体时才值得被赞美。男人有比替孩子擦屁股更重要的事去做。女人作为"看孩子的"人被美化……人们在纳粹的文本中可以发现这种荒诞的对差异的憎恶："就像人们养的母马一样……女人必须血统纯正……必须纯到能够被当作样本在雌性动物园里展出③。"

他们认为唯一可被称为人类的只有自己和他们那些身材高大、满头金发、长头型的同类，唯一光彩的爱就只有对同类的爱。一位著名的社会分析学者④曾经如此分析这种同性虐恋：当缺少"精神之父"时，儿童便无法逃脱母亲那种贪婪地吞噬一切的绝对权力。为了获得仅存在于表面的解放，孩子会去家庭之外寻找一位父亲，一个父亲的替代物。因此孩子会找到某个帮派领袖、政党成员，一位享有特殊威信的父亲，一

---

① MITSCHERLICH A. (1969), «Le Père invisible», *Vers la société sans père*, *op. cit.*, p. 171.

② CÉLINE L.-F. (1952), *Féerie pour une autre fois*, Gallimard.

③ Cité in MACCIOCHI M.-A. (1976), *Les Femmes et la traversée du fascisme*, 10/18, t. I, p. 239.

④ MENDEL G. (1968), *La Révolte contre le père*, Payot, p. 399.

位宗派的奠基人。父亲的缺失会让孩子轻易臣服，而这一切只是为了逃离母亲！没有父亲、没有情感认同典范的孩子们会产生一种理想化的虚假自我，产生对“同类”的爱，随后这样的爱以畸形的方式在“群体心理[1]”中被呈现出来。

在心理治疗实践中，我们每天都能听到有病人口述由于不确定自己的性别而产生焦虑。不知道自己的性别也就不知道自己是谁。听到精神病患者说话时很容易就能理解这个想法。他们说不清自己是谁、叫什么名字，或者自己的名字指的是谁。他们也说不清自己的性别，以及在这个性别之下自己应该怎样行事。

这个世界上不存在没有性别社会角色的文化。

在“原始”文化中，人们面对一个新事物时要解决的首要问题就是弄清楚这个东西的性别。士兵们看到原始部落里的人们试图弄清楚飞机和照相机的性别，觉得这很好笑。其实确定性别社会角色的过程有助于建立身份认同。但所有身份认同的建立同时也是一种截断，意味着放弃成为另一个人，放弃实现自我的另一种可能性。

没有经历身份认同的孩子自然也没有经历过这种截断过程：成为男人还是女人，富有还是贫穷，生活在这里还是别处，死亡还是活着……对他们来说都一样。为什么学这个而不学别的？为什么要努力奋斗，失败又有什么关系？

没有计划，没有要付清的账单，没有赋予痛苦以特定意义的神经官能症。什么都没有。虚无中的平衡。这些没有实体的“我”操纵着毫无意义的命运，写下空白一片的生平传记。发声还是沉默？没什么要说的，也没什么要做的。

通过比较不同文化，人们发现性别角色也经历了千变万化。性别角

---

① MOSCOVICI S. (1981), *L'Age des foules*, *op. cit.*

色的区分尽管必要，却也十分武断。性别角色的区分对身份建构来说如此重要，以至于美国和加拿大的同性夫妻不得不故意表现出不同的行为方式，以便有利于他们养子的身心成长。

受到不同专业训练的观察者在不同国家用不同的观察方法得出了相同的结论，即夫妻角色的区分对儿童的身份认同①及其身体表现和社会表现②十分重要。

说得形象一点的话，那就是母亲的角色在孩子的心目中是连续发生的。从生物学发育，到心理成长，再到语言发育，母亲一直在场。

如果说孩子心目中一直是同一个母亲在不断发展变化的话，那么孩子心目中的父亲则有三个。根据儿童成长发育的环境不同，可以将这三个父亲描述为母亲体内的父亲、母亲周围的父亲以及社会性的父亲。

母亲形象是连续发生的，就算缺席，也可以被某个过渡性的物体取代，从而确保母亲在感官上和象征意义上的连续性。而父亲形象的发生却有比较明显的阶段：被感知到的父亲（婴儿六个月大以前的父亲）、爸爸（婴儿十五到二十个月大时的父亲），以及社会性的父亲（儿童在两到三岁时的父亲）。

母亲体内的父亲是播种者，将孩子种在母亲体内。从纯粹生物学的角度来看，这个男人是孩子真正的父亲，与意识无关，雄性播种者将自己的种子种在雌性体内，阻止动物界中常见的孤雌繁殖发生，给后代个体带来某种革新。从生物学角度上讲，性别的差异能够创造全新的个体生命。全新的遗传信息让个体能够进化以适应千变万化的环境。

随后，母亲周围的父亲通过母亲的翻译可以从感官上被认识。父亲

---

① BIELICKI I. et J. (1986), R. F. A., *Syndrome de carence paternelle et faiblesse du moi*, 11e congrès international de psychiatrie de l'enfant, E. S. F., Paris.

② SKUWE D. *et alii* (1986), Danemark, *Parentage et défaut de croissance*, 11e congrès international de psychiatrie de l'enfant, E. S. F., Paris.

的气味、声音、抚摸、简单的出现，以及母亲赋予他的意义，都能改变母亲与孩子的感官交流。

孩子出生以后，父亲依然仅存在于母亲的翻译之中。不过这时父亲也可以直接与宝宝进行互动。这个男人可以很好地完成母亲要完成的任务，有时候甚至完成得比母亲还好，比方说开发宝宝的智力、喂养宝宝。

这一项对宝宝来说很有价值的能力尽管受到妈妈们的赞赏，但这种十分有利于增强夫妻凝聚力的能力还是属于丈夫的能力范畴，而不是作为父亲的能力。

父亲的脸庞在宝宝八个月大时才出现，这时宝宝的神经发育基本成熟，能够区分辨认两张不同的面孔，父亲作为一张陌生的脸庞出现。父亲形象诞生的敏感期同样也是一段十分脆弱的时期，此时母亲完全可以不指认父亲。母亲有可能并不通过自己行为中的想象性成分呈现父亲形象，也有可能并不会通过微笑、眼神、姿势和声音为父亲打上特殊的印记，那么生活在母亲周围的宝宝也就不会对这个新的认知对象产生熟悉感。

这个存在于母亲周围环境中的父亲是被感知到的父亲，是想象性父亲这一形象的感官基础，是通过母亲慢慢熟悉起来的陌生人，是说各种语言的人们都在谈论的那个父亲。从心理学层面来讲，这个父亲只是因为被谈论，就能建立起家庭的三角关系，也就是说对性别差异的认识使得儿童开始进入复现表象与建立身份认同的阶段。

至此，父亲的形象刚刚诞生。还要过几个月孩子才会叫“爸爸”，这时宝宝才具备语言的指代能力，家庭三角中各成员间的关系也促使宝宝表达这种指代关系。当宝宝十五到二十个月大时，就能认出一件在场的、能够象征不在场的父亲的物品，然后通过一系列言语和行为指给妈妈，具体来说就是用食指指着物品，眼睛看着妈妈，嘴里发出“爸爸”

的声音。

要等到三岁左右，“爸爸、妈妈”才不再只是名称而已，而是开始象征不同功能①：不再是“某某爸爸”，而是“我的爸爸”。父亲开始出现在语言里。这时的父亲已经不再是生物学意义上的父亲，而是语义学意义上的父亲。

等孩子再长大一些，父亲形象离开母亲进入社会，成为“家长父”（paterfamilias），也就是罗马家庭里的“主人”、古典时期的“老爷”、现代的“有脚支票”。从此，父亲成了社会性的或戏剧性的角色，存在于法律行为和纳税人名单中。父亲成了演员，扮演社会在家庭中的代表。

至此，父亲的一切形象成为可能，一切角色都被创造，并且还将有新的角色被创造出来，可能是勋爵，也可能是暴君，或者是龙套演员。女性也能具备父亲的功能，充当同样的社会代表，就像如今人们看到的经过社会化的母亲们一样。她们也扮演着合适的角色，并且通常做得很好。

作为家庭中社会话语代表的父亲根据不断变化的文化规则塑造自身形象，父亲的形象或许每隔十年就会发生变化，或许在十公里开外的地方也会与此地有所不同。

有时候想想，父亲通过母亲的翻译和社会话语被谈论、被赋予一定角色，这也是挺疯狂的事情。孩子必须通过父母的翻译才能认知世界，可翻译是需要天分的，有时候甚至还会造成误解。

---

① DUVAL F. et DUVAL-UWAM A.（1986），*Les Rapports de certains échecs scolaires avec la non-acquisition du schéma des structures élémentaires de la parenté*，11ᵉ congrès international de psychiatrie de l'enfant，E. S. F.，Paris.

第二部分

伴　侣

当性别出现时

性别，要么是雄性，要么就是雌性。

两个人类个体相遇时，他们首先向对方展示的就是自己的性别。不过由于不敢直接展示自己的解剖学性征，他们会仅仅展示能够表明性别的词汇：“先生”或“女士”……有时候他们还会展示性别所处的状态，比如用来称呼未婚女性的“小姐”。

两人相遇时，获知对方的性别也是十分紧急的事，不然有可能会引发人际交往中的尴尬。不同性别需要遵循的社交礼仪截然不同，人们对身体表现的要求也大不相同。为什么人们不会用跟一位女士打招呼的方式跟男人打招呼？行为学家发现这种不同在所有文化中都存在，但每种文化都有自己独特的见面礼仪[①]。西方文化中的礼仪是男性鞠躬、女性屈膝。肖姆彭地区（Schom-Pen）的男人打招呼时会举起手来，女人们则会大幅度地挥舞手臂。

这些打招呼的方式几乎立刻就能呈现随后将要进行的对话的历史背景和语境。两个男人见面时，表示友好的信号总是夸张而饱满的。他们要展开双臂，将一切能张开的部位都张开：手掌、手指、胳膊、嘴巴、眼睛，以此表示欢迎。

但是如果一个女人用同样的动作迎接到自己房间里来的访客，那这些动作可就有着完全不同的含义了。较公开的场合下，女人应该双膝并拢、收拢上衣、面带微笑，但同时也要有力地伸出手，意思是“我很高兴你来……进入到我们的这段职业关系中”。在更私人的环境中，女人可能会将膝盖侧向男人，而上半身保持端正，不怎么微笑，双眼低垂，伸出的手可能疲软无力，这样的动作有着更强的温柔意味。

“我们对动作的反应极其敏感，几乎可以说这是我们根据一种复杂的密码做出的反应。然而没有任何关于这种密码的记载，也没人真的掌握这种密码，可就是所有人都能明白②。”

穿着的功能之一就在于标示性别，为行为互动提供指导。性别具有多义功能，充斥着各种意义。性别蔓延到我们的动作、穿着、互动方式，我们也因此能够协调人际关系。行为学观察揭示了动物界性别的象征功能如何发挥作用。

很长时间以来，人们都认为性别活动构成了社会联系的基础，猴子的社会就是围绕这一基础组织起来的。灵长类动物学家从这一理论假设出发展开了一系列观察，结果也将性别现象和社会现象混为一谈。20 世纪 70 年代以后，一些灵长类动物学家开始研究动物的性冲动。

因为有环境因素影响并参与基因表达过程，所以观察行为的先天性成分并不容易。不过各个物种还是有足够具体的方式来实现性冲动。红色尾巴的长尾猴很少交配，而黑长尾猴的交配行为却十分频繁。狒狒、狗、狐猴、考拉的性交活动都十分频繁，而长臂猿和大猩猩则很少进行交配③。

生活在动物园里的大猩猩每年交配十次，而生活在自然环境中的大猩猩每年仅交配一到两次。大猩猩的交配活动十分少见，每次持续很长时间。由于疲劳，大猩猩不得不在射精前的一个小时里休息三次。动物们在交配时骨盆运动的次数也很能说明问题。大猩猩要想射精，骨盆需要运动三百至五百次，狒狒只需要十五至二十次就能完成交配，而猕猴

---

① EKMAN P. (1972), *Cross-cultural Studies of Facial Expressions*, Academic Press.

② SAPIR E. (1927), in FREY S. (1984), *Décrypter le langage corporel*, Maison des Sciences de l'Homme, Paris.

③ GOUSTARD M. (1975), *Le Psychisme des primates*, Masson.

的交配活动所需时间极短，骨盆只需要前后运动三至五次就够了。

这些数字十分有趣，因为它们能够说明性行为的表现也是基因编码的一部分。

黑猩猩一年四季都可以交配，雄性头领并不会阻止自己领地内的雌性和雄性见面。黑猩猩群体中的性关系相当民主，发情的雌性猩猩可以坐到任何一只完成了生理性和社会性发育的雄性猩猩身上。而狒狒的表现则符合原始部落的规律，体形庞大的雄性统治者会抑制被统治者的性表达。

在鹿群中，公鹿头领只要一出现，就能抑制被统治公鹿的睾酮分泌①。只要头领还在，被统治的公鹿就会维持青春期的形态和行为。而只要把公鹿头领与其他公鹿隔离开，其他公鹿的雄性激素分泌状况就会发生改变，进而改变物理外观，例如体重和肌肉含量增加。此外这些公鹿还会表现出征服行为，它们进入青春期前长出的鹿角上分布着的毛细血管也会开始坏死。

如何得知雌性动物有没有性高潮呢？通常来说，雌性动物的性谜团可以通过一条线索解开：交配结束之后，雌性猕猴会转过身，抓住雄性猕猴的前臂，然后开始亲吻它，发出有节奏的声音。其实直到最近人们才记录下这种声音。

在自然界中进行的观察表明，尽管动物臣服于生物规律，但动物的性冲动还是会受到环境因素的影响。对于遗传物质编码方式相同的同一物种来说，它们在草原上生活时的交配频率要高于生活在森林中时，日照时间长的季节里比雨季时的交配频率更高，群体规模较小时比群体规模过大时的交配频率更高。但各种因素中，还是共同生活的时间和经历对于性冲动表达的影响最为明显。

---

① WICKLER W.（1971），*Les Lois naturelles du mariage*，*op. cit.*

处在自然环境中的黑猩猩采用背腹式姿势进行性交。雌性猩猩发情时会吸引群体中几乎所有雄性猩猩。雄性猩猩会表现出一系列求偶炫耀行为，例如用两只后脚站立、敲击胸膛、抛树叶，还会完成各种体操般的高难度动作，总之就是一切在雄性猩猩看来可以吸引雌性猩猩的行为。有些雌性猩猩生性敏感，会吸引某些远离群体的雄性猩猩，然后和雄性猩猩一起远走高飞①。不过大多数雌性猩猩还是大方慷慨的。它们会倒退着前进，然后坐在生殖器勃起的雄性猩猩身上。雄性猩猩摆动几下骨盆，随后雌性猩猩跑到一边，去坐到另外一只雄性猩猩身上。

要是被关起来，黑猩猩就不得不与其他同类共享空间、共度时光。生活在同一只笼子里迫使它们彼此熟悉，建立情感联系。这时黑猩猩的性行为就会发生改变。雄性猩猩不再那么容易就被雌性猩猩唬住，因此也就不太会在“靠近雌性猩猩”和“逃离雌性猩猩”这两股冲动之间犹豫挣扎。因为彼此熟悉，所以相处时比较平静。由于之前已经建立了情感联系，雄性猩猩的求偶炫耀行为便不会那么强烈迫切，就像交流十分默契的老夫老妻之间，只需要一个小小的信号就能让对方感知到自己的情绪。

这时黑猩猩就会采取面对面的姿势性交②。之后还会冲对方微笑，向彼此提供食物，互相梳洗清洁，甚至还会手牵手。

如果说生态环境能够改变性冲动，那么伴侣之间的共同经历也会在并不改变遗传信息编码方式的情况下对性冲动的表达产生重大影响。

个体生命历程和所处环境塑造了一种几乎完全是生物性的行为。

---

① FISHER H. E. (1983), *La Stratégie du sexe*, Calmann-Lévy.

② Illustré dans le film de ANNAUD J.-J., *La Guerre du feu*, conseiller technique: MORRIS D. Et Frans B. M. de WALL, «La Réconciliation chez les primates», *La Recherche*, n° 210, mai 1989.

人们观察到在自然界中，一些黑猩猩很容易就能进行交配，而另一些游离在群体之外的雄性猩猩则会表现出明显的性压抑。这样的雄性猩猩可能会朝着正在发情的雌性猩猩走过去，却在还有一段距离时停下来。它在靠近雌性猩猩时会将后背朝向对方，而当雌性猩猩开始撩拨它时，它又会尖叫着逃走。这只雄性猩猩可能会咬伤雌性猩猩，也可能会咬伤它自己。可当它真的靠近雌性猩猩了，又不能很好地配合雌性猩猩的动作，最后导致生殖器插入失败。

图卢兹（Toulouse）的几位行为学家对个体经历如何影响个体的性行为表现进行了观察①。

他们先是研究了社会性昆虫成功实施性行为的方式。在混合性别群体中饲养的蝗虫成功实施性行为的概率是 80%。这个蝗虫群体在性别比例协调的环境中经历了一系列成长发育过程，其中 80% 的个体获得了和谐的性关系。

随后人们可以通过实验的方式改变动物的个体经历。只需要在几只雄蝗虫的幼年期将它们隔离出去一段时间，然后再将它们放回群体中，就会发现这些被隔离过的昆虫求偶时需要的时间更长。它们犹犹豫豫，走远一点，然后又围着性对象转来转去，但就是不会靠近对方。隔离时间越长，求偶失败的可能性越高。扰乱雄性幼虫社会化的进程会提高其成年后性行为失败的可能性。

雌性个体的生命历程也能改变雄性的性行为表现。假如将一只雌性幼虫隔离出群体，它的社会化进程也会被扰乱。然后让一只健康成长的雄蝗虫与这只没有完成社会化的雌蝗虫接触，人们发现求偶炫耀行为也得不到很好的配合。雄性的求偶行为会失败，原因无他，只不过是因为

① ANTONIOU A., SANZ J.-C., VAYSSE G. (1985), « Isolement et performances sexuelles», *Bulletin S. F. E. C. A.*, t. II, n° 1.

雌性蝗虫在幼年时没有经历良好的社会化过程。

很显然，假如雌雄双方都经历过幼年期的隔离，那么这两只蝗虫之间开展性行为失败的可能性更是会大幅提高。

据此可以提出如下假设：雄性个体幼年时经历的隔离会引发某些障碍，而这在雄性个体成年很长时间后才会表现出来。雌性个体幼年时期经历的隔离也会引发某些障碍，而这也将在雄性身上被体现出来。

采用同样的方式，考察性行为时考虑个体经历，我们也可以观察母亲童年缺乏关爱会对孩子将来的性行为造成何种障碍。一只年轻的雌性猕猴在幼年时被隔离出猴群，并且因此遭遇了某些社会化障碍①。后来观察者们将这只猕猴放入它之前生活过的猴群，他们当时并没意识到要观察存在于不同性别的同伴之间的游戏互动，因此以为这只年轻雌性猕猴的社会化障碍已经得到了修复。不过动物们可没搞错，它们拒绝和这只母猴一起玩耍。

青春期以后，这只母猴会咬伤前来撩拨它的公猴。人们不得不为它进行人工授精才让它怀孕并生下了一只公猴。母子关系很快恶化：母亲会抢夺幼崽的食物，行走时随意踩踏幼崽的头部，幼崽找妈妈时会被推开。这只小公猴在童年时期对它那位坏妈妈形成了极度的依恋，甚至到了惶惶不可终日的地步。这种过分的依恋让小公猴没能正常玩耍，无法完成社会化，也没有习得所在群体的社交礼节。成年后，这只公猴无法在母猴面前做出求偶行为。它搞不清方向，不敢靠近母猴然后用后脚跟站立进入母猴的身体。它的求偶行为结局不是自己落荒而逃，就是将母猴咬伤。

母子间依恋关系的自然建立过程被扰乱，是因为母亲童年时的成长

---

① SACKETT G. P. (1972), « Isolation Rearing in Monkeys: Diffuses and Specific Effects on Later Behavior », *Modèles animaux du comportement humain*, colloque international, C. N. R. S., n° 198.

过程被扰乱。依恋关系建立失败导致幼崽无法进行游戏和社会化行为，进而导致幼崽成年后开展性行为的失败。

对于人类来说，个体的历史性，也就是说感到自己拥有个人生命史并能对其进行叙述，也能改变个人的成长发展。

弃婴与早产儿一样，都会表现出姿势调整障碍，神经激素分泌机制也相同。但是对早产儿来说，安定温情的环境在几个月的时间里就能修复这些障碍；而弃婴的意识中始终会有一种对自我身份的认识："我是个被抛弃的孩子①。"这些缺爱的孩子在学校里会表现得特别好动。他们不会老老实实地坐在座位上，而是会不断地做些小动作，或者彻底与此相反，表现得完全不合群以及过分听话，这一虚假的表象恰恰掩盖了他们的情感缺失。

似乎正是因为缺爱，他们的性冲动应该更强才对。但由于社会化过程没能被很好地完成，他们遭遇的性抑制和欲望一样强烈。人们观察过无法表达自己强烈欲望的男孩。他们被困在两股相反的冲动之间，在焦虑症发作和猛烈的自我攻击之间游走徘徊。他们会对所爱之人发起攻击，随后又因为这种自相矛盾的行为而陷入深深的绝望。

于是缺爱的孩子们会自创一些适应性策略。缺爱的女孩们会将自己想象成一只垃圾桶，那么怎样才能让一个男孩子爱上一只垃圾桶呢？她们会化上很夸张的妆容，穿上过于性感的衣服，这一切都向男孩子们许诺了某种她们并不愿意真正给出的东西。于是受到外表诱惑的男孩子们开始追求她们。这时女孩又会攻击、驱赶他们，或者自己逃开。然后女孩又会因为自己做出让男孩离开的行为而感到深深的绝望，毕竟她是那么渴望得到一段细水长流的亲密关系。

这种行为上的自相矛盾来自女孩的心理复现，但女孩的想象（如何

① 针对这一观点将在《垃圾桶里的孩子，君主的孩子》一章中展开充分论述。

让一只垃圾桶具有吸引力）实际上来自她的个人经历。

对于男孩来说，“垃圾桶策略”则是基于能够为情感带来货币价值的社会成功：我，垃圾桶里的孩子，绝不允许自己在重获价值之前去追求别的女孩，况且社会成功会让我对女性而言更具有吸引力。

随着观察手段逐步完善，人们发现在很小的婴儿身上就已经出现了行为上的性别分化。婴儿八个月以前，性别之间的差异似乎仅仅存在于生理层面，例如不同性别的婴儿在骨骼发育程度和脂肪相对重量上有所不同。似乎男孩睡得比较少，哭得比较多，比女孩更加“好动”。女孩则好像更经常微笑和发出声音，占用的空间更少。事实上，不同个体之间的差异往往比不同性别之间的差异更加明显。

这些观察表明，男孩更喜欢视觉刺激，女孩则对声音信息更加敏感。这似乎也解释了为什么到了青少年时期，男孩在视觉和空间操作方面展现出更多天分，例如更加擅长投掷物体和学习数学，而女孩则在交流和语言方面表现出更多天分。不过用婴儿时期的差异解释青春期出现的差异，这样的阐释跳跃性似乎太大。

从第八个月到两岁期间，差异与性别之间的关系变得更加牢固。差异的种类也已经基本确定①：女孩的沟通交流期比男孩更长，这或许也预示了他们将来讲闲话的时间长短。从十八个月大起，每两个女孩中就有一个能够通过动作、言语和微笑建立社交性互动。而男孩直到两岁时，还必须借助皮球或绳子之类的物品作为中介与外界进行交流。

如果留意婴儿投向成年人的目光，就会发现女孩看向成年人时会露出微笑，而男孩的注视通常会伴随着一系列不安的举动。随着年龄增

① ROGÉ B.（1984），« Les Marqueurs comportementaux du rôle sexuel：approche ontogénique »，*Psychiatries*，6，n° 64.

长，女孩会变得越来越爱笑，而男孩则会越来越多地做出具有威胁性的行为，比方说张大嘴巴、露出牙齿、上半身前倾、发出声音、举起手臂。

从第十八个月起，女孩之间的皮肤接触会越来越频繁，而男孩之间的击打和推搡动作会逐渐增多。

一般来说，女孩会更早地发展出关系网络，通常由二到三个小女孩组成。她们彼此之间会触摸、微笑、说话，在行为举止、游戏以及对身体的装饰美化方面表现出极强的模仿天赋。

男孩的社会化方式则十分不同。十到二十个月大期间，男孩子们并不怎么触碰对方，一个小团体通常由九至十二个男孩组成，内部根据各种具有竞争性和侵略性的行为区分出不同等级①。

为了形成合理的假设，可以开展一项实验性观察：从第九个月起，以自我为中心的行为在男孩中间会更加频繁地发生，而在女孩中间发生的频率则会降低。实际上，对动物和人类开展的所有实验性观察都表明此类以自我为中心的行为的发生频率象征着焦虑程度：不合群、情感缺失、与母亲分离都会提高此类指向自我的行为的发生频率。缺爱的小孩会昂着头，捧着自己的小肚子，摇晃身体，转来转去，还会进行不以获取快感为目的的手淫。

在十八个月大的男婴当中，高达四分之三的宝宝通过以自我为中心的行为来应对压力，而同龄女婴中只有三分之一的宝宝会在遭受刺激时表现出指向自我的行为②。

从十八个月起，女婴开始表现出梳妆行为，例如撩头发、拍打衣服、清洁手部。

---

① BAUDONNIÈRE P. M. (dir.) (1986), *Étudier l'enfant de la naissance à 3 ans*, C. N. R. S.
② ROGÉ B., *op. cit.*

不同性别的宝宝对空间的占有方式也存在极大不同。从很早开始，男孩对母亲周围空间的探索范围就远远大于女孩，女孩很少会离开母亲周围。这种对空间的占有主要表现为投掷行为：男孩很早就开始扔东西，女孩则对这项活动不怎么感兴趣。

在校园里①，人们也能观察到空间几乎被成群结队的男孩们占据。女孩们往往凑成一小堆，在角落里玩或是闲聊。不过要是把男孩们带远一点，女孩们的游戏方式也会发生改变，身体参与的程度会更高，而且会和男孩们占据同样大的空间②。

成年人对这种性别分化并不陌生。早在1974年，神经心理科医生卢里亚（I. Luria）就发现，父母会根据文化中的固有成见来看待自己的宝宝。在父母给出的描述中，他们的女婴和男婴比起来身材更加娇小，身体更加柔软脆弱，表现得更加漫不经心。然而数据测量和直接观察证明，事实根本不是这些父母“明显观察到的”那样。

我们通过视频记录了成年人将一个玩具递给几天大的婴儿时表现出的身体语言③。当婴儿是女孩时，成年人递玩具时表现出的身体语言非常特别：相较于成年男性，成年女性会赋予自己的动作更多的性别特征。她们会把脸尽量凑近女婴，一边微笑一边发出声音，同时晃动手中的玩具，然后用玩具触碰婴儿的脸颊或是肚子。我们认为这样的身体语言会让宝宝感知到一个具有强烈感官性的物体，充满了视觉、嗅觉、听觉和触觉信息。母亲为玩具注入了强烈而温暖的感觉。

同一件玩具在被递给男婴时引发的成年人身体语言则大为不同：人

---

① CREPAVET C.（1986），*Protoféminité et développement sexuel*, Presses Universitaires de Québec.

② CYRULNIK B.，École normale de Draguignan, *Sexualisation des cours d'école*, mai 1989.

③ CYRULNIK B.，ROURE J.，PETIT J.，(1986)，*La Poupée dans le triangle*, film vidéo.

们把玩具拿在手上，一言不发地递给婴儿，同时转开视线，有时还会拿不稳，将玩具掉落在摇篮里。对男孩来说，这个物件就显得平平无奇。母亲没有在玩具中注入任何感情，因为根据她和男婴之间的关系，母亲会认为，为玩具注入感情毫无意义。

也就是说，引起父母行为产生如此不同的并不是婴儿本身的性别，而是成年人根据性别对婴儿产生的想象。要想让成年人的身体语言充满热情，只需要给一个男婴穿上具有女性特征的衣服：丝带、花边、粉红色装饰。有时候在未知性别的婴儿的摇篮上放上一块粉红色或蓝色的纸板，也会使得成年人根据纸板颜色象征的不同性别做出不同行为。

成年人对婴儿的不同性别会产生不同想象，进而引发十分不同的感官互动。有一项实验是给大学生们播放一段短片①，内容是一个九个月大的婴儿正在哭闹。然后观察者会问："这个男孩为什么会哭？"大学生们的回答是："因为他生气了！"

实验的对照组被问到的问题是："这个小女孩为什么会哭？"得到的回答是："因为她害怕。"由于观察者提出的问题不同，回答者产生了对不同性别的固有成见，然后据此对同一段影像做出了完全不同的阐释。

这样的想法会引发完全不同的行为反应。婴儿哭闹时，成年人会对男婴说："安静点，你这个小坏蛋。啊，这些男孩……他们总想着有人立马来伺候他们。"而对女孩，成年人却会说："宝贝安静点，没事的，不怕哦……"

成年人对不同性别的婴儿产生的想象不同，进行的感官交流也因而不同。这样的想象性行为能够解释为什么男婴会比女婴表现出更多以自我为中心的行为以及具有攻击性的行为：成年人的想象性行为根本没有

① EKMAN P., FRIESEN W. V., O'SULLIVAN M., SCHERER K. (1980), « Relative Importance of Face, Body and Speeck in Judgements of Personality and Affects », *Journ. of Pers and Soc. Psychol.*, 38, 2, p. 270-277.

安抚男婴！

文化，具体来说就是老师、邻居、媒体还有其他人，都会在这种性别行为的形成过程中发挥重要作用。体育运动的教练，无论男女，在说话时都会更多地看向男孩而不是女孩。一般来说，成年人往往会跟一群男孩说话，跟女孩说话时则会单个进行交流①。可以说这些成年人向儿童重复了后者几个月大时就表现出的性别化行为：男婴往往会形成具有竞争关系和等级区分的团体，而女婴则形成规模较小的关系网络。

从卢梭的时代开始，人们就将自然与文化对立起来，之后的弗洛伊德和列维-斯特劳斯也是这么做的。实际上随着此类观察的推进，人们不禁开始质疑这一划分是否过于草率，是否还有其他划分可能，以及文化是否构成了一种将这一划分进一步区分和强化的机制。

基于这一系列观察实验，我提出一个观点和一个问题。

观点就是：行为的性别分化在很早的时候就开始了。婴儿出生后的几个月里性别差异就能用肉眼分辨：男孩与世界打交道的方式更多地依赖视觉和空间，表现得更加焦虑，更喜欢集体生活，与他人的相处方式更加具有竞争性。

而女孩的生活中有更多的声音和言语，她们表现得更加平静，更喜欢与他人缔结情感连接。

至于父母，他们在行动和物品选择上表现出来的性别分化则更早，甚至在婴儿还在摇篮中时就开始了！

至于能够提出的问题，那便是：这么早就出现的性别分化究竟有何用处？

---

① CREPAVET C.（1986），*op. cit.*

既然性别分化的代价如此昂贵，需要消耗大量的生物精力，需要获取心理学意义上的角色，并且此后整整一生都要因为角色的性别分化而服从于特定的社会文化组织方式，那么人们有权搞清楚付出如此努力究竟能得到什么好处。

尤其是因为在自然界中，性别分化并不是必不可少的。只有雌性存在也完全没有问题，雄性并不是必然出现的！雄性是一种奢侈的性别，一种带来不同染色体以便产生革新的性别。雄性出现的目的是在生物学意义上创造出大量不同个体，又在心理学意义上带来一大堆规则。

不过性别的确创造了差异。

性别确保了生物学意义上的生存和心理学意义上的生活。不过要想做到这些，首先需要伴侣双方相遇，并且共同开启一段奇特荒谬的历险。

从爱的烙印到宁静依恋

恋人们上床，然后死去。爱情故事总是以这种方式结束。

为什么爱情必须死去？为什么爱情仅能存活于诞生之初？为什么爱情一旦有法可依就会不可避免地走向悲伤结局？

我费了一番工夫才查清“爱”这个词的来历。而恋爱中人的经历却一目了然，毕竟小说家、诗人和心理分析师都曾反复书写。“爱”这个观念的演变在很大程度上受到教会人士、历史学家和社会学家的影响。至于“爱”（Amour）这个词本身，它根本就不是个法语单词！“这个词并不符合法语的语音规则[①]。”这个词来自拉丁语中的 Amor（-oris），到了法语中本应该被写成 Ameur，就像拉丁语中的 Dolor 到了法语中变成 Douleur（疼痛、痛苦）。不过真要这么写的话，可就成了一桩大丑闻，因为“Ameur 一词在法语的某些方言中意味着动物的发情”……于是奥克语方言地区的宗教机构就违背语音规则，给这个词加上了一个沉闷闷、软绵绵的发音“our”，让它变成了“Amour”，从而给动物的发情加上了人类的爱欲。因此这个词的来历本身就包含动物性的“欲望”和色情艺术两个维度。

第一批动物学家把“爱”这个词用在猴子身上时并没有搞错这个词的含义。不过在哈洛的实验里[②]，小猕猴蜷缩在毛毡做成的假猕猴妈妈身边，将铁丝做成却能产奶的假猕猴妈妈抛在一边不管不问，这时“爱”这个词就有了母爱的意思。人们摒弃了词中原本包含的动物发情的意味，重新赋予了该词某种由熟悉的触碰、触摸、爱抚产生的安抚意味。这里人们谈论的是一种感情，而爱只是这种感情的一个组成部分罢了。

爱情指的是那种推动我们走向某个对象的情感力量：对母亲的爱推动我们走向母亲，动物发情时的性冲动触发一系列性行为，还有巍峨高山、伟大思想，甚至我们自己都会对自己产生某种炽烈的吸引。这也是爱。

简单来说，爱就是一次热烈的喷发，一场发生在内心幽微处的独特事件，催促我们前去寻找相关对象。因此，性、爱、情，三者组成了具有多种不同性质的“感情系统”③。

动物发情，也就是所谓 Ameur 的生物学本质，是激素迸发导致的一系列求偶行为。当合适的对象被找到时，该对象也会做出一系列行为，从而保证自己与同伴间发生感官同步，开始螺旋式互动，其中双方都会诱使对方做出一系列行为，确保双方的欲望保持相同水平……直到最后欲望熄灭。

人类也逃不开感情系统的模式。孩子在生命的头几年中会经历爱意的喷发，之后又会陷入欲望的低迷。不过这并不意味着孩童的行为也会陷入低迷，他们还是会对身体的某些部位进行探索，因而有可能发现某些特定部位能够产生快感。比方说孩子们会玩类似“扮演医生”这种具有性意味的游戏，过程中孩子会允许其他人触摸自己通常情况下不允许别人触摸的身体部位。这一感情的冰川期中并没有爱，只有性游戏，学习功能是此类游戏最主要的功能④。

---

① ROY B. (1985), *Ameur, douleur, saveur. Le genre humain*, éd. Complexes, n° 13, décembre ; cité *in* VELWEAUX P. (1987), «Autour de l'amour», *Psychiatries*, nos 7-8.

② HARLOW H. F. (1972), «Love Created, Love Destroyed, Love Regained», in *Modèles animaux du comportement humain*, C. N. R. S., colloques internationaux, n° 198, décembre.

③ BOWLBY J. (1978), *L'Attachement*, PUF., t. I, p. 134.

④ 有一篇关于《婴儿之爱》（*Les Amours enfantines*）的博士论文目前正在撰写，论文关注到了书中谈论的潜伏期，潜伏期内类似爱的感情似乎与生殖冲动无关，也就是弗洛伊德所说的“毫无希望的感情”。

青春期爆发的激素会让人们回忆起自己在生命之初对母亲的爱，以及自己最初学到的性知识。于是人类也无法逃脱发情这一步骤。

而爱则是另外一回事。爱能改变发情这一生物规律的面貌，能改变语音规则，让 ameur 变成 amour，还能将激素转变为想象。教会对这一过程十分感兴趣，因为对于教会来说，灵与肉的分离相当重要。教会追求形而上和纯粹精神，以对抗肉体焦虑和生理焦虑为目的发展关于世界的理论，力图使人忘却自己会死亡、会腐烂的肮脏肉身，摆脱精神中的动物性以及想象中可能包含的所有魔鬼般的兽性。在教会看来，与生物学相关的一切都令人恐慌焦虑，例如生命、死亡、降生、脏污、疾病、痛苦，当然还包括性及其自然后果，例如精液的排出、月经的停止，还有更加关乎性的形而上学层面的子宫内生命发育。

另外一些人不会感受到这种生物学焦虑："人死后在泥土中腐烂，但没有谁能亲眼看见。"这些人对死亡和流产并不会产生太多感情，认为流产就是一堆组织程度或高或低的细胞、某种生理产物重归泥土，物质重新变回物质。不过这种世界观通常会伴有社会性焦虑①，尤其是在面临社会流动的不公和某些存在意义上的桎梏时便会产生，这就是心理学意义上的"存在感缺乏"。

神圣宗教关心人死后的生活，而世俗宗教关心人死前的生活。对于一个持有宗教精神的人来说，相较于永恒的死亡，社会性的愤怒显得微不足道。既然人一定会死，那省钱也就没什么意义了，在永恒面前，再高的社会成就也都没什么大不了的。

此类想法促使神圣宗教对生物规律产生恐惧，因而试图控制人们的性欲。于是神圣宗教规定人们进行性行为的方式，规定人们爱的方式，为家庭制定规则。而世俗宗教则很少关注生物规律，包容多样化的性取

① MOSCOVICI S. (1988), *La Machine à faire des dieux*, Fayard.

向和家庭形式，认可多种爱的方式。对于后者来说，人类通过社会网络而不是纯粹精神来进行组织和获得发展。

神圣宗教与世俗宗教的区别能够解释为什么所有爱情故事都大同小异，而一个个具体的爱情经历却因文化不同而大相径庭。

爱情故事总是讲述同样的事件，即爱这种情感怎样诞生。这种美妙的情感让人们敞开自我，走出自己的世界，去寻找那个完美因而也是理想中的客体。这种情感让我们愿意尝试冒险："蓦然回首，她就在那儿，就是那晚，仿佛一切都为一见钟情做好了准备。"

爱情故事就此展开，情节总是雷同，一幕幕场景发生的顺序也大同小异：两个人相遇，眼神拨动心弦，相识之初几句话和几个动作间的你来我往；然后便是诱惑与靠近，欲望的协同发展；最后是海誓山盟的缔结。内心的悸动让情感渗入动作的细枝末节与只言片语，渗入衣角和发丝的轻微拂动，渗入微微颤抖的嗓音和眼睫毛的闪烁。再普通不过、再微不足道的刺激也能引发声色犬马之乐。

身体被展现之后，灵魂也需要得到展现。于是人们开始讲述自己的经历，讲述自己何以爱、何以忧、何以生活。

恋人间相互交融渗透的感官体验和心醉神迷改变了他们的认知方式，让他们再也不可能从远处观望和感知伴侣了。从此以后，两人形影不离、亲密无间。

但爱情故事总不会有好的结局：不是死亡就是婚姻！死亡让爱情故事的讲述者再也无话可说，而婚姻则将爱情故事重新放回到社会背景中去。因为在此之前，爱意交融建造了一个封闭的世界，一个独属于恋人的领地。爱情故事的强大力量将恋人置于规则之外，但又不违反规则。爱情那种隐秘微妙的边缘性在原本正常的人身上催生出一种对于越轨和一反常态的向往。

后来爱情的火花熄灭，仅剩下对于心醉神迷的记忆，对于生命仅有短短几个月且早已逝去的完美客体的无限追思①。感官上的平静让人们睁开眼睛看到现实和社会，这两者开始复仇，向人们施加各种束缚。一旦相爱的两个人向现实妥协，爱情故事也就依照惯例收尾："他们结了婚，生了许多孩子。"或许还要加上一句："他们为领取家庭补贴做了登记，有了一笔享受低利息的贷款。"现实重新夺回话语权：爱情故事结束了。

现实将恍惚的心神收敛，激情之爱只能在理想中燃烧，在从天而降的感情中燃烧，在由对方唤醒的心迹中燃烧。激情之爱必须是被动的，因为任何行动都会带来改变和真正的幻灭。于是人们徘徊、叹息、等待、凝视，恋人们什么也不做，就在那儿，一动不动、形影相随、如胶似漆，因为在激情之爱里，"唯一可能的客体就是我自己②"。

相爱的时刻能改变平庸的样貌，可是恍惚的心神一旦收敛，毫无灵魂可言的现实便接踵而至：家庭和束缚、社会和规范。现实和规则的烦扰挥之不去，心醉神迷的时刻再也无法重现。要想重新感受到那一点陶醉，重温那种与肉体无关的极致欣快，那就只好躺下来，全神贯注于爱情那簇摇曳不定的火光，然后等待死亡降临。

人们着迷于情人们的故事，正如着迷于自己的叛逃和疯癫，正如迷恋那些敢于逃脱规则的人们。

恋爱场景呈现了所有人对灵魂伴侣的渴望。灵魂伴侣总是与我们完美契合，与那人在一起我们就能感到圆满无憾、亲密无间、心荡神驰。

在西方被大量书写的人类爱情故事应该是阿拉伯人在十一世纪的发明，如今在亚洲和印度又被逐字逐句地抄写传颂③。

---

① POINSO Y. (1987), *Conférence au relais Peirex*, Toulon, mars.

② De MIJOLLA-MELLOR S. (1987), « Le Phénomène passion », in *La Folie amoureuse*, *Dialogue*, n° 2.

③ KAKAR S., MUNDER ROSS J. (1987), *Les Pièges de l'amour érotique*, PUF.

爱情故事无论如何都不能有个好的结局。恋人们一定要回到人世故土，过完一生后死去，就像爱情死去那样。这就是为什么恋人们总要为同样的爱情故事哭泣，为什么总要一遍遍讲述同样的爱情故事。

至于具体的爱情经历，那就非常特殊了。文化不同，人们经历的爱情也千变万化。人们通常以为爱情是很私人的事，但其实社会规范已经渗透到了这种感情的方方面面。

个人的感情会受到集体思想的影响：在古希腊，Amour 一词指代的爱情仅存在于男人和男性青少年之间[①]。一个男人和一个女人之间的那种关系仅以繁殖后代为目的，因此不能称之为爱情。希伯来文化训导人们切勿沉迷于这种使人昏聩的感情，而基督教却将爱情看作上帝之爱在人们内心深处的感召[②]。奥克族文化在改变该词语音规则的同时也揭示了这种感情能改变事物的特性。假如我们今天沿用拉丁文化，那人们今天做的就是“配种”而不是“做爱”了。当奥维德（Ovide）提倡男人应该肩膀薄而腰臀壮时，他谈论的其实是如何产生快感而不是爱情。与此相反，普罗旺斯的宫廷贵妇们将自己的披肩送给想做她们的情人的男人，同时也就开启了一幕爱情故事。风度翩翩的骑士要想赢得夫人的芳心，就必须远走高飞。

一个很经典的说法是，西方的爱情起源于七世纪。在瓦尔省的皮耶尔雷弗（Pierrefeu）、耶尔（Hyères）、西涅（Signes），还有波克罗勒岛[③]，早期的宫廷贵妇们曾经根据她们的评价标准颁布了一套规范，用

---

① BURNEY P.（1973），*L'Amour*，PUF.

② “男人最好不要触碰女人……未婚男子要在心中时刻关怀上帝。”Saint Paul，*Épître aux Corinthiens*，50 ap. J.-C. 。

③ 如今这些地方都由普罗旺斯—阿尔卑斯—蔚蓝海岸大区负责管辖。——译者

来规定什么样的爱情才是合乎时宜的美好爱情①。

应不应该嫁给婚前残疾的男人？（第八条：）嫁给一个残疾的男子是合宜的，因为他是在工作中或战斗中受的伤。如果不嫁给残疾男子，有可能会打击他们工作的信念。

“一个人应该爱自己的丈夫吗？”（第十二条：）贵妇们一致回答说：一个人应该爱她的情人；丈夫关涉安全感、财富以及家族血统，与爱无关。

再到后来，特里斯坦（Tristan）的神话和圣母崇拜，讲的都是崇高之爱。理想的爱人一去不返，在所有宗教爱情中，崇高之爱空前高涨，用米尔恰·伊利亚德（Mircea Eliade）的话来说，就是“有性的神圣性”。

也是在这个时期，“我”的概念开始出现在文学作品中。大约在十三世纪，音乐和诗歌中开始出现人的心声，行吟诗人开始讲述爱情的痛苦。

在此之前，话语表述的都是群体和普遍规律。人们直接用手在同一口锅里拿取食物（既不用叉子，也不用餐具）。人们在同一张床上睡觉，一家人住在一起。第一个使用叉子的女人被逐出教会，因为叉子这种工具象征着她与团体决裂的企图②。

生活在群体中意味着享受社会带来的安定：无论是在家中、在人们结成的帮派中、在市政厅里，还是在妓院里，一定会有一张桌子、一堆篝火，还有一条可在其上打牌娱乐的毯子。

人们在群体中说的话总是抽象而注重修辞的。当人们的内心世界开始出现在文化中，当“我”开始出现在文学作品中，最初的决裂现象也

---

① LAFITTE-HOUSSAT J. (1971), *Troubadours et cours d'amour*, *op. cit.*

② ELIAS N. (1973), *La Civilisation des mœurs*, *op. cit.*

随之出现。社会开始解体。这一过程削弱了群体的安定作用，群体在理论上具有的确定性和安抚人心的信念力量开始动摇。“我”的出现让人们更加关注自己内心的真实想法。那些希望从“我们”那里得到安定的人无比憎恶“我”这个概念。

而“我”的拥护者们则心甘情愿付出代价：“团体分裂、猜忌、对价值观的系统性批评、对内心幽微的探索，以及必然随之出现的，对梦境、感觉、个人价值、想象与内心之谜的探索。《玫瑰传奇》、寻找圣杯，还有梦的解析，便是一切的开端①。”

“我们”的拥护者更希望服从集体的规则，更喜欢个人特征没那么鲜明的性选择，就像中世纪的版画呈现的市镇放荡集会那样：祭司组织性爱聚会，父母决定子女婚配，丝毫不用考虑新郎新娘的个人意愿。

文艺复兴时期出现了犬儒主义的和自然主义的爱情，对奥克族文化中行吟诗人歌颂的崇高之爱进行了反叛。17 世纪出现了自私之爱，直接导致了伟大世纪那种放浪形骸、藐视一切伟大情感的粗暴之爱。卢梭和雷斯蒂夫·德拉·布勒托纳（Restif de la Bretonne）提倡直接用乳房喂养婴儿，因为这样才是自然的哺乳方式。他们实际上创造了一种情感结构。这种结构到了法国大革命时期得以确立，不过丝毫没有改变爱情经历的内在本质。

法国大革命时期出现了民事婚姻和离婚，爱情离开了神秘的宗教领域，降临至人生活的土壤。

当拿破仑提出将父亲作为国家在家庭中的代表时，他实际上创造了一种西方特有的家庭结构，并一直维持到 20 世纪 70 年代女性主义运动兴起。不过拿破仑也丝毫没有改变人们的爱情历险。

---

① ARIÈS Ph et DUBY G.，«L'Émergence de l'individu»，in *Histoire de la vie privée*，*op. cit.*，t. II.

谈论关于爱情的历史很难不提司汤达的激情之爱，绕不开巴尔扎克短篇小说中的婚姻和他不庄重的浪漫，也不能不提安德烈·布勒东的疯狂爱情。在这之后，自弗洛伊德起，爱情成为科学研究的对象，被精神分析学家们大加探讨，如今又被神经生物学家们放到试管里分析①。

如今年轻人的情感结构也发生了改变，他们更喜欢“同居”而不是正式结婚。据统计有30%的伴侣之间仅是同居关系②。同居伴侣之间发生争执的频率比已婚夫妇要高③，或许是因为同居伴侣总要不停地协商他们同居合同的内容，而已婚夫妇之间已经有了“不可解除”的契约关系，因此更容易做出让步。

单亲家庭现如今在我们的生活环境和日常交往中也越来越常见，母亲和孩子之间形成了一种排他性的联系。

今天，一个三十岁的年轻人，他可以受过良好教育、有高学历文凭；也可以是商人、救护车司机或牙医，但同时他完全有可能继续住在自己小时候住的房间里，和母亲之间维持着一种包含对立的情感关系，就像青春期刚开始时那样④。

爱情是一种人类普遍的感情，可以超越时间，也可以不服从于任何文化。

而具体的爱情经历则将作为一种普遍感情的爱情引入社会交流渠道。文化赋予这种经历以具体的形式，个体在经历中领会经验，从而赋

---

① VINCENT J.-D. (1986), *Biologie des passions*, éd. Odile Jacob.

② SULLEROT E. (1984), *Pour le meilleur et sans le pire*, *op. cit.*

③ ROUSSEL L. (1983), 欧洲健康俱乐部大会期间的私人交流, Pr. Sand, Bruxelles。

④ ALLEON A.-M., MORVAN O., LEBOVICI S. (1983), *Adolescence terminée, adolescence interminable*, PUF.

予这种经历以独特的价值。恋爱关系本身的组织和建立受制于外部影响，后者或许来自社会结构、家庭组织形式、房屋建筑布局，也可能是所在街区的城市化程度。

依恋关系的建立受到生物学因素和想象性因素的影响，日常互动能够通过持续时长和不断重复向平凡生活施加影响。

爱情是一场惊喜，将我们从平庸无奇中拯救出来，而依恋关系是在平凡生活中缔结的。

虽然爱情是一场惊喜，但也并不意味着所有人都能成为惊喜。人们不会随随便便爱上某个人，也不会不分场合地陷入爱情。爱情的发生要遵循时间规律：年轻人比上了年纪的人更容易遭遇爱情。在爱情的发生规则中，巧合只发挥微不足道的作用。个人经历会决定这个人在情感发展的过程中如何学会爱。准确来说，爱情也有生长发育过程。

所有人都诞生于欲望。

不得不承认，如果按照诗歌描绘的那样，我们确实诞生于父母的爱情。对于一对夫妻的第一个孩子来说，有 75% 的可能性确实是这样，但是到了一对夫妻的第四个孩子，诞生于父母爱情的可能性就只有 30% 了。因此最有责任感的长子通常会成为最忧郁、最焦虑的那个，而家中最小的孩子，由于逃脱了父母的过分关注和期待，往往会成为性格最安静平和的那一个！

人们通常认为爱具有教育功能，但上述这种流行病学观点①恰恰与该观念相反。

或许一个更加普遍、更加侧重生物学角度的观点更能说明问题。这

① HENRY L. (1948), «La Mortalité infantile dans les familles nombreuses», *Population*, 3, *cité* in BOURGUIGNON O. (1984), *Mort des enfants et structures familiales*, P. U. F.

种观点认为一切生命都诞生于某种结合：例如两种元素的结合，就像氢氧元素结合生成水；再比如两个生殖细胞的结合，就像雄性生殖细胞和雌性生殖细胞结合；当然也可以是两个人之间的结合，就像一个男人和一个女人结合、一个母亲和一个孩子结合。

有时候爱的对象是人类，有时候爱的对象也可以是登山运动员所爱的高山，或是音乐家所爱的乐器……这种将我们推向另一方的冲动就是生命之源。没有另一方存在的生命无法持续。

通过描述爱这种感情的发生过程可以让这个相当模糊的概念变得更清晰一点。父母们在一次性行为中融合了他俩的生殖细胞，受精卵在子宫壁上着床，随后开始发育。从生物组织发育的某个阶段开始，子宫内的这个生命开始能够感知和处理来自外界的信息，也就是说来自母亲和母亲周围的信息①。后来生态环境发生了一次剧烈变化，这个小生命从子宫内的液体世界来到了母亲臂弯中的气体世界，因此人们总能看到一个奇怪的行为，那就是新生儿的啼哭。在分娩过程中的几次宫缩之后，婴儿被逐出子宫这个伊甸园②。驱逐过程中婴儿的头部会撞击盆骨，扭曲的身体要钻出狭窄的盆腔，不过在这个过程中婴儿一直沉睡。后来婴儿终于赤裸着醒来，浑身湿漉漉的，在充斥着气体的世界中感到彻骨的寒冷。在这样一个世界里，婴儿此生头一次必须独自想办法活下去，必须独自呼吸，必须凭借自己的力量完成抓握和吞咽动作。

想象一下你降落在月球上好了。一丝不挂，天上只有一颗冷得像冰的太阳。你害怕极了，因为你不知道在这样的环境里该如何活下去。月

---

① Entretien FRYDMAN R. et NOEL E., in *Les Âges de l'homme*, E. S. H. E. L., 1988, p. 52, et chap. « La Vie avant la naissance. »

② 人们也观察到猕猴母亲的紧张情绪会引起严重的胚胎发育紊乱。人类流行病学也证实母亲活动强度过大、接受过器官移植或精神压力过大时，容易引发胎儿早产或子宫内死亡。子宫也未必就是伊甸园！

球的一阵颤抖就能让你晕头转向。你从未听到过周围如此令人不安的噪声。这里的噪声远比你从前生活的那个世界里的噪声更加强烈、更加尖锐。这个新世界里的冰冷、声响和光线都让你感到痛苦。你的身体剧烈地颤抖，这在你从前生活的那个世界里从未发生过。从前那个世界里的液体会将你轻轻托起，慢慢摇晃。

苏醒令你感到害怕，焦虑让你忍不住放声大哭。冰冷的气体涌入你展开的肺部，又让你感到一阵疼痛。周遭一片混乱，白色的光线、冰冷的温度、强烈尖锐的声音、粗暴猛烈的冲击……突然一个熟悉的声音在低声呼唤你的名字。这个声音比你从前听到的更加响亮、更加尖锐，不过你认得这语气，认得这声音里优美的旋律，你从前生活在一派安宁祥和之中时就听到过这声音。于是绝望中涌起一阵狂热的希望，你将头部和眼睛转向声音传来的地方。很快其他一切信息都不再重要了，因为你只想听到这个美妙的声音。这个声音将你彻底迷住。你贪婪地渴望着发出这个声音的物体，于是你朝着声音传来的方向挪动。有什么人将你抱起来。你好像躺在了一张吊床上，有一双胳膊将你环住，你刚好落在臂弯里，多么温暖啊。你嗅到一阵扑面而来的熟悉气味，你的手指和舌头接触到某个柔软的物体。终于，历尽千辛万苦，经历一番绝望的寻爱之旅，你感到有什么东西流进嘴里，让一股温热在你周身上下流动。你心满意足，感到浑身的空虚都被填满。寒冷变成了温暖，周围的声音变成一阵有力活泼的音乐。你不再被猛烈地冲撞，有人将你放在摇篮里轻轻晃，这感觉和从前一样。不过你还不知道让你感到心满意足的是另外一样事物了。你以为自己又回到了伊甸园，因为从前的感觉又回来了，比之前更强烈、更生动。不过也有点不一样：你听到的、感觉到的、尝到的母亲比从前更加鲜活，而且后背、手掌和脸部这三个地方会比其他部位更多地感知到母亲的存在。

你刚刚经历了人生中的第一场爱情！母亲和你之间的交融就像一切

有关爱情的神秘体验一样，进入了你的记忆和心灵深处。

这段关于出生的浪漫故事绝对真实，因为每个句子都是根据行为学临床观察写成的①。这个故事让我能够用日常语言描绘爱情这一过程的生物学基础。首先，人们必须经历一段可以留下痕迹的感官体验。之后人们必须失去这些感觉，从而渴望找回，这样才能开始寻找所爱的对象②。爱情的爆发就发生在重逢的时刻，熟悉的感觉会让我们平静下来，感到满足。

因此爱情不是一种联系，更像是一种恍然的彻悟。

这样的相遇也很少是偶然，因为相爱的主体必须处于某种找寻的状态。要想寻找就必须先有渴望，要想渴望就必须先经历失去。满足带来的抚慰就像饱餐一顿之后的满足，又像做爱之后的无欲无求。拥有太多爱的孩子会变得无动于衷，也就是这个道理。

爱情的爆发需要所爱之人具备寻爱之人渴望的某些基本特征。刚出生的婴儿不会对一块钢板或是一束荆棘产生爱意。婴儿所爱的对象必须具有皮肤和温度，必须柔软，气味和声音必须能唤醒从前的幸福感和满足感在婴儿记忆中留下的痕迹。

因此爱的对象并不是某个特定的人，而是某种自恋的投射。爱的对象必须带有某些感官特征，它们必须能够唤起我们关于幸福的记忆。

人类最初的爱就是这样一场相遇。人们在外部世界找回了自己在子宫内经历过的水乳交融般的熟悉感。这便是弗洛伊德谈到的“欲望的幻觉”，也是行为学家所说的早期记忆的浮现。新生儿对感官享受的追求其实表现了一种爱的能力，这与那些寻找客体以便投射自我的人们所具备的能力别无二致。

---

① 参见《诞生之前的生命》和《意义的诞生》两章。

② KAKAR S. , MUNDLER ROSS J. (1987), *op. cit.*

弃婴和缺乏母爱的孩子会重复同一套行为：一番求而不得的找寻之后，他们会表现出绝望，随后是感情上的漠然。这些没能得到爱的孩子也没能获得安全感的基础，因而无法开启对世界的探索。这些试图建立依恋关系的孩子找不到任何可与之建立联系的对象，同时他们又太小，无法靠自己解决问题。于是他们将自己蜷缩起来，重复那些以自我为中心的行为，比如摇晃身体、手淫、吮吸手指或者揪自己的头发，然后就是缩成一团，肚子朝下，将臀部露在外面。

就算能活下来，他们也将终生背负着爱的缺失给他们留下的痕迹，感情缺失是他们无法逃脱的命运。在学校里，他们会采取一种想象的情感策略："如果牺牲我自己，就能赢得别人的喜爱，因为他们不可能只是因为我是我而爱我*。"这种牺牲的渴望使他们的受欢迎程度远远超过了那些被正常爱着的孩子。"牺牲自己的感觉简直太棒了，人们会特别爱我。"

不久以后，他们会遇到一个渴望美好爱情的伴侣："我想让他做什么他就做什么，他是那么地爱我，以至于我觉得他很懦弱*。"为了让伴侣得到幸福，也为了让自己被爱，这个二十来岁的年轻男人将要献出自己。于是他的全部生活都将围绕妻子展开，然后必然会在四十来岁的时候遭遇严重的人格解体焦虑。

当最初的爱成为情感的牢笼，孩子就无法很好地征服自己的世界。与所爱对象的交融夺走了他自身的意义。他感知到的永远只有母亲，而不是母亲的周遭。他的世界坍缩成过于浓重的爱，仿佛永远都在蜜月期……直到甜蜜让他感到恶心，直到他恼羞成怒地发现自己无法在别处生活，他就会开始憎恨他深爱的那个人，指责那人没有给自己足够的力量离开："你根本没教我如何为生活奋斗……你只是把我圈在你身边……我恨你，可没有你我没法活下去*……"

儿童需要爱才能对世界产生兴趣，随后爱要死去，儿童才能具备完整人格，才能得到教育。也就是说，爱必须死去才能引导儿童走出自我。没有爱，事物就无法获得意义。可是假如爱永不熄灭，儿童也永远无法独立。

幸而在六个月大时，客体的悲剧就开始了。婴儿的神经系统发育成熟，能够看见母亲，而不再仅仅是感知母亲。快感不再由母子二人的身体接触引发，让人感觉到爱情的各种感官刺激也不再是快感的来源。如果说此前是身体的接触给婴儿带来了心醉神迷的感觉，那么此后能够对婴儿产生刺激的就变成了惊讶和诧异的感觉。母亲不再与婴儿相互交融、不分彼此，而变成了婴儿为之感到好奇并进行探索的对象。婴儿开始喜欢啃咬、舔舐母亲，目的是尝尝母亲的味道，通过嘴巴更好地观察母亲，或是通过眼睛将母亲看个究竟。婴儿开始详细地认识母亲的外表、颜色，将手指放进母亲的嘴巴、鼻子、耳朵或是眼睛，去探索母亲身上的孔洞。

在爱的包围中度过头几个月后，探索、攀爬、拥抱、啃咬带来的快感开始出现。婴儿要探索母亲这个逐渐疏远的客体。对婴儿来说，母亲成为一个与他十分亲近却不同于自我的个体。于是婴儿要探索客体的反应，学习如何与客体协同配合。

情感不再融为一体，依恋关系开始建立。关系意味着一定的距离，且建立在两个亲近但不同的个体之间。爱恨冲突在这一时期同时显现，孩子会啃咬和敲打所爱之人。婴儿承受着这个体形庞大的女人的力量。这个女人将意愿赋予他，尊敬的宝宝陛下。

只有人格出现混乱的人才能重新感受到这种情感，因为这样的人依然停留在孩童阶段，青春期的动荡摧毁了他们得以确定自身位置的坐标系，于是他们生命历程的发展遭遇了障碍。

幸好，如今我们知晓了全部困难，也知道了我们在人格发展的模糊时刻习得爱的能力。我们具备的感受力可以让他者通过我们自身的缝隙进入自我的世界。

那么爱情产生的时刻有什么用呢？这个通常是病理性的奇怪阶段到底有什么功能呢？

我们刚刚描述了婴儿向全世界敞开，第一次感受到爱的过程。处在这个时期的婴儿简直就是“摇篮中的接收器[1]”，对爱高度敏感。再往后，等到自我逐渐成形，婴儿的爱也渐渐平息。稍大一点的孩子会观察并学习自己熟悉的世界。等到了青春期，激素的喷发和对未来的焦虑——所谓“未来冲击[2]”——会引发少年人的动荡不安，此时的青少年会重新感受到那种渴望寻找客体的感情。

神经生物学家发现了一种名为“血管活性肠肽”（VIP）的物质，它由肠道分泌，一些口腔活动，例如接吻和进食可以促进其分泌。血管活性肠肽可以作用于人体大脑，引起阴茎勃起。整个作用过程非常神奇，不过能够说明恋爱状态在多大程度上有助于我们向世界打开内在自我。这一活动发生在人体生长发育的特定阶段。青春期大量分泌的激素可以向大脑发出警报，从而唤醒类似此前被麻痹的“摇篮中的接收器”。

在这一敏感时期，人体的生长发育经历剧烈的动荡，激素、神经递质，甚至是异相睡眠都参与共同作用，让青少年更加易于与爱情客体相互适应。人们知道异相睡眠时间的延长可以促进大脑的学习[3]。新生儿能够通过长时间的异相睡眠获得强大的快速学习能力，从而与母亲周围的世界相互适应。而恋爱状态能够延长快速睡眠和深度睡眠的时长，从而激活某种与新生儿时期类似的能力。

---

① SPITZ R. (1968), *De la naissance à la parole. La première année de la vie*, *op. cit.*

② SCHWOB M. (1984), *De l'amour plein la tête*, Hachette.

③ HARTMANN E. (1970), *Biologie du rêve: incorporation des stimulis externes dans les rêves*, Dessart, p. 269.

当爱情逐渐褪去，依恋关系的第一缕丝线早已经开始编织缔结，“文明对爱情的驯化使得性客体的重要性被全面贬低”，弗洛伊德已经揭示了爱情的消亡如何诞生出情感的连接。

爱情的客体不是某个具体的人，而是一个局部的、强烈的感官客体。这样的客体诞生于高度敏感的接收者与将要被其渗透的客体之间的相遇。

依恋关系的客体会让爱情的炽火“冷淡褪去”，同时也会让人们发现一个真正的人，然后与这个人在日常生活中缔结一种真实的、无意识的连接。

所以人们先是陷入爱情，之后当爱情渐渐消退，就会在所爱之人身上发现真实。人们对所爱之人展开的探索，就像婴儿结束被爱包围、被爱占领的状态后对母亲展开的探索。

所以人们先是陷入爱情，之后从爱中走出来，与对方建立依恋关系。

爱情在生物学意义上的作用就在于启动依恋关系的缔结。爱情这种感觉能够创造一段敏感期，在这段时间里，机体通过在自己身上留下他者的印记而变得异常容易与他者结合相融。

关于印记的故事始于一队小鸭子。这则科学界的传奇故事讲的是，康拉德·劳伦兹有一次想要观察小鸭子的孵化，于是他在鸭蛋旁边守了二十四个小时，期间昏昏沉沉地差点睡过去。等到所有小鸭子都破壳以后，他也十分疲倦了，于是决定回家休息。就在这时，所有小鸭子都排成一列跟在他身后往外走。于是他不得不把小鸭子们一只一只捡起来，重新放回母鸭身边。然而他一走远，小鸭子们就叽叽喳喳地尖叫起来，非要依偎在劳伦兹的小腿旁边才能安静下来。

这则故事在很多书里都出现过，很多时候都会被概括地讲出来。而劳伦兹自己的讲述倒没那么科学严谨，反而充满温情。“我还是个孩子的时候，多瑙河的沼泽就像是一片无人涉足的森林，长满了芦苇、灯芯草和低矮灌木。我和我的好朋友葛蕾特尔（Gretl）经常在里面玩。我们发现成年鸭子见到我们都避之唯恐不及，而刚出生的小鸭子却会到处跟着我们。我们赶鸭子玩，小鸭子追着我们玩，它们倒是挺懂规矩①。”

童年记忆给劳伦兹留下了深刻的印象，当时他还不知道自己以后会把科研生涯的大部分时间和精力贡献给这个问题，也不知道自己的这个发现会让全世界数百名科研工作者为之付出努力。

在八十多岁的时候，他还说：“我认为人们将毕生的努力投向何处往往是由童年时的经历决定的。毕竟，这就是印记的本质②。”劳伦兹将自己对小鸭的观察转变成了科学研究的对象。因此，科研对象的选择并不那么中立客观，毕竟在这位研究者自己的童年经历中，能够发现他后来研究的主题。

行为学界同僚用更严谨的方法步骤对劳伦兹的发现进行了更深入的观察和研究。其实通过朴素的直接观察已经可以发现，雏鸟总会跟在母亲身后，当障碍物出现或路线错误导致它们与母亲分开时，雏鸟就会发出尖锐的叫声，表示自己遇到困难、需要解救。对于鸟类来说，雏鸟通常在出生后几小时内就能学会辨认母亲，之后在母亲每次移动时都紧随其后。

进行朴素观察的方式本身就已经可以帮助我们提出一系列问题了。首先我说雏鸟“学会”，雏鸟是真的进行了一项学习活动，还是说这种行为没经过学习就能自然发生？其次我写的是“辨认母亲”，从理论上来看，这种说法意味着我认为在来自环境的所有信息中，母亲构成了一

① NISBETT A.（1979），*Konrad Lorenz*，*op. cit.*

② *Ibid.*

种具有优先地位的信息形式。最后，我简单地观察到雏鸟“在母亲每次移动时都紧随其后”，这句话本身就点明了一项行为，让观察者能够通过实验进行控制。

万事俱备，只待展开一场实验性观察。

1935 年，康拉德·劳伦兹发表了自己关于情感印记的实验，引发了强烈反响。当时占据知识界主流地位的实验心理学认为，学习的方式仅限于巴甫洛夫的经典条件反射理论和桑代克的试误说。世界大战前的政治环境中，右派知识分子相信天赋论，而左派思想家则大多相信知识能够通过后天习得。劳伦兹发表的观点对于平息当时的争论并没起到什么作用。

最有说服力的实验是劳伦兹的一位学生完成的①。观察者会在小鸭刚一出生时就将它们抓走放在一只柳条筐里，将小鸭与母鸭隔离开来。在实验室的中间，观察者用透明玻璃建了一条类似自行车赛道的环形管道，在环道中央建了一段轨道，上面放着一只用塑料做成的假鸭子。塑料鸭子可以在轨道上任意移动。在小鸭破壳后，每隔一小时，观察者就将一只小鸭放进透明环形管道，并且移动中央轨道上的塑料鸭子，然后观察小鸭的反应，记录小鸭的移动路线，生成相应的统计曲线。

人们发现，直到出生后第十三个小时以前，小鸭的反应都是随机的。小鸭可能会跟着塑料鸭子移动，也可能抛下塑料鸭子不管，甚至有可能朝着与塑料鸭子移动方向相反的方向跑动，或是干脆原地不动。这说明不了任何问题。

但在出生后的第十三个小时到第十六个小时之间，人们发现了完全无法用偶然来解释的现象：无论塑料鸭子的移动方向和速度如何，90%

---

① HESS E. H. (1959), «Imprinting, an Effect of Early Experience», *Science*, n° 130, pp. 133–141.

的小鸭都会跟随它移动；要是实验人员不去移动塑料鸭子，那小鸭也待在它附近一动不动；要是实验人员给塑料鸭子加速，那小鸭也会立刻跟上去。

出生第十七个小时以后，小鸭跟随塑料鸭子移动的情况越来越少；从第三十个小时开始，小鸭的移动又会重新变成完全随机的现象。

劳伦兹和葛蕾特尔童年时期完成的朴素观察开始变得有模有样，并且向人们提出了一系列棘手的问题：小鸭在与客体的第一次相遇中就能习得将持续终生的行为。这样的习得过程只需要简单的生物学发育就能完成。只要留下情感印记的客体与主体之间（塑料鸭子与小鸭之间）的相遇发生在关键时期，也就是出生后第十三个小时到第十六个小时之间就行。这一过程与任何常见的学习形式，例如条件反射，都无关。只需要在动物生长发育过程中的某个关键时期给予它适当的刺激，就能让动物彻底获得某种行为。劳伦兹当时就是这么认为的。

实验还可以根据人们的需要改变各种变量。自然情况下，给主体留下情感印记的客体是母亲，因为一系列生物学反应决定了母亲会在那个时间出现在那里。但是人们也可以将母亲换掉，无论是用塑料做的还是纸板做的鸭子，或是一颗钢珠、一只毛绒小熊还是一辆小拖车，只要客体能在主体的敏感时期被感知到。

任何客体都能为主体留下情感印记。但如果主体并不处在这段敏感期，那任何客体都不能为主体留下情感印记①。

既然行为学观察将时间因素引入生物学，那就可以继续观察这些被不同客体留下情感印记的主体随后的发展。这样的观察可以证明，在生

① 敏感期发生的一切改变都能改变联系的形式。小猫会改变玩耍的方式，不太经常依偎在母亲身边，不怎么对母亲的刺激做出回应。OHAYON M.，MILLET Y.，CAULET M.，CYRULNIK B.，FADY J.-C. *et alii*（1988），*Attachment and Paradoxical Sleep*：*Effect of Antidepressant Drugs*，*congrès de neuropsychopharmacologie*，Munich，août。

命早期留下的情感印记能够在很长时间以后，例如青春期，引导主体对性客体做出选择。

小时候被一只玩具熊留下情感印记的小鸭子，以后会向这只玩具熊做出求偶行为，而对身边其他各方面条件都很合适的鸭子无动于衷。

关于情感印记的观察和实验数不胜数，劳伦兹不得不做出更具体的推断。小鸭子的敏感期时间非常短，但哺乳动物的敏感期相对来说更长一些：狗和猫的敏感期有几个星期，猴子有几个月，而人类的敏感期可以长达几年。敏感期的生物学基础在于大脑的神经发育，这或许是因为大脑能够分泌一种促进记忆的名为乙酰胆碱酯酶的物质①，也可能是因为人类大脑神经元的芽状组织在二十五岁以前会一直保持生长②。实际上老年人的神经元突触也会长出芽状组织③，也就是说，一个人尽管年事已高，大脑功能已经开始退化，但其神经元依旧具有可塑性。

小鸭接受情感印记的关键时期仅持续三个小时，因而这个时期对小鸭来说也不是那么关键。一些研究者为了凸显关键时期的关键性，提出了敏感期的概念。如今的研究者觉得，“对事物有很高的接受度”这种表述稀释了“印记”的概念，更适合用来描述人类。

对动物进行的控制变量实验数不胜数，人们可以用不同种类的客体对动物主体留下情感印记，例如动物母亲、雄性、同伴、住所、食物、声音、颜色或是各种各样数不胜数的形状。人们还可以利用某种化学物质抑制动物的敏感期，从而发现受到抑制的动物不会再被环境中的客体留下印记。相反还可以通过将动物与能够留下情感印记的客体隔离来提高动物的敏感性。动物与客体相遇之前的隔离能大大提高动物的敏感

---

① CHAPOUTHIER G. (1987), «Des molécules pour la mémoire», *La Recherche*, n° 192, octobre.

② CHANGEUX J. P., *L'Homme neuronal*, *op. cit*.

③ HAW J. -J. (1980), Colloque de gérontopsychiatrie, Marseille.

性，使动物与客体之间产生更加紧密的联系！

尽管每进行一项观察就能提出一个相应的临床问题，但还是可以从这些百科全书式的观察中总结出一个大致观点：生物体感知到周围环境中的某些要素，然后根据自身的遗传特点、生理发育阶段以及此前的生命发展历程，接受环境中某要素留下的情感印记。情感客体于是在生物体身上留下某种印记，从此，环境中带有这一印记的各种信息形式对生物体来说就具有了特殊意义。当生活在一定环境中、精神世界留有一定印记的主体遇到相应的外部客体时，主体就会通过表现出一系列行为来建立亲子关系或是在一段时间以后建立性关系，就好像我们之前提到的案例中，母亲会在孩子的内心写入孩子未来的性偏好。印记事件使得大脑具备一种能力，能够与外界具有特殊意义的客体建立联系。

主体遇到的第一个客体就是母亲，母亲赋予主体建立亲子关系的能力，使主体能够跟随母亲、模仿母亲、熟悉母亲。过段时间，主体就能够通过与同伴玩一些有社会分化和性别分化的游戏来锻炼这种能力①。再过一段时间，母亲在主体的精神世界留下的印记就能影响主体对性对象的选择、婚姻关系的组建，以及随之而来的一切后果。

印记这一概念仍然有待进一步阐释，不同物种、生命历程不同的个体的印记都有所不同。

不过总的来说，无论是亲子关系也好，性偏好也罢，印记都能够构建关系。

"关键期这个概念有很强的理论色彩②。"就算人们现在更喜欢用"敏感期"或"高接受度"这样的术语，也必须承认，所有生物体在生长发育中都会经历一个特殊时期。生物体在这一时期的所有经历都会留

---

① PETERSEN A. F., GARRIGUES P., ROQUEFEUIL G. de (1984), *Le Jeu en tant que résolution de problèmes chez l'amiral et l'enfant*, E. S. F.

② DORÉ F. Y. (1983), *L'Apprentissage: une approche psycho-éthologique*, Montréal-Maloine.

下持久的影响。印记也给生物体带来了束缚。在这种束缚之下，环境会将生物体导向同一类型的反应。因此，印记也限制了生物学上的可能性。但印记的缺失又会使得生物体的成长发育无法完成。没有印记比印记本身对自由带来的束缚更大，因为生物体一旦没有印记，就无法融入自己所处的环境，无法经历发展演变。

这个观点可以通过社会隔离实验得到印证。被观察的动物要在自然环境中被正常抚养至敏感期，然后在敏感期被隔离起来。实验只在敏感期禁止动物获得社会化刺激，随后动物会被放归群体。于是人们发现，剥夺印记会扰乱动物的成长发育过程。实验动物无法再与母亲建立联系，不再紧紧跟随母亲，对母亲的呼唤不理不睬，也无法与留下印记的客体协同配合。实验动物会将自己封闭起来，停止生长发育，它们难以完成社会化过程，不与同伴玩耍，甚至躲避或者攻击同伴。任何事件都会立刻引起动物的自我攻击反应。

将自己孤立起来的小动物无法理解游戏中的保持距离、后退、相对化等行为，简言之，它对一切都很当真。它真的会与同伴作战，然后感到绝望和被孤立。它无法完成社会化，无法执行与其他动物协调配合的仪式，之后也无法开展性游戏，自然也无法使自己的“欲望”与同伴的欲望协调一致①。

当接受客体的情感印记时，动物也会适应外界，学习如何辨认某一具有重要意义的类别，如何趋向该类别，如何与该类别保持同步。而当个体没有被留下印记时，唯一能被辨认的客体就是自己，因此个体的一切行为都会指向自己。有时候可能是会带来快感的行为，比方说摇晃身体、深呼吸或是手淫。但有时候个体也会将一切强烈的情绪都引向他自

---

① SACKETT R. P. (1972), « Isolation Rearing in Monkeys », in *Modèles animaux du comportement humain*, C. N. R. S.

己。离群索居的动物常常攻击、撕咬自己，其他动物试图与它建立联系时，它还会用脑袋撞击墙壁。

动物敏感期经历的短时间隔离就足以增加这些自我攻击行为的发生频率①。

这一时期机体的高接受度似乎是基因编码的结果，因为每个物种的表现都有所不同，而除了生物钟的基因编码以外，动物以往的经历和环境因素都会影响它在这一时期的接受度。在个体数量比较庞大的群体中长大的小鸡或小鸭对父母的情感印记表现得不那么敏感。要想验证这一点只需要在敏感期到来以前压缩鸡群或鸭群的生活空间，并且在其中放入更多小鸡和小鸭，让兄弟姐妹们都生活在一起。人们很快就会观察到，小鸡和小鸭对母亲情感印记的反应变得不那么明显。小鸭可能会尾随或模仿同伴，对母亲的出现无动于衷。那么与此相反，在刺激没那么强烈的环境中长大的小鸟身上有着父母留下的十分明显的情感印记。对于来自母亲的信息，哪怕是最微不足道的信息，这些小鸟也会做出强烈的反应。

这一切就好像是作为接收器的机体只留了一个可以接受印记的空位。

关于敏感期的结束还有一个重要的理论问题。在这一时期之前，动物对大量可能的客体都保持开放状态，而一旦接受印记，动物就会只对这个客体产生熟悉感，并从此建立起一个结构化的世界。动物会随时随地跟随这个客体，凝视它、谛听它、嗅闻它、模仿它，在它身边才能感到平静。对于人类婴儿来说，最直接的好处就是很容易学东西，毕竟婴儿对来自客体的一切都保持极高的专注度和接受度。另一个直接好处就

① ANDERSON J.，CHAMOVE A. S. (1985)，«Early Social Experience and the Development of Self-Agression in Monkeys»，*Biology of Behaviour*，n° 10，pp. 147–157.

是印记客体的镇静安抚作用，来自这个客体的一切都是那么亲切、熟悉，婴儿能够通过行为回应客体，也能根据客体调整自己的行为。因此，所有不是来自这个客体的事物都变得令人担忧，因为婴儿在成长过程中没有学会如何回应不熟悉的事物。这也解释了为什么在敏感期以前婴儿没有任何焦虑的表现，不会叫嚷哭闹，不会发生情绪性腹泻，会本能地趋向所有对其产生刺激的客体。而敏感期到来以后，婴儿的成长发展都根据印记客体展开。因此婴儿开始变得挑剔，会区分自己熟悉的事物和不熟悉的事物。

从这一成长阶段起，婴儿开始出现焦虑的表现：可能会尖声哭闹、心悸抽搐、情绪性腹泻，也可能会坐立不安，甚至猝倒。印记客体消失导致的肌肉绵软无力会使婴儿无法进行正常的成长发育。

自印记阶段起，世界的分类便开始清晰起来。婴儿在一个熟悉的世界中成长。这个世界的范围不大，甚至很有限，但能够使婴儿感到安宁平静，而在一个不熟悉的、开放的、令人焦虑不安的世界里，婴儿则无法顺利地成长。

与客体的融合适应能够帮助婴儿对世界进行归类，在一定程度上也能帮助婴儿学习世界的规则。一旦生物体对情感印记客体产生熟悉感，就会得到安全感，从而能够开始其他活动。如果这个客体消失，生物体就会感到胆怯惊慌，从而停止探索活动。

情感印记也可以解释不同物种对待情感缺失的反应何以如此不同。狼的情感印记通常十分强烈清晰。印记往往由拥有特权和统治地位的个体做出，例如狼群的头领或是某个人类。一旦出现情感缺失，就会引发灾难性的后果。假如头领消失，狼的精神世界会陷入彻底的空虚，因为印记赋予了头领独一无二的情感意义。

而豺的情感印记敏感期相当长，能够产生情感印记的客体也非常多。豺通常与群体而非个体建立情感联系。如果头领消失，还有很多豺可以替代这只头领。这就解释了为什么在豺群当中，情感缺失造成的反应远远没有狼群的反应那么强烈，狼对情感缺失做出的反应可以激烈到任由自己死去。

这一系列观察显示，害怕和失去的观念并非由客体产生，而是取决于主体①。“显而易见的推理”会认为主体感到害怕是因为客体令人感到害怕，或者主体感到痛苦是因为他失去了自己所爱的客体。而行为学的推理方式却认为恰恰相反：主体感到害怕是因为主体已经习惯适应了一个客体范畴，而目前遭遇的客体对主体来说十分陌生。

因此可以说害怕、爱或失去的感觉都是主体内心世界发生改变的结果。不再像机械反应论所认为的那样，一个原因导致一个结果，客体令主体感到害怕，而是主体将客体分类为陌生客体并因此感到害怕，因为在此前主体习惯适应和感到熟悉的是属于另一类的客体。

因此，主体在害怕、爱和失去这些感觉中具有主观创造性，而不是像人们通常以为的那样，只能被动地做出反应：他变得胆怯惊慌是因为有一条狗让他感到害怕……他变成了罪犯是因为他毫无情感，诸如此类。

不过这种内在的改变其实源自另一种生物概念：人们不再能够将生物学看作发生在身体内部、与外界无关的代谢过程。生物学现在应该被理解为一种身体内部发生调节以适应外界影响从而产生某种能力的代谢过程。

接收者不再是被动地做出反应，而是成了参与者。留下情感印记的客体也不再像人们从前认为的那样是随机的。要想渗入主体，就必须产生某种影响。当接收者正处在敏感期，能够接收影响时，影响才能成为刺激接收者并产生事件感觉的动因。有时恰恰相反，正是重复出现才造

① DORÉ F. Y. (1983), *L'Apprentissage*, *op. cit.*

成了客体的永恒性，客体因为始终存在才最终没有错过主体的敏感期，才能成功渗入主体并留下印记。

实验人员通过用微弱闪烁的灯光照射固定不动的物体来营造一种感官上的事件，这时小鸭子就会对这个从背景中凸显出来、看起来有特殊意义的客体变得专注和敏感，并且会依偎在这个物体旁边，慢慢平静下来，然后开始探索周围的世界。从这时起，当小鸭子再遇到任何能够对它产生刺激但不熟悉的物体时，行为就会受到抑制，变得惊慌失措。

每个感官交流渠道都有各自的印记客体：视觉客体，例如面孔、颜色、亮度；嗅觉客体；触觉客体；热量客体；重量客体或是声音客体，例如哭闹、言语。

总而言之，客体要在能够被接收的时刻给主体留下印象，从而成为被主体适应、吸收、内化的印记客体。印记客体一旦形成，主体就能够进入周遭环境，成为一个独立的个体。

“印记客体—被印记主体”的结构可以被认为是在相互作用，并且产生了一种交叉的生物学，使得主体具有了嵌入环境的可能性。

对出生时就发育完全的动物来说，基因编码决定了它们一出生就停止成长发育，因此它们是无法被印记的。它们生活在一个外界生态影响与体内生物规律完美衔接的世界中。动物对环境刺激做出回应，熟悉适应环境刺激，否则就会死亡。要想适应环境，只需要对外界信息做出反应。而它们不会吸收这些信息，将其内化为自己的一部分。动物和环境之间没有结构性的创造，只有对刺激的简单回应。水母只是处理某些基本信息，例如光线亮度和海水盐浓度，然后通过行为进行回应以适应环境。它们会根据这些刺激朝一个方向或另一个方向游动，将自己收拢得紧一点或者没那么紧。蜱虫用钳子把自己挂在低矮的树枝上，一旦感知到丁酸分子就松开钳子，这样就会掉落在狗的皮肤上，因为狗的皮脂腺会分泌这种酸。这些生物是环境的一部分，它们的行为取决于某些生物学信号。如果生态环境发生改变，海水盐浓度也发生变化，那么所有水母都会对这一刺激做出反应，然后受到盐浓度的吸引，最终搁浅晒干在海边。

而一旦接收印记，将世界分成熟悉的客体和不熟悉的刺激，小鸭就能控制自己的反应。它们会向熟悉的客体寻求庇护，逃离引发焦虑的客体。从鸟类开始，情感印记使得环境能够得到生物学的阐释。个体化的开端由此产生：小鸭通过将自己的世界结构化，从而得以稍稍逃过那么一点生物刺激带来的直接后果。

要想将眼光放得更长远一些，还有一个办法就是观察情感印记在个人生命史中的变化。从 20 世纪 50 年代起，劳伦兹就提出，亲子关系的情感印记可以决定人们的性偏好。

最初的观察就是一些奇闻轶事，就像符号学的研究过程中经常发生的那样。一头小羚羊在童年时期被迫与同伴分离，被一个人类喂养长大。饲养员对小羚羊来说具有很强的吸引力，小羚羊在饲养员身边也表现出明显的喜悦，总是跟着饲养员走来走去。亲子关系的情感印记正如人们预料到的一样发挥作用。不过几年之后，当这头羚羊第一次进入发情期时，它对来自同伴的刺激无动于衷，反而试图与饲养员交配。

劳伦兹也讲过他亲手喂养乌鸦的故事。乌鸦完全浸润在劳伦兹带来的情感印记中，以至于成年后对其他雌鸟不理不睬，反而更喜欢在劳伦兹的手掌前面做出各种求偶炫耀行为。所有养鹦鹉的人也都能重复这个实验，可以观察到他们的鹦鹉在自己觊觎的人类手掌前面炫耀求偶、支起羽毛、盘旋打转。

还有一项著名的将鸭子培养成同性恋的实验[1]。实验人员养了三只雄性美洲木鸭，它们处在敏感期时被迫待在一起。这三只鸭子用情感印记浸润彼此，随着年龄增长，三只鸭子开始追求彼此，都试图将对方赶到窝里与之交配。这一实验证明情感印记的确会支配性偏好："情感印记期过去七年后，它们依旧共同生活在一起，尽管期间出现过无数只雌鸭。"被鸭子留下情感印记的小鸡成年后会追求鸭子，会跟着鸭子一起下水。一只钻石斑鸠爱上一只长尾鸭，一条母狗爱上一只母猫，一匹马爱一头母驴爱得发狂，这些实验都证明情感印记的确会支配性偏好。

现在终于可以解释我们人类的性倒错现象了！

并不是说简单的想法就一定是错误的。简单的想法就只是简单而已。而且我也没听说过有哪个复杂的问题被简单明了地提出以后会变得更加复杂！

不过情感印记现象确实会发生变化：随着季节的更替，人们发现美洲木鸭的同性恋现象有所减少，而来亨鸡就不符合这一规律，寒鸦在一定环境下也会忘记自己热恋的对象。终于，通过一场又一场实验，人们发现亲子情感印记也并非不可逆转，性偏好也会根据不同物种和情感印记的不同条件发生变化。

在这一系列尝试中，还有一条规律是不变的，那就是所有生物体都有多种多样的感受性，且无论敏感程度的高低，都存在对环境中事件的敏感期。这种感受性使得生物体能够将印记客体内化，并与之建立情感关系。情感关系的缔结是生物体成长发育过程中的重要一环，帮助生物体围绕熟悉的、能够带来安宁感的那一类客体建构世界。这样的客体与陌生的、会带来焦虑感的客体截然不同。

---

① SCHUTZ F. (1965 B), «Homosexualität und Prägung», bei *Enten. Psycho. Forschg.*, 28, pp. 439–463.

令这一切变得复杂的点在于，儿童的情感印记客体是一个成年人，并且是一个能够思考的生物！当儿童引发父母的某些行为时，成年人可以感知到来自儿童的刺激，也能从思维上意识到自己感知到了这些刺激。这种思维反应能够改变成年人的行为反应，而成年人的行为反应又会反过来改变儿童的反应。

能够对思想的内容本身进行思考是一项惊人的能力。动物也是可以懂得一些事情的，它们会根据图像、气味或声音认识一个没有言语的世界。可是动物也会对思考方式本身进行思考吗？

动物遇到陌生的形状、感兴趣的气味或是不熟悉的动作时也会感到惊讶，可它们会想到要去思考自己感到惊讶的方式吗？

人类的特征之一是能够进行远距离符号表征活动，也就是说，就算某物并不在眼前，人类也能就一个象征该物的符号系统进行阐释。而动物的符号学活动却是即时性的。一只小羊羔能够启动母亲的某项母性行为，让母亲开始舔舐自己，在它身上留下气味。通过这种方式，双方可以开启情感的螺旋式互动。只要阻断双方的嗅觉交流（或声音交流，或触觉交流），就能扰乱双方的情感连接，中断两者间的螺旋式互动。

人类也不得不服从这种生物学螺旋规律，就像人们在人类的早期互动中观察到的那样。但人类的远距离符号表征能力能够极大地改善人类的认知世界。

人类的思维方式几乎总是从计划、欲望，信仰这三个方面出发解释人类的行为。其中，信仰这一因素尤其具有说服力，在很大程度上决定了人类命运。信仰可以分为内部信仰和外部信仰①。

相信命运由外部力量掌控的人往往从事社会底层的工作，需要服从

---

① DUBOIS N. (1987), *La Psychologie de contrôle*, Presses Universitaires de Grenoble.

于另外一些人的意见和想法。而相信自我决定论的人会在内心对自身存在方式进行选择，他们往往身处一些需要承担责任的位置，生活也会更加自由，较少服从于社会限制。

我们从内部信仰和外部信仰的概念出发，去观察一些母亲在听到宝宝哭闹时做出的行为反应。已知宝宝哭闹的声音结构能够传达某种情绪，会引起母亲做出相应的行为反应①。我们设置了两组观察对象：一组是宝宝和他们有着外部信仰的母亲，另一组是宝宝和他们有着内部信仰的母亲。当宝宝不可避免地哭闹起来时，我们会观察母亲的行为反应，从母亲“触摸宝宝”和“对宝宝说话”这两方面对母亲的行为进行分析。

当宝宝哭闹时，有着外部信仰的母亲在接触宝宝（包括抚摸、轻拍、将宝宝抱入怀中、给宝宝奶瓶等动作）之前会经历一段长时间的潜伏期。做这些动作的同时，母亲也很少对宝宝说话。

而在有着内部信仰的母亲那一组，这些相信命运自我决定论的妈妈对宝宝哭闹做出回应的速度要快很多，接触宝宝的次数多得多，而且对宝宝说的话也多得多②。

我们的思维方式会改变自身的行为方式，也会改变宝宝的认知世界。在人人都相信外部决定论的环境中，宝宝会在一个情感更淡漠的环境中成长，母亲对哭闹婴儿的照护行为比较单薄，很少有言语互动。而在一个人人都相信自我决定论的环境中，人们相信自己可以决定自己的生活，相信自由，生活在这样一个环境中的宝宝会有更热情的感官体验，接收到更多更亲近的接触，听觉、嗅觉和视觉刺激会促进宝宝的行

---

① 参见《意义的诞生》一章。

② Observation inspirée par SHERMAN L. W. (1984), «Development of Children's Perceptions of Internal Locus of Control. A Cross Sectional and Longitudinal Analysis», *Journal of Personality*, n° 52, pp. 338-354.

为发展和代谢活动[1]。

因此人类的情感印记客体有着感官上的形式，这也取决于人类看待自己的方式。

此类观察能够让我们了解到，人类可以进行远距离的符号表征，而动物的符号表征只能在近处进行。同时还揭示，动物遵循长期决定论，而人类遵循较短期限内的决定论。

人类能进行远距离符号表征是因为语言能够传达情绪、表达思想、指代某个不在场的对象。而动物的符号表征要求指代对象就在附近，这样才能刺激动物开始进行交流活动。

因此动物的行为由一系列直接刺激决定，缺失其中任何一环都会导致灾难性的后果。例如只要阻断母羊和小羊之间的沟通渠道就能彻底摧毁二者间的情感连接。与宝宝分离的人类母亲也会遭遇类似的感官障碍，母子间情感连接的建立也会遭遇困难。但人类母亲只需要想到自己是母亲这件事，就能在重新将宝宝抱在怀里时摸索着再次建立感官连接，因为母亲就是这样想的。后续的观察发现，所有分离都会扰乱母子间的互动，重逢时刻总是显得笨拙。母亲常常做出过多干预，或者完全相反，过于谨慎，好像十分局促不安。而宝宝则通常十分渴望被爱，重逢时刻可能会表现得极具侵略性，也可能会无动于衷。不过最常见的情况是，只需要几个小时、几天或者几星期，母子间就能重新建立和谐融洽的关系。

分离并不会阻碍敏感期的到来，敏感期的任何薄弱环节都有可能发展成人们的性格弱点。这就是为什么人们经常能够在受虐待儿童的过往

---

① 跨文化行为学将文化决定因素引入对这些日常小行为的观察当中，使得该项观察极大地相对化。STORK H.（1989），*Enfances indiennes*，Le Centurion。

经历中发现长时间的母子分离①。

大多数儿童都能在几天之内修复分离带来的精神创伤。不过假如分离造成了睡眠紊乱或是进食障碍，母亲就会按照自己的方式对这些症状进行阐释，有可能导致母子的螺旋式互动存在长期关系障碍，这也暴露了母亲无意识中的弱点。

接下来我想通过语言学习的例子和“斯德哥尔摩综合征”的例子来分别解释基因敏感性和生存敏感性这两个概念。

三个月大的宝宝不可能流利地讲话，也不可能会唱歌剧《托斯卡》或是能够批评拉康。能力的发展需要一定时间。要想教会小孩说自己的母语，让一个婴儿重复发音、背单词、向他解释句法是行不通的。不过，语言习得过程可以在几个月的时间里以惊人的速度发展。小孩不用学习就能会说母语。

无论文化背景和所处地域，儿童的语言能力都会经历相同的发展过程。大约在十五个月大时，婴儿会开始尝试说话。这时的婴儿已经初步掌握了语音语调，但还不能正确地组织语音。到了十八个月大时，婴儿开始能够用两三个词来表达一件物品、物品的品质以及物品的所有者：“漂破帽啊我（我的漂亮帽子）。”等到四岁时儿童就可以流利地讲话了。其实在三十个月大时，儿童就已经掌握了母语的全部奥秘，熟悉语音语调，掌握一定词汇和句式，这让他在此后的一生中都能够用正确的发音讲话，当然还是会带有他所在地方的口音。两岁大的儿童就能够运用词汇、表达、委婉语，以及文化背景在几个世纪的时间里塑造的语言规则和规则之外的例外。

儿童这种特殊的语言能力会在二十到三十个月之间表现出来。在这

---

① FAHLBERG V. (1981), *Attachment and Separation*, practice 5, Londres, British Agence for Adoption and Fostering.

期间儿童能够取得非同寻常的学习成果。无论儿童说何种语言——亚洲的还是欧洲的，无论父母的阶层地位——克勒兹省的农民还是毕业于国立行政学院的巴黎高管，儿童的生长发育到了特定阶段，这一天赋异禀的时期一定会出现。

无论肤色或文化，全世界儿童的语言能力都是一样的。语言的发生也经历相同的发展阶段。但父母的阶层地位确实会刺激或者放慢儿童的学习进度。到了该上学的年龄，“统治阶级”的孩子在语言方面的表现确实会明显优于“劳动人民”的孩子。

这些观察结果表明，从生物学角度来看，基因编码决定了人类确实有一段时间的敏感期，这让人类能够在生长发育的某一特定时期学会某种语言。不过环境中的某些因素会增强这种能力，而另外一些因素则会抑制这种能力，以至于尽管孩子们都有同样的语言学习能力，却可能在语言表现方面存在巨大差异。

导致语言表现差异的力量往往通过成年人的身体语言发挥作用，例如成年人的动作、反应、声音等，这些身体语言会以感官交流的方式改变成年人思想的具体表达。

语言能力的敏感期取决于儿童大脑发育的程度。这一规律普遍适用于所有儿童，这是因为语言能力的敏感期是人类染色体遗传性状表达的一部分，但这样的表达也会受到儿童个人经历及其所处环境中各因素的影响。

人类语言现象的发生与小鸭接受情感印记的过程一样，也是一系列生物、心理和互动因素产生作用的结果。但人类语言现象毕竟不是小鸭接受情感印记，毕竟小鸭不会说话。只不过二者遵循普遍的生物学规律，那就是处在敏感期的有机体与能够留下印记的客体相遇，从而唤起人类的基因表达。

必须通过实验才能印证上述猜想，但相关实验会违背人类伦理道德，因此不能开展。要想进行实验，就必须将实验儿童分成几组，在他们成长发育的不同阶段，在长达二十多个月的时间里剥夺他们的语言。比方说选一百名儿童作为实验对象，从他们出生到两岁大的时间里禁止成年人跟他们说话；之后再选一组儿童，在他们一到三岁期间禁止成年人跟他们说话；接着再选一组儿童，在他们两到四岁期间禁止成年人跟他们说话；依此类推，然后观察这样做会给儿童的生长发育带来什么样的障碍。

这样的实验方法完全不可取，但无论如何还是有人进行过类似的实验。公元前 7 世纪，古埃及法老普萨美提克一世（Psammétique Ier）曾经让山羊抚养人类新生儿，可是今天人们无从得知这一实验的结果。不过到了 12 世纪，巴巴罗萨（Barberousse）的孙子弗雷德里克二世（Frédéric II）曾经买下几名新生儿，试图将他们培养成不会说话因而能够保守秘密的贴身护卫。“他也想通过实验得知，如果这些孩子在成长过程中不跟任何人说话，那他们最后会说哪种语言或方言。于是他命令女仆和奶妈给婴儿喂奶，允许婴儿吮吸乳房，给婴儿洗澡清洁，但不能用任何方式哄孩子，也不能同他们说话。他想看看到最后这些孩子会不会说希伯来语，因为希伯来语被认为是最早的语言；或者看他们会不会说希腊语、拉丁语或阿拉伯语；还是说这些孩子最终会说他们父母的母语，也就是他们出生时的环境里人们说的语言。不过他的努力全都付诸东流，因为这些孩子，或者说婴儿，最后全都夭折了①。”

野孩子的案例也很难说明问题，因为人们不知道他们为什么被抛弃，也不了解他们的成长环境。他们究竟是因为智力迟钝被抛弃，还是因为被抛弃所以才智力迟钝，我们无从得知。如今人们也不怎么研究这个问题，因为要解决的问题太庞杂了，无法进行有条理、成系统的分

① DUBY G.（1979），*L'Europe au Moyen Age*，Flammarion.

析。不过在印度有一个叫卡玛拉（Kamala）的小女孩，八岁被人们发现时还不会说话。她后来和一名传教士一起生活了十年①，最终能听懂很多指令，但也只学会了说很有限的几个词。

临床案例或许可以代替实验方法提供一些信息，尽管不是那么严谨，却至少值得关注。伊莎贝拉（Isabelle）的母亲是聋哑人，在完全与社会隔离的环境中将她抚养至六岁半，而伊莎贝拉在育儿中心度过两年后就能很好地说话了。

先天失聪的儿童在本应该习得语言的阶段无法获得这种语言能力，但通过专门学习发声也能经历与正常儿童相似的语言能力发展过程。学习的过程当然很辛苦，发音和句子的语调也很混乱，就像人们在长大后学习外语时说的话那样。但不管怎么说，这些孩子的语言能力……直到十五岁以前都是有可能恢复的②。

当大脑左颞叶③由于肿瘤或事故受损时，人就不再能说话，也无法听懂别人的话。临床案例中曾经有十五名左颞叶受损的儿童，研究人员从这些孩子失去语言能力并重新开始学习语言的那一刻起开始跟踪记录他们的情况。年龄最小的几个孩子用二到三年的时间重新学会了正确地使用语言。八到十岁大的孩子重新学习语言的成效并不太好，他们的词汇量很小，句法能力很弱，发音也不太准确。十二岁以后失去语言能力的孩子没能重新掌握语言。

这项临床观察证实，敏感性会随事件的变化而变化；不过同时也说明，人类的敏感期并不像动物的敏感期那么严格刻板。这项观察向敏感期的概念中引入了可塑性概念。人类的可塑性是惊人的，直至高龄依然拥有大脑的可塑性。个体的可塑性决定了个体始终是可以被改变的。至

① SINGH J. A. L. et ZINGG R. M. (1980), *L'Homme en friche*, éd. Complexe.

② VETTER J. (1972), *Langage et maladies mentales*, E. S. F., p. 54

③ HECAEN H. (1977), «Le Cerveau et le langage», in *La Recherche en neurologie*, Seuil.

于文化的可塑性，那就更大了，甚至可以说文化唯一不变的特征就是文化的多变性!

然而一起关乎生死存亡的事件也有可能重新激活敏感期。

被称为“斯德哥尔摩综合征①”的情况可以为我们理解这一概念提供近似实验的场景。

1970年8月23日这个星期四，位于斯德哥尔摩的瑞典信贷银行像往常一样开门营业。然而在10时15分，一阵冲锋枪射击震惊了整个世界：两名劫匪试图实施抢劫，却以失败告终。警方很快将他们定位，并包围了银行，用冲锋枪向内射击。于是两名劫匪向银行内的人质展开了一轮劫持事件中常见的心理攻势。

首先，被吓坏了的人质慢慢发现劫匪并没有真的对他们造成伤害。除了他们手中的武器，这两名劫匪实际上也没那么吓人。接着，他们之间又达成了一条令人特别放心的约定：只要不动就不会受到伤害。规则十分简单。

对峙持续了五天之久，在这期间，由两名劫匪和四名人质组成的小团体不得不分享银行里的空间、座位、食物，还要解决各自的生理需求。在五天四夜的时间里，人质可以充分观察、接触劫匪，有机会发现这两个不速之客不为人知的一面。他们发现这两名劫匪一贫如洗，勇气可嘉，甚至超越凡人，因为他们至少敢于打破庸常麻木的生活。他们实施抢劫的行为动机变得很好理解。这两名不速之客给四名受害者带来了一种事件感，让他们感到有什么东西正在被打破，又有什么东西正在被重建。

---

① BIGOT T. et BORNSTEIN S. J. (1988), « Schème paradoxal de comportement lors de prises d'otages (syndrome de Stockholm) », *Annales de psychiatrie*, vol. 3, n° 3.

真正的威胁来自银行外面。因为外面的警察在不断地用高音喇叭制造噪声，用警车前灯和话语威胁制造焦虑。

故事讲到这里，情绪状态已经十分明显了：人质更喜欢劫匪所代表的那个陌生的、振奋人心的世界。这个小团体觉得自己被外界秩序的力量包围，并受到威胁。从第一天起，人质就站到了劫匪那一边。“他们（指警察）的狙击手让大家都陷入危险之中……我们完全信任这两个人（指劫匪）。”人质在电话中如是说。甚至还有一名人质出来作证：“幸好有这两名劫匪保护我们不受警方伤害。”

五天之后，劫匪缴械投降，人质们自愿先从银行里走出来，好保护劫匪不受伤害，以免警方再做些什么“蠢事”。庭审阶段，人质也拒绝出庭指证绑架犯。他们甚至还解释自己对两名绑架犯的感激之情，认为这两个人“尽管面临巨大困难，还是让人质们活了下来”。一名女性人质离了婚，目的是与其中一名劫匪结婚。最令人吃惊的是，该事件中的人质对边缘群体在态度和情感上的转变维持了很久：直到事发十五年后，该案中的人质还依然前往监狱探望当年对他们实施绑架的人。

自 1970 年起，这样的行为和情感就不断重复上演。我曾听过人质的解释。要想让一个成年人发生如此突然又持久的转变，需要三个方面共同发生作用才能催生如此强大的情感力量：首先要有一组突然被剥夺人格的人质，其次要有一组能够被发现人性的劫匪，最后还要有一组以重建秩序为目的向他们施压、试图让他们重新正常化的人。

在这样的三角形局面中，紧急约谈已经没什么意义了，至少不会比口袋里的支票簿更有意义。人质会服从劫匪的任何决定，因为劫匪随随便便就能杀掉人质，不管是因为人质的头动了一下还是人质想上厕所。

死亡迫近的感觉引起了情绪上的彻底昏厥，不过只需要几秒钟就能重新建立起一个稳定状态。新的稳定状态中，人质会承认他的统治者拥有绝对权力。两人之间的互动由此开始。绑架者不需要表现得粗暴或是不讲理，他只需要表现得坚决果断、令人放心就可以了。绑架者必须制定生存规则：“如果你们这样做就不会有事。”被统治者的意识已经完全被统治者俘获，从而产生强烈的放心感。

被统治者的高度专注对于提高其对事件的接受度十分有利。而统治者所具备的镇静安抚功能和引起强烈感受的功能恰恰是印记客体的特征。

这种解释得到了许多人质的确认。他们谈到，自己多年来从未停止过对绑架者的思念：白天有时候会看到酷似绑架者的人，到了晚上梦里全是这些令他们感到安心的歹徒。

被情感印记的主体与印记客体之间形成了一种爱情般的印记关系，对于双方来说，这个世界封闭紧密、完美无瑕。他们互相填满彼此内心的空隙，而纠缠不休的警察则会撕碎这个世界。显然，社会总是阻挡爱情故事的发展，总要向其中引入现实和规范。

人质从此会认为危险来自警察和社会，因为警察和社会无视人质与劫匪之间达成的约定，而人质对这项约定感到十分放心，因为他觉得自己与这个动人的男子之间形成了某种连接，他发现了劫匪的行为动机，并且这个动机完全是出于人道主义的！愚蠢的警察、秩序的邪恶力量、压抑的日常生活都会来打破人质与劫匪之间的神秘联系，因此危险来自外部。

如果劫匪表现得十分粗暴，就会阻碍情感关系建立，受害者会采取退缩性行为，而不会尝试理解劫匪。如果劫匪不讲道理，或是精神错乱，结果也是一样的。这时在受害者与加害者之间形成的关系就与斯德哥尔摩综合征的情况完全不同。

有些人质会表现出逃避行为，具体来说就是昏睡、疾病、情绪性腹泻或失去意识；另一些则完全不会让自己被情感浸润。但总体来说，也最让人惊讶的，是与斯德哥尔摩案件相似的案例居然会反复出现。

1985年12月19日，在南特（Nantes）法院，整个巡回法庭内的人被三名暴徒劫为人质，受害者纷纷为劫匪提供援助："我们相信他们，相对来说我们更害怕警察……"一名法学生还让劫匪头目给他的刑法典亲笔题词①；在场的律师也被感动，认为劫匪的罪行可被从轻处置，同时还引用阿尔贝·加缪（Albert Camus）《反抗者》（*L'Homme Révolté*）中的话："幽默和嘲笑是绝望者的奢侈品②。"

埃姆佩恩男爵③也曾满怀崇敬地讲述绑架者如何剁掉他的小手指：绑架者没有任何外科医学知识，但一下子就找准了关节，下刀干脆利落，几乎没让他感觉到任何疼痛。男爵不禁感叹这个出身平民阶级的男人表现得多么灵巧、多么冷静！与之相反，从绑架事件的一开始，男爵就感到自己受到来自警察的威胁，后者用一连串的问题对他纠缠不休。他觉得妻子也瞧不起他，因为妻子刚刚发现了他在婚姻生活中的不检点行为。

此类事件带来的改变往往是持久的。多年以后，"受害者"们还会联合起来为绑架者辩护，让人们了解绑架者的想法，满足绑架者的需要，甚至还会与绑架者结婚……英国大使杰夫里·杰克逊（Geoffrey Jackson）阁下后来加入了曾经绑架他的乌拉圭游击队图帕马罗斯（Tupamaros）。帕特里西娅·赫斯特（Patricia Hearst）青少年时期遭遇绑架，从此接受各种各样的爱情经历，也十分拥护绑架者信奉的恐怖主义，还袭击了自己的家人④。

一系列数据表明，强烈的情绪能够在主体身上创造一个接受度很高

---

① Communication personnelle: Pr BESANÇON, lors du Colloque L'Agressivité, Paris, 1988.

② LOGEART A., in Le Monde, 27 février 1985.

③ Baron EMPAIN (1985), La Vie en jeu, J.-C. Lattès.

④ SKURNIK N., (1988), «Le Syndrome de Stockholm (Essai d'étude de ses critères)», *Annales Med. Psycho.*, nos 1-2.

的时刻，十分易于印记客体进入。接收者和印记者因此可以相遇并与彼此建立情感连接。

一见钟情的爱人、受到神启的信徒，还有因为某些事件陷入迷狂状态的集体，向我们证明的都是这同一件事。

如何结成伴侣

动物行为学要向鱼致以谢意。

刺鱼这种背部有刺的淡水鱼在人们对雄性求偶行为的研究中功不可没，因为它在授精期会变成红色。雄性刺鱼一旦用水草建好窝以后，就会开始“跳舞”。这会对经过此地的雌性刺鱼产生很强的吸引力，因为激素会使雌鱼对颜色和运动特别敏感。雌鱼会像丢了魂一样尾随雄鱼，任由雄鱼将自己引入巢中。在那儿，雄鱼会一边跳舞一边摩擦着雌鱼的腹部游来游去，直到雌鱼排出鱼卵，雄鱼就会立刻将精液浇洒在卵上。如此这般经历三条雌鱼之后，筋疲力尽的雄鱼会平静下来，然后开始“晾晒”鱼卵，具体做法就是用胸鳍轻轻移动它们[①]。

此处没必要再赘述蚕蛾的求偶方式，在任何一本自然科学课本上都能找到相关描述[②]。蚕蛾的求偶行为证明了性的力量有多强大：一旦雌性气味分子的一百亿分之一被雄性感知到，雄蚕蛾就会像雷达一样开始定位，然后笔直地飞往正在几公里开外散发气味的雌性。

昆虫的求偶现象十分迷人。观察萤火虫的好处在于可以同时提出神经学和认识论的问题。雌萤火虫的腹部能够分泌一种名为荧光素的物质，这种物质在一定条件下可以发光。当雌萤火虫的神经发育成熟，生态环境也适于发生性接触时，它的大脑就会分泌荧光酶。这种酶会将荧光素氧化，从而让荧光素发出磷光。

雄萤火虫的头部长有巨大的复眼，对这种发磷光的荧光素的波长十分敏感。在雄性萤火虫看来，这样的荧光具有极强的“色情”意味，它很容易被该信息刺激。

人们观察到的昆虫求偶行为有助于了解昆虫神经系统的构造。通过观察求偶行为，人们能够理解哪些行为才是被观察生物体的自然行为。因此可以这样说：告诉我你是怎么追求异性的，我就能说出你是如何被构成的。

从这个角度来看，我们也完全可以描述鳕鱼的求偶行为，当然换成鳟鱼、红点鲑鱼，甚至蟾蜍的求偶行为也完全没有问题。雄蟾蜍会发出有特定强度和节奏的叫声，同时摆动脑袋，这样就能催眠雌蟾蜍，接着雄蟾蜍就可以用它长满胼胝的足趾爬到雌性蟾蜍宽阔的后背上。

通过快速浏览不同物种的性行为，可以发现求偶行为有着惊人的必要性，就算是进行体外受精的物种也要发起求偶行为；就算是像蜗牛一样的雌雄同体生物，同一个体本身就具有两种性别，它们也要对自己发起求偶行为。

可以认为求偶行为的生物学功能就在于让身体做好准备并协同雌雄两性个体的欲望。蛇通过感官信息进入这种状态，例如颜色、温度或姿势。感官信息能够催眠可以接收到相同信息的同类。雄眼镜王蛇会盘绕在雌性周围，然后用头部摩擦雌性的头部，等雌眼镜王蛇受到足够的刺激，就会改变姿势以便暴露自己的泄殖腔，雄眼镜王蛇便会将一对生殖器中的一个插入泄殖腔。

对于臭虫（半翅目臭虫科）③ 来说，雄臭虫会将雌臭虫背部的甲壳钻开一个孔，向其中注入精液，后者随血液循环到达雌臭虫的子宫。其实这种性暴力很没必要，因为雌臭虫是有阴道的，但它们的阴道从来都派不上用场。

---

① EIBL-EIBESFELDT I. (1972), *Éthologie. Biologie du comportement*, *op. cit.*

② RUFFIÉ J. (1985), *Le Vivant et l'humain*, Le Centurion.

③ CARRAYON J. (1964), «Les Aberrations sexuelles «normalisées» de certains hémiptères Cimicoïdea», in *Psychiatrie animale*, Desclée de Brouwer, pp. 283–294.

昆虫和低等脊椎动物的性行为总是耐人寻味，因为这些行为的形式千奇百怪，很多都令人意想不到。

生存方式不同，求偶行为也会发生相应改变。蛇往往受到温度的吸引，通过触碰产生刺激[①]。蛇的神经系统决定了它对于哪怕最细微的温度变化也会十分敏感，因此它经常需要用头挖掘地面，将头伸进地下或水中，用头部进行触碰、感觉、“触摸”，因此蛇也会用头部求偶。

蜥蜴则恰恰相反，它们生活在地表之上，大脑对颜色和速度的变化十分敏感。蜥蜴求偶行为中最常用到的感官交流方式就是雄性身体的华丽颜色和雌性的逃跑行为。

鸟类的神经系统让它们对于声音、视觉和姿态信息有着很强的感知能力，因此鸟类通过歌声、羽毛的颜色和舞蹈实现求偶行为。

用到这一系列行为（声音、颜色、动作）的场景数不胜数。鸳鸯在求偶时会先展开一侧的翅膀，然后再展开另一侧。雄鸳鸯绕着自己心仪的雌鸳鸯游来游去，向它展示自己三角区上那赏心悦目的橘红色羽毛——这一区域通常被藏在翅膀底下，因而十分私密。

动物的求偶行为是一场真正的生物学“对话”，其中的信息载体并不是词语，而是外形、声音、颜色和姿势，交谈者也能很好地“回应”这些信息。

也许在语言出现之前，至关重要的符号学早就已经存在于生物界当中了。

向对方提供食物也是常见的求偶行为之一。也正因如此，我才能和波克罗勒岛上散步的游客们一起见证生物行为中象征符号的诞生过程。我甚至还拍到过一张信号鱼的照片！当时那条信号鱼被一只小燕鸥衔在

---

① RUFFIÉ J. (1985), *Le Vivant et l'humain*, *op. cit.*

嘴里。人们更习惯把这种鸟称为“小海鸥”，实际上这是一种海燕，有着纤细的白色燕尾，头上像是戴了一顶黑色的风帽，就算天气晴好也始终戴着。到了五月份，雄燕鸥性欲高涨，此时它会去捉一条鱼，然后急匆匆奔向雌燕鸥，而后者这时一般会一边逃跑一边发出叫声。几番徒劳无功的尝试后，雄性的一系列炫耀行为、叫声、运动，还有被当时处境激发又被口中的鱼鼓胀的情绪，最终也会引起雌燕鸥的性欲。雌燕鸥一开始会“小心翼翼”地碰一碰雄燕鸥嘴里的鱼，随后将鱼夺过来。如果雌燕鸥将鱼吞下，就说明这条鱼对它来说只是一条鱼而已，是一种食物。这时雄燕鸥就可以结束求偶表演、谢幕退场了。不过要是雌燕鸥将鱼夺过来后并没有吞下，而是横着将鱼衔在口中，那就说明雌燕鸥赋予了这条鱼一种食物以外的功能，在这种情况下，燕鸥口中的鱼就变成了一条信号鱼。

当雌燕鸥摆出头颈后缩、将鱼横着衔在口中的姿势时，其实是在发出某种信号，它将自己的内心状态用物质信息传递出来。它这是在通知雄燕鸥可以进入下一环节了。雄燕鸥一旦接收到这个信号，就会逐渐缩小自己绕雌燕鸥盘旋的范围，最终与之完成交配。

燕鸥对特定意义的掌握，以及将性功能赋予食物的做法，使得符号由此诞生。此时作为食物的鱼也拥有了一种性意涵。两只燕鸥之所以能够完成意义的赋予，是因为它们有着共同的经历：它们童年时期肯定学过如何将鱼从父母口中接过来。这条鱼因此具备了多重含义，燕鸥的经历和当下的语境赋予了口中的鱼多种意义。鱼可能意味着“这是食物”，但也有可能意味着“这个食物是由另一个与你有着依恋关系的生物提供的，它给你提供食物，不会对你产生任何敌意。如果你将这条鱼横着衔在嘴里，同时缩回头颈，以免引起对方的担忧，那么这种姿态下，这条鱼就‘意味着’你们已经准备好了建立感情、彼此靠近、发生身体接触，就像你们的父母把鱼带回巢中给你们吃那样”。一个实在的物体因此具备了来自两只燕鸥以往经历的意义。

布谷鸟的符号系统用到的象征物是蜥蜴。雄鸟会将一只蜥蜴衔在口中，不过布谷鸟的文化是交配后再将这只蜥蜴送给雌鸟。

小石子、草叶、木棍、反刍的食物还有其他一些东西都可以被用来向同伴表示自己准备好了与之建立性关系。

在波克罗勒岛的麦田里，或是在土伦的垃圾堆上，会有雌海鸥向雄海鸥发起求偶行为。为了接近心仪的雄性，雌海鸥会表现出幼鸟的情态：蹲下身体，头颈回缩，同时发出极尖细的、类似幼鸟乞食的叫声。被迷住的雄海鸥就会将食物反刍给雌海鸥，还会在口中衔一条预先消化过的鱼。这样就意味着雌海鸥可以再靠近一点，可以采取交配姿势。

物体一旦具有了意义，动物便不再会将这样的物体当作物理意义上的对象来感知。此时物体的重量、数量、温度和颜色都包含独一无二的信息。这些物体具有意义功能，但要想获得符号价值，物体还必须在表意双方的生命历程中都出现过，并且在双方的大脑结构中留下痕迹。

雄翠鸟会将有颜色的塑料片送给雌翠鸟，这倒不是说塑料本身能够刺激雌翠鸟的性欲，而是塑料片上鲜艳的颜色可以刺激雌翠鸟。生物意义上的快感被唤醒，雌翠鸟的“欲望”就可以与已经做好准备的雄翠鸟协同配合。但雄翠鸟也不是随便用什么东西就能刺激到雌翠鸟，只有那些与愉悦情绪相关的物体才具备这样的色情含义。这种刺激带来的愉悦感建立在神经层面的刺激（颜色、气味）之上，同时也需要引发历史刺激，比方说动物对于某个和自己有感情的生物带来的一条鱼或是一只蜥蜴的记忆。

历史经历与神经功能一道，共同创造意义。

那么别人为什么“有点东西”，为什么能让我们为之着迷，能让我们在注视对方、倾听对方、感受对方的时候获得愉悦？诱惑其实是通过感官传递的，通过眼睛、耳朵或是鼻子。这些感官诱惑渠道构成了人类使用的身体符号。

当人们发现自己在化妆打扮、衣物珠宝上投入了数量不可思议的金钱、时间和技术时，便会觉得这一切努力肯定具有某种意义，能够实现某种功能。

短暂的装饰，比方说化妆，往脸颊上扑粉、涂点唇彩就可以快速从外表上改变我们的精神气色。更换衣物、佩戴珠宝、出门前喷洒香水，也反映了我们想要引起他人别样情绪的意图，类似给人留下“那天晚上”的印象。两性交往与社交活动的形式不同，意思是“别再穿得像是还要去工作一样，该打扮一下换换形象了”。不过这种改变只是暂时的。几小时之后，香水的味道差不多挥发干净，裙子变得皱皱巴巴，妆也开始花了，社交场合的诱惑力也只能维持几个小时罢了。

另外一些装饰维持的时间会更久一些，比方说头发、脸上的毛发、阴茎护具、腰带、耳环或者鼻钉等等。这些物品的稳定性决定了它们的语义功能可以经历更加持久的社会化过程。

毛发的语义学功能总是具有强烈的政治色彩。

头发的每一次变化都意味着社会化功能的改变。假如在一个环境中留短发才是恰当得体的，而有人却任由头发生长，那么这样的毛发语言就意味着一种反抗既定规则的意图。因此对于毛发长度的变化，教会的反应总是很强烈。更何况毛发还能表达性意味。天然生长的女性头发可以长到很长，可以从头顶一直长到小腿。而男性则往往是脸部、肩部和身体多毛发。不过没有哪种文化会允许毛发自然生长。长久以来，毛发始终被编码，被性别化和社会化。人类需要一眼看出对方的性别。由于不方便像哺乳动物和还不会说话的小孩子那样直接暴露生殖器，人类必须通过某种替代物——衣着或毛发——来指代自己被精心掩藏起来的解剖学性别。

人类通过适应一定文化环境的体毛和具有一定内涵的头发对彼此间的沟通交流进行编码，从而实现社会化。如果我把两侧的头发剃掉，把中间那一道头发染成紫色，就可以用这种方式表明我想融入某个少数派群体，最好还是个反文化的少数派群体。

拿破仑三世禁止留胡子的做法没什么问题，因为在 1850 年至 1870 年间，人们通过留络腮胡的方式表示自己反对那些留着山羊胡和鬓角胡的“小拿破仑主义者”。朱尔·瓦莱斯（Jules Vallès）就曾因自己的胡须有所指而被投入监狱。

在中世纪基督教背景下，女人们天然飘逸的长发象征着她们想要表达的肉欲本质和与生俱来的女性特征，这种动物般的毛发和女性耻骨上的毛发是一样的。当时的社会显然领悟到了女性毛发的含义，并将其解读为邪恶企图的表达，因此女性必须将头发藏在头巾或者兜帽里面。到了伊丽莎白时代，人们开始用一种更加文明的替代物来取代这种充满兽性的含义，那就是假发。毛发的含义变得高尚起来，因此可以用人们能够接受的方式被表达出来。

后来文明的演进让假发变得极具象征意味，到了路易十四时期，甚至还具有了某种社会价值。假发的样子越威严华贵，越能象征佩戴假发之人的财富地位，因为只有有钱人才买得起五十厘米长的“通心粉”①，而有钱人的妻子则要戴八十厘米长的假发②。

当装饰变成永久性的，就象征着某种严苛的社会秩序，比方说在皮肤上留下特定疤痕、打磨牙齿、拉长脖子；或者进行某些会对人体造成损伤的仪式，比如包皮环切、割礼或切割阴蒂③，这种伤害性的仪式意味着某种社会的融入许可。如果禁止这些仪式，强行施加西方法律，就

① 一种假发。——译者

② MORRIS D.（1978），*La Clé des gestes*，Grasset.

③ *Ibid.*

会剥夺相应文化中个体的性吸引力，使他们被整个文化孤立。因此最好是尝试改变整个族群的文化，向他们提出能够保证两性结合的其他方式，比如拿出一部分金钱或是设置某种考验①。

我们已经了解了动物的毛发和羽毛所具备的性功能和社会功能，人类头发的故事又从人类的物品、技术和社会规则的角度重新讲述了一遍毛发所具备的功能。

身体和服饰简直就是性地位和社会地位的告示牌。女人戴的帽子、穿的鞋子让人一眼就能得知她会如何刺激男人的性欲：一位戴着长手套的夫人头上风格矫饰的帽子，和一位双手通红的姑娘头上土气的头巾，或是穿着粗制皮鞋的女人头上那顶山里人常戴的便帽，三者在性意味方面的差异一目了然。

男人也用同样的方式彰显自己的性地位和社会地位。新几内亚原住民佩戴的阴茎护具就能十分有效地显示佩戴者的社会地位。护具通常是一根五十厘米长的管状物，朝向正前方，用一根植物纤维编成的细绳固定在腰上。平时佩戴的护具不需要什么装饰，风格简单平淡；节日时佩戴的护具可能会被装点一番，比方说被拧成螺旋状，涂上鲜艳的颜色。阴茎护具表达了一种好勇善斗的品格。

欧洲人也会这么干。勃鲁盖尔（Brueghel）曾在画中细致描画过被精心装饰的男裤前开口部位，人们在这里装上纽扣，好将硬币塞在里面。“钱包”这个词指的就是衣服上的这个部位——既有性意味，又有社会含义②。最近很多年轻人喜欢用漂白水浸泡蓝色牛仔裤的这个部位，从而让此处褪色，以便突出强调。

---

① GARAPON A. (1987), «La Culture dangereuse», *Le Groupe familial*, n° 114, I.

② 在法语中，“钱包”（bourses）一词还可以表示“阴囊”。——译者

阴茎护具或是褪色的牛仔裤前部开口本身并不会激发多大的性欲，不过这些服饰符号可以让人们明白应该以何种方式对佩戴这些符号的人施加性刺激。

行为的方式和进度也会影响社会协同过程。

第二次世界大战结束以后，上世纪50年代，美国士兵对欧洲女孩来说具有别样的吸引力。然而最终修成正果的爱情关系却不像人们在调情阶段所预想的那么多，因为这些来自不同大陆的年轻人在求爱时习惯采用的行为顺序不太一样，以至于引发了很多行为上的误解①。

一时间“调情”文化攻占了整个欧洲，因为在美国，要亲一个女孩的嘴唇没什么难的：和她对视几秒，交换一个微笑，或是说上几句话以后就可以了。亲吻嘴唇并不意味着这个女孩一定愿意与亲她的这个人开始一段亲密关系。可是在欧洲，一段求爱过程要进行到比较晚的阶段才会触碰对方的嘴唇，亲密的接吻意味着做出承诺。因此尽管欧洲女孩深受美国年轻人的吸引，却依然觉得他们有些粗暴无礼。她们会将这种过早发生的接吻视为一种唐突的行为，并因此感到不快，从而拒绝美国年轻人的求爱。不同文化背景中对同一求爱行为的不同理解，以及求爱进展节奏的不同步或许可以部分地解释为什么尽管美国人和欧洲人彼此吸引，但真正步入婚姻的人数却少之又少。

穿着、动作、手势或面部表情以及身体上的装饰都在求爱过程中扮演告示牌的角色，上面写着求爱者的性风格、社会阶层等信息。性接触过程中一系列行为标志也解释了为什么性伴侣的选择很少是偶然做出的，或者更准确地说，人们只会在可能成为自己性伴侣的人群之中偶然遇到自己的性伴侣，而这一群人，也就是所谓“合格候选人”的范围其

---

① EYSENCK H. et M. (1985), *L'Esprit nu*, Mercure de France.

实非常有限①。

其实在谈论行为标志以前，首先还得关注到人们所处的生态环境中的限制。很久以来，相遇发生的地理空间都是城镇。从19世纪法国行政区划中的乡村，到20世纪的城市，特定街区的职业和社会分工，以及交通方式的现代化发展，从文化上确定了这些地理空间的范围。

此外，人们的经济地位越高，结婚时间就越晚。工人群体的结婚时间往往比较早。在需要通过很长时间才能取得社会自主权的群体当中，伴侣双方通常也要花很长时间才能相遇。这些社会规约表现在服饰、毛发和行动三方面的行为标志中，比如吻手礼、自我介绍的方式、词汇的选择，以及具有象征意义的引用和句子："某个方面很吸引我。"这些存在于生态环境中的限制控制着伴侣双方的结合。人们总是在具有特定意义的街区或场所相遇，比如贫民窟，富人区，参加者经过严格挑选的夜总会，别致的餐厅，某些运动、艺术或政治场合。这样的地方能让那些有着相同生活方式的人遇见彼此。经常出入这些场所，就更有可能在这些地方遇到拥有相同生活理念的伴侣。

从行为和环境层面就可以看出人们总是与处在同一社会阶层的人结成婚姻关系。人们总是寻找同类，总是被自己的镜像吸引——不过在镜子里，人们看到的只是另外一个性别下的自己罢了。

一系列外表的、智力的和社会的约束导致人们对伴侣的选择其实十分有限。如果只考虑外表因素，就会发现人们总是找和自己身材相仿的人：高个子和高个子，矮个子和矮个子②；人们也会找与自己颜色相似的人：黑发和黑发，金发和金发。

---

① GIRARD A. (1981), *Le Choix du conjoint*, PUF., confirmé par les cahiers de l'I. N. E. D., 1988.

② SUTTER J., 私人交流。

需要注意的是，以上推论都是在群体层面做出的，当然所有人都能举出反例，说自己认识一个身材娇小的女人，嫁给了一个身材高大的男人，一个金发女人嫁给了一个黑发男人。这些少数案例事关个体心理，与“群体”推论无关。

相反人们也会注意到，聋哑人群体中，人们往往与同处该群体的人结婚，听觉迟钝的人和盲人也是一样。此时外表或是物理层面的吸引力拥有了与前述不同的意义。盲人会认为就算孩子是盲人，也有必要将他生下来；而有视力的人如果在产前检查中发现孩子携带致盲基因，则往往会选择终止妊娠。

在选择过程中，还有一些因素比其他因素被更多地加以考虑：智商和受教育水平远比肤色更具有性吸引力。在一个各色人等共同混居的街区，人们发现种族、宗教信仰不同的人彼此通婚的比例很高，黑人和白人、犹太教徒和天主教徒之间都有可能结婚，不过几乎不存在一个 IQ 值高的人和一个 IQ 值低的人结婚的情况①。这就说明人们在选择伴侣时，智力特征远远比外貌特征被更多地考虑，因为我们的生活理念要在思维方式中才能得到最好的表达。

现在我们终于来到了这个男人和女人面对面、社会化程度非常弱的时刻。文明在此刻甚至逐渐隐退，让位于一种我称之为“审美假设”的想象②。

现行世界中美感的重要性向我们提出了一个根本性的问题：美究竟有什么用？

鳟鱼会觉得被自己吞下去的小鱼小虾有种美感吗？我们没办法切身

---

① GIRARD A. (1981), *Le Choix du conjoint*, *op. cit.*

② 详见《性之死》一章。

体会到一条鳟鱼是不是会被小鱼小虾打动，不过无论如何还是可以观察鳟鱼受到鱼饵刺激时的行为表现。我们可以用一片动来动去的羽毛代替一大团鱼虾。只要诱饵能对鳟鱼产生一定的刺激作用，鳟鱼就会做出相应的行为。不过要承认，只有鳟鱼觉得这片羽毛特别具有吸引力，因为它对这片羽毛发出的感官信息特别敏感。诱饵之所以能成为诱饵，正是因为鳟鱼对这一类信息（颜色、运动、闪烁）特别敏感。用今天的话来说，就是鳟鱼的认知过程让它有能力处理这些信息。总之，鳟鱼自然会被诱饵吸引。

令人特别惊讶的是，人类女性也会将自己变成能吸引到男性的诱饵。她们知道该怎样突出强调自己身体上某些具有特殊含义的部位，比方说挺起胸部、用特别能凸显动作的布料遮住髋部、涂口红、涂眼影。其实在所有文化中都能发现这些提升性感程度的小手段。埃及艳后克里奥佩特拉（Cléopâtre）的妆容和今天的女人们画的妆完全一样：眼皮上抹蓝色眼影，嘴唇上涂红色唇膏，脸颊上再扑点腮红。

审美可以激起愉悦的情绪。美感意味着某些外貌特点。在非洲，有教养的女性会在鼻子上穿孔，并认为这样是美的。她们认为西方女性保留鼻软骨的完整性，让鼻子堵着，这说明西方女性无法超越自然规律，维持鼻子的天然状态意味着没有教养。

女性往往受到生活方式的吸引，而男性则受到女性外表的吸引。没人会搞错这一点，因为想要具有吸引力的女人总是精心照料自己的身体，乐于将自己的身体变得更有魅力；而男人如果想在情感市场上占据一席之地，则往往会开出自己的豪车，展示自己获得的社会成就。就这样，行为学意义上的告示牌很好地发挥着作用。

戏剧、电影、小说、舞蹈都展现了审美的情感功能。在那些有着很强的口头传统和宗教传统的地区，人们每天都在通过讲述和舞蹈的方式再现神话。他们不需要小说，也不需要戏剧，因为神话就是他们的日常生活。小说这种创作形式只会出现在神话传统很弱的文化中，因为在这样的文化传统中，能够激起人们强烈情感的主题需要通过文字或是舞台表演才能呈现出来。

时尚具有将某一社会群体的特征审美化的功能[①]。时尚是社会的镜子，是认出对方的迹象，是意义的产物。时尚就像是一种符号，让同一文化背景中的个体能够相互吸引。

衣着符号几乎成了一种语言，对人们的选择施加影响，通过调动审美情绪，让相同文化背景下的个体相互辨认、互相取悦。

人们当然不会跟随便哪个人做爱，不过一旦某些社会信号让两个人相遇，他们就能同步调动起各自的情绪，同时身体上的改变还会表现在完全生物学的层面，比如括约肌张力、海绵体压力、润滑效果、活塞运动、压缩收紧、心动速率等方面的变化。无论我们谈论的哺乳动物有什么样的文化背景，这些变化都是动物受到性刺激的结果。

整个生物学本身并无意义可言，因为生物学规律与我们附加其上的意义无关，我们其实并不知道该如何平衡自己的内耳迷路，不知道如何打开阴茎上的海绵体感受器，也不知道如何才能让阴道开始分泌有润滑作用的黏液。可是一旦纯粹生物层面的反应进入我们的意义系统，生物学就有了意义。这些行为、动作、身体上的图案纹样都变成了能够唤起感官愉悦、进行情感沟通的信号。

我跟那只名叫“弗洛”的年迈母黑猩猩头领很熟[②]。不过从人类的视角而言，我觉得它长得很丑：不仅头顶中间秃了一块，头顶旁边的毛发还稀稀拉拉、根根直竖，绕着它的脸长了一圈，像是戴了一顶愚蠢的

---

① DESCAMPS M. A. (1979), *Psychosociologie de la mode*, PUF.

② GOODALL J. (1971), *Les Chimpanzés et moi*, Stock.

王冠。它的牙还都是栗色或黑色的，上嘴唇过长，肚子圆滚滚的，臀部松弛浮肿，乳头很小或者可以说完全没有。可是那些公黑猩猩都很喜欢它！

这只母黑猩猩的行为标志完全能够唤醒公黑猩猩的感官愉悦，完全能够与它们进行情感沟通。它懂得如何用动作和声音配合受到刺激、焦灼不安的公黑猩猩；它知道要远离那些容易冲动、还没有完成社会化过程、正处在青春期的年轻雄性；它也知道该如何安抚和挑逗那些完成了社会化但情感上不稳定、容易激动的公黑猩猩①。

这些占据主导地位的母黑猩猩可以将追求者们的行为组织调动起来，让它们表现出自己喜欢的那一类性行为。一些生性腼腆的母黑猩猩会接近它们心仪的公黑猩猩，向它们展示自己隆起的粉红色臀部胼胝。公黑猩猩受到引诱，性器官勃起，母黑猩猩这时就会倒退着走过来，坐在公黑猩猩身上。不过很快母黑猩猩会站起来逃远一点。被诱惑的公黑猩猩跟上去，母黑猩猩坐到它身上，随后又站起来逃开；公黑猩猩再跟上去，最终这对伴侣消失在丛林中，过一两天才会重新出现。

另外一些母黑猩猩就不那么挑了，它们发情时会去挑逗所有从附近经过的雄性，并一个接一个地与所有候选者交配。

因此对于黑猩猩来说，性关系的风格完全是由雌性决定的。细腻腼腆的母黑猩猩对每一只伴侣都会重复相同的求偶行为，擅长社交的母黑猩猩则从不表现出害羞腼腆的样子。同一只公黑猩猩在遇到腼腆的母黑猩猩时自己也会变得腼腆，而遇到大方的母黑猩猩时也能在公共场合与之交配。

在人类的爱情邂逅中，追求者从来不会说出自己的感受，换句话

① HRDY B. (1984), *Des Guenons et des femmes*, éd. Tierce.

说，他们从来不会用语言表达自己的感受。女生不太可能会接近一个不知名的男生，然后对他说："先生，我很喜欢您，和我做爱吧。"追求者不能把自己的情感用语言表达出来，因为语言拥有的强大力量能将情感无限放大。这也解释了为什么追求者可以用某些身体信号表达自己的情感，而通过语言表达情感可能会使她失去对整个交流过程的控制。没有身体的参与，语言将会显得十分粗暴直白。

在"无声的语言①"中，那些非言语的符号能够完成即时的感官沟通。这些符号在一定情感发生的背景下发挥作用，传达相应的情感。而语言符号传达的，往往是与不在场的事物、过去或将来的情感相关的信息。

与面对面交流相关的行为学分析可以说明非言语交际如何比语言更好地协调组织人们的欲望。我经常给学生放映两张幻灯片，上面是同一位漂亮女人的脸②。摄影师对其中一张照片进行了修改，用黑色画笔放大了女人的瞳孔。只有我知道哪张照片是被改动过的。我会对学生说："摄影师分别在这个女人想要发生性关系的时刻和她不想发生性关系的时刻拍下了她的脸。你们能指出来哪张照片是在她想要发生性关系的时候被拍下来的吗?"

结果非常明显：通常教室里四分之三的人都会选那张瞳孔经过人工放大的照片。经过放大的瞳孔可以被明确地感知到，这样的瞳孔在无意识中传递了一种饱含性意味的情感。教室里的人不会搞错，无论是男性还是女性都不会搞错。但是没有人能说得上来为什么这张脸看起来就比另外一张脸更加性感。

人体在性欲望刺激下会分泌产生一种类似阿托品的神经递质，这就

① ARGYLE M. (1982), «La Communication par le regard», *La Recherche*, n° 13, p. 132.

② Expérience de HESS E. in MORRIS D. (1978), *La Clé des gestes*, *op. cit*.

是瞳孔放大这一生物信息出现的原因。追求者能够感知到这一信号，然后在无意识中对此进行完全正确的解读：“成了！”

此时两人之间的空间距离就可以开始缩小了。其他交流渠道，例如嗅觉和触觉也能够开始建立。

我们已经知道从一生下来，女孩得到的爱抚就比男孩得到的更多。这种差异会随着年龄的增长逐渐变大。母亲抚摸女孩的频率比抚摸男孩的频率更高，父亲也是如此。不同性别的孩子抚摸父母的方式也会有所不同①。女孩会经常抚摸母亲，却很少抚摸父亲；男孩则很少抚摸父母，他们对待父亲和母亲都一样。男孩子们通常会直接接触母亲身体上性别特征不那么强的部位（肩膀、小臂），随着年龄渐长，男孩也会越来越少地抚摸父亲。

为了记录不同性别的孩子被抚摸的方式，可以做两个玩偶，分别代表男孩和女孩。孩子每一次被抚摸就在相应性别的玩偶身上画一个圆点，几年之后，两个玩偶的着色情况会非常不同。代表女孩的玩偶浑身布满了圆点，其中一些没那么隐私的部位更是被经常触摸、爱抚和亲吻，其他一些部位因为比较隐私，所以没有被频繁地触摸。而代表男孩的玩偶身上的圆点则大多集中在某几个部位，且几个部位之间有一定距离，随着年龄的增长，玩偶身上的着色点颜色也会越来越淡。

生理学家指出抚摸具有镇静安抚的功效②。神经生物学家也成功分离出了人在被抚摸时分泌的天然吗啡和内啡肽分子。这些小小的分子附着在能够接收疼痛信号的脊髓神经元上，使脊髓反射达到饱和，从而阻断疼痛信号的传递。因此抚摸一个摔倒的孩子除了具有情感上的意义，也的确能产生镇痛效果。正因如此，人们也会在磕到膝盖以后揉搓膝

---

① JOURARD S. in EYSENCK H. et M. (1985), *L'esprit nu*, *op. cit.*

② HARLOW H. F. (1972), *Love Created*, *Love Destroyed*, *Love Regained*, *op. cit.*

盖，在牙疼时用手捂着疼痛的部位，这样做能够刺激内啡肽的分泌，使这些分子进入脊髓反射，与疼痛信号展开竞争。

抚摸不仅有安抚和镇痛的效果，还有助于身份建构和思想发展①。

或许这也解释了为什么与男孩不同，经常被抚摸因而安静平和的女孩们总是更早地学会说话，也很少患上忧郁症②。

随着观察实验的积累，一个假设也逐渐成形，那就是和女孩相比，男孩总在一个情感相对匮乏的状态下长大。

一项持续数年的观察用影像记录了咖啡馆中来自不同国家的伴侣的相处方式，最终发现波多黎各伴侣平均每小时触摸对方一百八十次，巴黎伴侣平均每小时一百一十次，而伦敦伴侣则是零次。

分析恋爱相处模式时，一个常用的理论就是，当另一个人出现在我们能够感知到的范围内时，会引起两种相反的感觉：一种是被吸引，另一种是感到担忧。

于是可以在交谈中观察，交谈双方之间的亲近感如何在“因离开对方而产生的孤独感”和“因靠近对方而产生的焦虑感”之间找到一个“舒适”点。

实验人员将两把椅子隔开一定距离摆好，向交谈双方提供一沓照片，好让他们开始交谈。实验者会在较远处对交谈过程进行录像，然后慢速播放，对交谈者的一系列行为进行分析。这个再自然不过的场景中涌现出大量信息。实验人员将两把椅子摆得越近，交谈双方对视的次数就越少。如果交谈双方性别相同，那么对视会更容易发生。当两把椅子之间相距三米时，同性别的交谈者在交谈过程中发生对视的时间占交谈总时长的 72%。而当两把椅子之间相距六十厘米时，交谈者在交谈过程

---

① ANZIEU D. (1985), *De la peau à la pensée*, Clancier-Guénaud.

② Colloque de psychiatrie militaire, *Post-adolescence et société* (1989), hôpital Laveran, Marseille, janvier.

中发生对视的时间只有总时长的50%。如果交谈双方性别不同，那么对视时间就会更少：相距三米时对视时长占交谈总时长的58%，相距六十厘米时对视时间仅占总时长的30%。

这一无意识的举动可以说明“距离太近时避免眼神接触可以减轻被入侵的感觉①”。当然渴望得到这种入侵感的恋人就算在两个人距离很近时也会维持眼神接触，因为爱情的浸润往往最先是从眼神开始的。

不过在咖啡馆里，对距离很近的说话者保持眼神接触有可能会取得并不想要的效果。身体紧挨着身体，这要么是打斗中的场面，要么是爱情中的场面。咖啡馆是激烈情绪发生交换的地方。为了平息这种被入侵感，还是转开视线为妙。

这种无声的语言当然也可以用其他方式进行表达。身体周围的空间和辖域遭到入侵的主体会将身体向后仰，将头扭到一边，眼睛盯着私人空间以外的某处细节。我们也可以通过搔头、用手指遮挡口部，在自己周围竖起一道围栏；也可以假装打扮，比方说摸头发或是鼻子；点烟的动作也是一种移动，可以平息被过近的距离激发的焦虑感。

这项最初的观察实验也引发了许多其他实验，发现当人们与亲密朋友交谈时很少会盯着对方看，就好像两个人之间的关系已经很亲密了，几乎到了不知羞耻的地步，因此无法再承受由注视施加的情感了。

与此相反，两把椅子之间的距离越远，交谈者微笑的次数越少。这并不是说椅子本身对引发微笑有多么重要的作用，而是两把互相靠近的椅子引发的亲近感会让人产生一种焦虑不安的感觉，只有通过微笑来吸引侵犯者才能缓解这种焦虑。

这些椅子让我们明白，如此渴望的亲密感同样也会令我们感到焦虑。

---

① ARGYLE M.(1982), «La Communication par le regard», *art. cit.*, p. 132.

如果一个孩子没办法平息这种焦虑感以享受亲密感带来的快乐，那他就会由于情感障碍而表现出某些典型行为：“我总是伤害那些我爱的人，因为亲密感总会令我感到焦虑。对于那些我不认识、情感上与我并不亲近的人，我总是表现得很友好*。”

穿着打扮、毛发皮肤上有各种装饰的诱饵充当着行为标志物的角色，参与动物群体和人类伴侣的结合过程。

从鳟鱼到人类，在对动物求偶行为进行比较的时候可以发现有一点是不变的，那就是诱饵的出现始终是求偶行为的基础。在现实中，诱饵的真实性其实没有那么重要。刺鱼总是情不自禁地在一切腹部鼓胀的雌刺鱼面前做出求偶炫耀行为。如果雌鱼的腹部是因为充满鱼卵才鼓胀，雄鱼反复摩擦雌鱼的腹部，直到后者排出卵包，人类观察者会觉得这是十分自然的现象。但假如雌鱼的腹部是因为感染了病毒才鼓胀，雄鱼还是会去反复摩擦雌鱼的腹部，这时人类观察者就会觉得雄鱼的行为很愚蠢，甚至很恶心。就这样，我们的阐释成了我们观察世界的方法之一。

而雄刺鱼只不过是看到了一个圆形的事物，并受到该事物的刺激从而开始求偶行为。

很多情况下雄性动物会在激素作用下拥有鲜艳的外表，这是一种性别特征。而这样的性信息可以刺激靠近这一团鲜艳色彩的雌性动物。雄巨蜥就是如此。这种体形巨大的亚洲蜥蜴身体两侧会出现巨大的蓝色带状条纹，这一标志说明雄巨蜥已经发育至性成熟阶段，对灰色雌巨蜥来说，这种外表具有很强的吸引力。

我想以动物的性诱饵为例来说明人类的问题，算是用自然界打个比方吧。

自然界中最著名的性诱饵案例发生在巨蚊（empis）中间。巨蚊主要孳生在淡水中，食肉。雌巨蚊的体形要比雄性体形大上一百倍，因此如果雄蚊从正面对雌蚊展开求偶行为的话，会被当作小飞虫一口吞掉。于是雄蚊想了别的办法。它们会先去捉一只小飞蝇，然后分泌一层类似蚕茧的东西，将小飞蝇包裹起来，茧上留有足够的洞眼，好让雌蚊能够发现里面的飞蝇。雌蚊对这件小礼物非常感兴趣，就会试图扯开外面的丝线，而雄蚊就可以趁虚而入了。

一些相邻物种的雄性也会做这样的礼物包装，甚至不需要往里面放飞蝇。雌性需要“拆开包礼物的丝线”，如果是以求偶为目的，这一招也同样管用①。

我跟人讲起这则小故事的时候总能逗乐听故事的人。这让我想到，淡水蚊子的故事之所以能在我们当中引起这么大的共鸣，正是因为蚊子的行为让我们想起自己也曾经使用过这种性诱饵。用动物打比方讲的其实是我们自己的企图。年轻女孩某天晚上偷偷把妈妈的皮衣穿出门，好让自己看起来更有女人味一点。年轻男孩某天晚上邀请他心爱的美人去一家远远超出他日常消费水平的餐厅，也是想从社会层面上对女孩施加诱惑。

在性刺激当中诱饵发挥着很强的作用。诱饵的有效性恰恰建立在我们自己的欲望之上。所有人都会用到性诱饵来吸引对方，向对方展示自己身上最能刺激到对方的部分。

不过有的时候诱饵的作用也只是激发某种情感，并不意味着人们内心深处真的愿意将自己奉献给对方。卖淫妓女和唐璜式的风流浪荡子就是这样。

令人意想不到的是，如今在很大程度上，我们的衣着和发型都服从着一些不成文的规定。但其实很长时间以来，关于衣着，都是有许多明文规定的。“制服”一词原先是指领主提供给家仆们的衣服。很快雇主

---

① LANGANEY A.（1979），*Le Sexe et l'innovation*，Seuil.

也开始向为他们提供服务的人提供这类衣服，且规定他们必须要穿。贵族们也是这样，用颜色在仆人们身上写明他们每人的功能：穿红色的是侍从，穿黑色的是用人。主人还会在仆人制服的饰带间留下家族的标志。

而毛发，正如我们此前看到的，更是社会化程度相当高的标志：只有马车夫才能留连鬓胡子，用人必须剃光所有胡须，侍从要在头上剃出头路，更不用说奶妈了，她们只有在喂奶的时候才能戴有饰带的帽子。

歧视性的服装也有很多：15 世纪的犹太人穿红白两色的衣服，麻风病人要穿灰色带兜帽的斗篷，波希米亚人穿的红色呢子外套要在胸前被缝起来①。

不过从中世纪起，所有规定妓女着装的尝试都以失败告终。人们不许妓女佩戴珠宝，她们照戴不误；衣服上不能带有使人联想起神圣职业的金银线饰带或刺绣饰带，她们照穿不误；人们要求妓女把头发剪短，她们偏偏要留长发；她们被要求穿带条纹的衣服，可她们从来没穿过。

不过她们也会用一些标志性的穿着服饰打扮自己，采取的性爱姿势也让人一眼就能看出这些女人以租售自己的阴道为生。她们的穿衣风格能够明显反映出她们挑逗男人的方式：穿皮革和铁链是要刺激性虐待狂的性欲，黑丝绒、毛皮和长发是为了吸引受虐狂，活力十足的运动风也好，矫揉造作的贵妇风也罢，人们总能分辨出她们是妓女，而且一眼就能看出她们出售什么风格的性服务。

政府时常对性行业进行治理，整顿这些从男人的性欲资源中开采点小钱出来的女人。不过我从来没听说过有哪场道德运动将矛头指向餐厅的色情化，而餐厅明明是上床前的准备阶段。满足口腹之欲的职业可以被社会化、可以交税、可以穿制服。口腔的色情化明明是在为阴道的色

---

① DESLANDRES Y. (1978), *Le Costume image de l'homme*, Albin Michel.

情化做准备，却能被文明所接受，而妓女却要被文明驱逐[1]。妓女在行为上、穿着上、姿势上的标志只是说明了一种提供性服务的职业角色罢了，扮演这种角色既没有快感可言，也没有什么神圣意义。

唐璜也是这样。他用一系列行为诱饵将女人驯化。这些女人既不爱他，也不会与他建立情感联系。唐璜只是接近她们，让她们放松警惕，哄骗她们，却又让她们觉得自己并没什么出众之处。直到最后，女人们幡然醒悟，却发现自己已经到了唐璜的床上。

一个女人正在超市里买东西。这个场景与性相距十万八千里，她脑子里只想着要买的洗衣粉。这时候一个男人走过来，说了两句无关痛痒的话，她看也没看他，随口回了两句无关痛痒的话。然后一个货架接着一个货架，最后到了收银台，那个男人也在那儿准备付钱。他们又随口交谈了两三句。男人提出帮她拎购物袋，女人拒绝了。男人有点尴尬，不过也没什么，只是拎起了自己的购物网兜。从超市到停车场的路上他又说了几句俏皮话。真的没什么要紧的，他也没表现出什么侵略性。当女人走到自己的车旁边时，男人从后视镜里冲她做了几个友好的小手势。后来，两辆车相继到达后停好。他帮她把东西从后备厢里拿出来。“她想……她没想什么。”就像莫扎特的《唐·乔瓦尼》（*Don Giovanni*）里唱的那样。

总之就是一场友好的攀谈罢了……她想多了，这段时间以来她操心的事情太多了。就当是喘口气吧。他提上网兜，她整理厨房。他说了些有的没的，温和恳切，偶尔有点搞笑。

不到一个小时，他就躺在她床上了！她很惊讶自己居然接受了。她也很惊讶这场邂逅竟然是在这种环境下发生的。没什么令人激动的情绪，没什么热情，也没什么激情。这场短暂的相遇全程都充斥着一种令

---

① EVERTS R. (1986), «Psychologie de la prostitution», *Cahiers Sex.*, vol. 12, n° 73.

人愉悦的平静。

可是又有什么不可以呢。没什么大不了的。一首小曲这样唱道："不是什么奇遇……我已经拒绝了奇遇，来点小邂逅有何不可呢……毕竟它不冷也不热*。"

她在他穿衣服时起身去准备晚餐。她还在惊讶自己如此轻易地接受了一个男人。她本来没想到会这样的，也没想接下去会怎么样，只是一点身体上的温存。几乎算不上一个事件。真奇怪。

"我的汽车发出的声音有点奇怪，你做饭的时候我去看一眼*。"他说。她听见了汽车发动的声音，一切正常，启动迅速，马力十足。她带着一种奇怪的预感走向窗边，刚好看到"唐璜"一溜烟儿地逃走了。

这就是一场性诈骗了！本来要是他留下和她一块吃饭，她还是可以接受这场小冒险的。只要留下来吃饭就行了，因为这将意味着他们还有可能再见面。可现在，她觉得自己任人摆布，被人瞧不起，那人勾引她后又抛弃她。这太蠢了。她甚至没办法坐到桌边去，因为她看到桌面上摆着两副餐具。她本来都已经接受了这场甚至连艳遇都不算的小邂逅，可现在又突然觉得自己太惨了。她为此事哭了整整一个星期。直到现在她伤心时，这种羞耻感还会在脑海中浮现，就好像感情上生了一道冻疮。

妓女和唐璜式的人物用行为做诱饵，出租或租用阴道。不过这样的引诱只是一场骗局罢了，因为其背后根本不涉及任何内心情感。他们只是调动起某种情绪，为这种情绪买单或是操纵它，根本不会遵守情感上的承诺。

想要备受欢迎的男人们十分向往唐璜的"小伎俩"。那个女人的悲惨遭遇则让我们明白，唐璜之所以这么容易就能把女人骗到手，恰恰是因为他能向女人们提供她们渴望得到的东西：愉悦和轻松。"塞维利亚的骗子"只不过是哄女人开心罢了。

追求行动的最后一个阶段就是进入女性的私密空间。最私密的地方当然是皮肤之下、身体内部的空间。尽管女性身体上有进入这个空间的天然通道，却也并不妨碍伴侣在实施性行为或产生性冲动时紧紧抓住对方，甚至经常会用指甲掐住或者用牙齿咬住对方，好更彻底地进入对方的身体。在所有需要发生插入式性行为的物种身上都能发现这种出于爱意而进行的抓咬行为。而不需要性器官插入就能在体外完成授精的物种就不会啃咬对方。因此体内的空间变成了一个具有特殊意义的地方。人们基于此处感受到的情绪构成了想象的生物学基础。男性会想象自己即将进驻女性体内，而进驻女性身体的方式完美反映了伴侣间关系的模式。有些男人会想象一种温柔的进驻，一种舒适温暖的接纳，于是啃咬行为会被口部的嬉戏取代，抓挠行为被温柔的抚摸取代。另一些男人则更喜欢指甲和牙齿，他们把进驻女性身体想象成破门而入。可以说，观察性爱关系的同时也在观察人们的无意识结构。

还有一处私密的地方，那就是皮肤。衣物之下、头发上、嘴唇上、身体上的接触象征亲密。你可以把手放在女邻居的肩膀上或者小臂上，但身体上很少还有其他地方适合这种仅是出于友好的接触了。把手放在女邻居的胸部很有可能就是别的意思了，主要是因为胸部具有特殊的功能。

没有任何一种生物会允许其他个体直接进入自己的身体，总是需要一些互动仪式来缩小个体之间的空间，允许对方进入被自己赋予许多情感和意义的私密地带。

翠鸟非常清楚这一点。求偶时雄鸟会先筑好巢，然后外出寻觅雌鸟。雄鸟和雌鸟之间距离较远时，雄鸟会通过歌声告知雌鸟自己的空间位置。当两只鸟之间的距离稍近一点，雄鸟就不再使用听觉信号引起注意，而改为更适合短距离的视觉信号。雄鸟会找来一些颜色鲜艳的物品，比如果实、树叶、一小片玻璃、一小截塑料或者河边经常能捡到的岩屑。雄鸟把这些全部收集起来，一一摆到雌鸟面前。可能是这些物品的审美功能激起了雌鸟的某种情绪，总之，雌鸟会全神贯注地观察雄鸟摆在它面前的五颜六色的物品，以至于不再留意外界的任何其他信息。就这样，从一件物品到下一件物品，雌鸟最终发现自己来到了雄鸟的巢中。这对伴侣会在巢中进入空间距离的下一阶段。两只鸟之间的距离变得很近，嘴挨着嘴，身体挨着身体，最终完成交配。

空间距离应用到生物学意义上，不断变窄的空间范围承载的感官信息使得伴侣双方逐渐变得亲密无间。

人类伴侣经历了地理和空间，最后是衣着带来的约束之后，彼此之间的距离逐渐靠近，最终到达动作协同一致的阶段，也就是所谓的“联动”阶段①。身体和四肢的摆放方式在空间中描绘出一系列富有内涵的姿势。假设现在有一个男人向一个女人做出色情挑逗的姿势。他站在女人身边，低下头来看她，然后小心翼翼地把手伸向女人，然后画面就到此为止，男人保持这个姿势不动。

而画面中的女人面对这样一种空间位置和身体姿势，既可以将两人之间的通道关闭，也可以将其打开。

要想关闭这条通道，只需要把膝盖转向不冲着这个男人的方向，眼睛望向别处，把双臂交叉放在胸前，或是用一只手挡在脸前面就可以了。这种关闭伴侣间通道的姿势可以让追求者意识到自己不能采取下一步行动，不能再继续靠近对方。

相反，女人也可以将膝盖冲着追求者的方向，脸也转向他，手也伸向他。要是她张开双臂，那这个动作就足以让男人明白，最私密的空间已经向他敞开了。

---

① SPIEGEL et MACHOTKA, cité in CORRAZE J. (1980), *Les Communications non verbales*, PUF.

所有这些动作都承载着能够使伴侣产生联动的情绪和意义。

意味着通道打开或关闭的动作在性行为中也会得到持续表达。三分之一的男人会抱怨射精与伴侣的快感之间无法达成协调同步，很多时候射精完成时伴侣还没有获得快感。不过如果换一个伴侣，同一个男人的射精时间也可能会推迟。通常如果男性过早射精，其伴侣会在自己到达高潮时夹紧大腿。

如果承认这一行为具有意义，那就可以继续探究该行为究竟有何意义，女性赋予这种情绪何种意义。

“丈夫让我达到高潮的时候，我会觉得自己恨他，因为他给我的快感让我险些臣服于他，可我不想欠他任何东西*。”“我害怕粗暴的快感，这种快感有可能侵占我的身体。我害怕自己失控，害怕这种侵略性的冲动在我体内横冲直撞，害怕去寻找那种连我自己也控制不了的快感*。”“我害怕自己会变成一头耽于肉欲的野兽*。”“我受不了那种粗暴的快感，除非它被精心编码过，比方说宗教性的迷狂，或是斗牛比赛中公牛的死亡*。”

一位喜欢短时性爱的女士说：“完全跟着丈夫的节奏就好像是我服从于他，就像我母亲服从于我父亲一样。所以我会加快动作好让这一切结束，他带给我的快感会让我觉得焦虑不安，有种想要将他推开的冲动，这时我就会抓紧双腿。当一切很快结束的时候，我会松一口气，同时又会觉得很失望*。”

这些女人的性伴侣总是过早射精，而当她们的伴侣和其他更加温柔、不太会因快感而感到焦虑的女人在一起时，性行为持续的时间会更长。因此在这个案例中，男人早泄的症状其实是女人过去经历影响的结果。

不过男人也躲不开和伴侣共同生活的经历赋予他们的行为意义。有的男人就是会早泄，与他们的伴侣无关。当被问起认为进入一个女人的身体对他们来说有什么意义时，他们说的与上面那位女士其实差不多："要是一个女人允许我进入她的身体，我会感到莫大的幸福，以至于为了她我什么都肯做。我甘愿臣服于她的快感。如果她能让我幸福，那我甘愿做她的奴隶。我想要得到这个女人，可同样也想要自由，两者都想要。提早射精能让我调和这两种相反的需要。这是一种拉扯后的行为*。"

我们现在或许能够理解某些神经官能症患者为何总能与彼此相遇了，也能理解为什么某些类型的婚姻总会反复发生。

酗酒者的女儿总是很爱自己的父亲，尽管父亲令她们十分痛苦。她们太渴望父亲能停下来不要再喝酒了，因为他在不喝酒时是个特别好的人。这些女孩首先要承受来自街区的压力。她们自己在择偶时往往也会选择一些被社会边缘化的少数群体。在这些人当中，她们总能发现有那么一个人，他的行为标志意味着"不喝酒的时候我是一个很好的人"。这是她们再熟悉不过的话语。因此她们很快就能听到这些信号，被打动，然后幻想："我能阻止他喝酒。我妈妈没能办到的事情，我可以用我的爱办到！我会改变他的*。"

这些女孩对伴侣的选择其实建基于一种替母亲完成修复工作的幻想。一系列社会和行为限制其实已经帮她们锁定了"理想"伴侣。这就是为什么酗酒者的女儿经常会嫁给酗酒的年轻男人。想象的力量、社会的力量和行为的力量将女孩们引向酗酒者。这些女孩之后也许会说："要是我在遇到他的那天被打断一条腿就好了。"可她们不知道的是，就算那天真的被打断一条腿，偶然性也会让她们在另一天遇到另一个男人，而那个男人也在不喝酒的时候是个很好的人。

神经官能症患者之间的结合更加令人吃惊：毒瘾患者、冲动性精神病患者、焦虑症患者以及抑郁症患者与病友相遇的概率非常高。这些人之间存在同类相吸的现象：焦虑症患者在不焦虑的人面前会感到被冒犯，他们觉得后者“没心没肺”；冲动性精神病患者会被“无精打采的人”惹恼，他们会通过与彼此结婚的方式为自己后代的冲动型气质提供最有利的发展环境。

婚姻中的双方也有可能是互补的，比方说受虐狂和偏执狂①。受虐狂的审美——天鹅绒、暖色帷幔、毛皮大衣包裹的赤裸身体——与偏执狂对触摸的恐惧和冷漠发生强烈冲突，后者的冷漠会表现为极度的彬彬有礼。偏执狂在妻子走进房间时会站起身来，一言不发地进入她的身体，动作冷冰冰的，毫无温度，但一举一动都极度得体。偏执狂在一切考验面前都能保持忠诚，因为他们对女人根本不感兴趣。这样的两个人之间能缔结相当长久但冷淡的婚姻关系。神秘而热情的男性受虐狂会避免与自己爱的人结婚，以免屈服于她。相反，他会娶一个整洁自律、无可挑剔、情绪和行为都一板一眼的女人。

伴侣二人分别生活在两个相距遥远且不可兼容的精神世界中。他们牢不可破的婚姻关系在两个根本无法共同生活的人中间建立起一种极度紧密的情感连接，就像两个被镣铐锁在一起的苦役犯，其中一个冷若冰霜、一动不动，另一个在旁边静静地跳舞。

多愁善感的人通常会与情感淡漠的人结婚。夫妻中情感并不丰富的一方会继续过着无动于衷的小日子，尤其是当多愁善感的一方因为自己时常感到的愧疚而默默承担起所有操劳的时候，情况更是如此。多愁善感的一方操心所有家务事、承担所有繁重的家务劳动、解决所有问题，直到二十年以后，被经年累月的奉献压垮，崩溃大哭。多愁善感的一方开始指责自己的伴侣享尽婚姻生活的种种好处，却给自己留下无尽的痛苦。这样的崩溃通常会在孩子长大离家后爆发，但崩溃的种子在夫妻二人二十年前相遇、做出第一个举动时就埋下了。

---

① ENRIQUEZ M. (1986), *Aux Carrefours de la haine*, Épi.

许多对男性统治感到恐惧的女人都会和平庸的男人结婚，这样她们才会感到放心。

很久以后，她们又会指责丈夫一无是处，但这明明就是她们当初和眼前这个男人结婚的原因呀！

随着如今女性群体受教育水平提高，女性获得充分成长，人们会看到出现了一种新的夫妻关系：一个有着很高学历、聪明勤快又文静害羞的女人，选择了一个学历不高、身材矮小、尽可能保持透明的男人。女人对男人非常好，温柔宽容，可她并不爱他。这种“下嫁”，选一个“不如她”的男人，是通过一系列行为坐标定位实现的。但这种选择的根源在于这个女人的个人经历，她不想让自己的情感关系占据太重要的地位，因为不想重蹈母亲的覆辙……不想被别人支配……想要实现自己的独立。作为动机的想象基于女人成长过程中建立起来的无意识结构。

最终，性吸引力在本质上是肉体吸引力这种说法得到了证实。不过某具身体之所以会被选中，是因为它富有意义，并且发出了大量信号，因此才具有性吸引力。

在群居动物当中，个体没办法独自生活。当个体做出求偶行为时，是社会性的身体在进行求偶表达。

在动物界，空间和物体都被用作真正的生物学语义符号，数量、声响、颜色和姿态都成为意义对象。这样的感官交流能够传递信息、协同欲望。

纵观动物界的求偶行为，我们会觉得空间无限广阔，因为地球上属于同一物种的所有生物都能够进行交配。

不过各种限制因素几乎是马上就将伴侣引向彼此。动物会遇到地理限制。海鸥总是在同一片沙滩上散步，就像人类总是在同一片街区散步；还会遇到声音限制，呼唤声、叫声、鸟鸣声使得相隔一段距离的个体能够认出彼此。动物的歌声，富有音乐性的节奏，都拥有唤起情欲的强大能力，这对斗牛场上的公牛和夜总会里的人类来说都一样。

如果距离再近一些，视觉限制就开始显现了。鸭子只会追求与自己有着相同颜色羽毛的同类，也就是属于同一亚种的鸭子。英国海鸥从来不会在马赛海鸥面前做出求偶行为，这两种海鸥在胜利时发出的叫声有着不同的口音。不同的信号起着筛选功能，确保伴侣不会去追求属于另一个社会群体的动物，就算它们属于同一物种也不行。

随后距离继续缩短，伴侣们这时已经十分接近彼此了，双方的欲望可以被同步调动。由于被提供食物、受到颜色刺激、做出具有性暗示意味的姿势或动作，伴侣们的情绪被调动起来。

接着，伴侣进入对方的私密空间。感知对方的气味、温度和触感，这种感觉起初稍纵即逝，随后越来越令双方心安，最终伴侣的性欲达到最强烈、最彻底、最精准的高潮。

如果我们觉得伴侣很美，那是因为对方得到了我们的认可。无论是从基因层面还是情感层面而言，对方都恰好处在一个对我们来说合适的距离上。

我必须从她那里感受到一种外表上的美感。她的身体必须具有吸引力。她的服装、发型、妆容和动作必须用她的方式表达大量信息，说明她如何为人处世、如何思想。因为刺激性欲的本质就是揭示我们各自对如何获得幸福、如何生活的认识。如果她不能以我喜欢的方式刺激我的性欲，那只能说明我不是适合她的伴侣。

她荡漾的裙摆、或淡或浓的妆容、或朴素或矫饰的鞋子，都能让我一眼看出如果在一起生活我们会不会快乐。下摆开衩、露出肩膀的裙子，华丽的珠宝，姿态动作，以及所有能挑起性欲的因素，都有一定的社会功能，能够使伴侣双方互相协调配合，这是从双方第一次开始互动时就决定了的。这样电光石火般的一瞬间指出那个我们将要与之邂逅的人，道明对方的社会话语和存在方式。这个女人在行为学意义上的全部无意识都会通过感官交流渠道表达出来。看着她的裙子、闻到她的香水味、赞叹她的珠宝，追求者在一刹那间接收到的信息比一通长篇大论能够表达的还要多，尤其是一个人的头发、穿着和动作表达了什么其实很难通过语言被描述出来。

所以对伴侣的选择并不只是个人的决定。诸多社会限制会以十分严格且合理的方式将我们推向某个场合，很少一部分有可能成为我们伴侣的人都会汇聚在这里。

就在那儿，巧合让我们遇见最好的那个人。她的行为标志、审美符号、穿着打扮、言谈举止会进一步缩小本就亲近的空间距离。

离她很近的时候，她的舞姿、声音，还有通过嗓音、香气、眼睛眨动、瞳孔放大和有特殊意义的姿势表达出来的情色意味，将进一步缩小彼此之间的空间，像路牌一样给出再明确不过的指引。

再之后，我们就能紧紧依偎在她身上，触碰她、抚摸她。我们的欲望被一同调动起来。只需要再去一个小地方就能实现彻底的零距离接触了。去那个隐藏在她身上的洞口，然后实现完美的交融，迎来身体内部的爆发以及随之而来的一切。我们的存在从此有了意义。

性之死

“阳痿！终于啊！我终于摆脱了自己性欲的暴虐统治。我自由了……自由了。爱情将我锁在女人身上。我很高兴自己能抛弃性欲，否则我会一直觉得自己正在被监视，要承担责任，有义务做一些事情。爱情的代价就是囚禁。我还是更喜欢自由*。”

我第一次从一个年轻小伙子口中听到这番言论时感到十分吃惊，因为这话听上去和我们日常习惯的那一套话语完全不同。

于是我开始向身边人讲起这件事，经常得到的回应是：“这人很奇怪，像他这样的不多吧。”然后谈话就会不可避免地涉及性的力量——大家都同意这是社会生活中不可或缺的一股力量。

直到后来有一天，一位女士带她患上了阳痿的情人来我的诊所做咨询。这位情人是她丈夫的弟弟。自从丈夫出现性功能障碍后，她就爱上了丈夫的弟弟。可是几个月之后，弟弟也患上了阳痿。通过与这两个人交谈获知，每当情人进入勃起状态后，这位女士都会对他说：“你看你！你自己看看你现在像什么样子*。”

“……我为什么要流连于这些总是以失望告终的约会？得问问其他女人。我觉得我们之所以被他吸引，是因为他根本不爱我们！是我们有什么问题吗？不是的。我们只不过是贪恋自由的味道。再也没有谁能比那些不爱你的男人更能给你自由了①……”其实文学中也常见同样的说法，只不过文学中的人心幽微，不像在现实中那样引发这么大的争论。一个人完全可以在不被爱的情况下爱别人，并且能从这种不被爱的状态里获得自由轻快、了无挂碍的感觉。

这个问题眼下正变得越来越时髦，证据就是各种调查问卷都开始对此表现出兴趣。1986 年，法国《观点报》(*Le Point*) 在读者中间展开了一项调查，询问他们认为生命的价值在于什么。得票统计中，音乐、运动、家庭和社会成功名列前茅。性这一项根本没拿到什么“奖牌”，实际上这一选项甚至没能登上最后的领奖台，因为对于 86% 的法国人来说，性的重要程度只排到第六！我知道问卷调查只能显示心理学上意识层面的东西，因此只是事实的一部分。不过不管怎么说，我们还是可以认为，大多数人的想法和那位快乐的阳痿患者一样。

其实同样的问题古已有之，从圣保罗到行吟诗人，从西蒙娜·德·波伏娃②到那位快乐的阳痿患者，他们都有过类似的表述：人要在爱情的禁锢和令人焦灼的自由中间做出取舍。

为了从行为学角度回答这个问题，我想讲一个“鹅中俄狄浦斯”的故事。

第二次世界大战以前，康拉德·劳伦兹曾在鲁尔的隆伯格城堡与一群灰鹅共同生活。

他整天都和这群鹅待在一起，会在鹅一出生的时候就给它们起好名字，同时还会留意每只鹅在各自家族谱系中的位置。其中有一只名叫“拿破仑”的公鹅，是鹅群的头领。不过拿破仑始终拒绝与它的母亲洛拉·蒙泰斯 (Lola Montès) 交配。就算洛拉发情时，拿破仑也不会在它面前引吭高歌，不会发出胜利时的叫声，不会在洛拉身边走来走去或做出求偶炫耀的举动。

甚至完全相反，拿破仑会缩起脑袋，一声不吭，母亲出现的时候它

---

① CHAPSAL M. (1986), *La Maison de jade*, Grasset.

② BEAUVOIR de S. : «Le mariage multiplie par deux les corvées sociales... je voyais combien il en coûtait à Sartre de dire adieu à sa liberté.» *La Force de l'âge*, Gallimard, 1960.

就绕道走。而当其他母鹅靠近时，拿破仑又会恢复从前那副骄傲神气的模样。

这项观察实验的结果于1936年发表，不过并没有引起太大关注，因为当时社会各界都在关心灰鹅的乱伦禁忌之外的问题。

要一直等到1970年，简·古道尔（Jane Goodall）才在自然环境中重复了这项观察实验。简是个身材娇小的金发女郎，在坦桑尼亚与一群黑猩猩共同生活了十年，最后在这个群体中都差不多快要获得“荣誉黑猩猩”的头衔了。她按照黑猩猩表示臣服的礼节展示自己的臀部，向头领进献食物，避免用眼神直视对方，总之为了融入黑猩猩集体，她完全按照黑猩猩的行为规范行事。功夫不负有心人，黑猩猩最终将她当成雌性头领。它们来向她乞食，偷走她的笔记本，还会帮她捉虱子①。

这样的观察环境让简·古道尔见证了弗兰特，也就是弗洛的儿子的出生，也让她得以描述幼年黑猩猩的性游戏，比如它们会假装自己的生殖器勃起，会探索自己的会阴部位，以及出于各种原因而产生的各种变态现象。几年之后，弗兰特也进入了青春期，简观察到弗兰特会对所有雌性猩猩的臀部胼胝产生兴趣，可一旦母亲出现，弗兰特就会把身体蜷缩起来，移开视线，将头埋在双臂中间。

简·古道尔也描述过一只年轻雌性猩猩的反应。这只雌性猩猩接受所有雄性猩猩的求爱，不过一旦兄弟出现，它就会发出刺耳的叫声。

从这一时期开始，大量关于自然界中动物如何避免乱伦行为的文章被发表出来。长臂猿、大猩猩、猕猴②、红面猴③，都有相关的文章

① GOODALL J. (1971), *Les Chimpanzés et moi*, Stock.

② IMANISHI K. (1961), « The Origin of Human Family: a Primatological Approach », *Japanese Journal of Ethnology*, 25, pp. 119–130.

③ ITANI J. (1972), « A Preliminary Essay on the Relationship Between Social Organization and Incest Avoidance in Non Human Primate », in *Primate Socialization*, Poirier, Random House, New York.

发表。

对不实施乱伦行为的物种进行清点①，并对避免乱伦的行为过程进行描述，可以发现实行族内婚的动物几乎不存在。只有那些繁殖速度特别快的动物、行为受到饲养者限制的家畜、生态条件严重受限的动物园内的动物才会实施乱伦行为。也就是说，在所有自然物种中，会发生乱伦这种非自然现象的动物少之又少。

猴群中几乎不存在血缘亲属间的交配现象，这一点更是确证了自然界中的乱伦禁忌②。成年雄性自发离开自己长大的群体，去邻近的群体中冒险。性成熟时期这种奇特的迁移现象③也就避免了乱伦的发生。

母狒狒在五到九岁时迁移，而在黑猩猩当中，是雌性在第一次发情期到来时离开自己的家庭。

对自然界进行一系列观察后，一个假设逐渐成形。这也印证了韦斯特马克（Westermark）这位专门研究婚姻的历史学家之前的猜想："乱伦禁忌可能是因为早在欲望尚未出现时就长期生活在一起、关系密切的人们对彼此之间发生性交一事有种厌恶感④。"

依恋关系和敏感期这两个概念或许能够回答韦斯特马克在 1908 年提出的问题。

相关论据总体来说有以下三点：

— 情感印记可以指导性选择⑤；

---

① BISCHOF N. (1978), «Éthologie comparative de la prévention de l'inceste», in Fox R., *Anthropologie bio-sociale*, éd. Complexe.

② DEPUTTE B. (1985), «L'Évitement de l'inceste», *Nouvelle Revue d'ethnopsychiatrie*, n° 3, pp. 41–72.

③ VIDAL J.-M. (1985), «Explications biologiques et anthropologiques de l'interdit de l'inceste», *Nouvelle Revue d'ethnopsychiatrie*, n° 3, pp. 75–107.

④ WESTERMARK F. in GUNTHER F. K. (1952), *Le Mariage*, *ses formes*, *son origine*, Payot.

⑤ BOWLBY J., (1978), *Attachement et perte*, PUF.

— 依恋关系能够抑制欲望；

— 性欲望的对象介于情感印记和依恋关系这两重限制之间。

关于情感印记的实验很容易再现。有些物种天生就适合作为此类实验的对象，比如鸡和鸭。这两种动物在成长过程中会表现出十分明确的敏感期，也就是在出生后的第十三至十六个小时，它们会与自己周围的任何物体建立依恋关系。出生后第十三个小时以前，鸡鸭的移动是随机的；出生第十六个小时以后，鸡鸭会越来越少地跟随印记客体；而在十三至十六小时之间，一切物体都有可能成为依恋的对象①。小鸡小鸭会到处跟着这些物体，呼唤它，靠在这个物体旁边睡觉，并且只有当这个物体在场时它们才肯吃东西。最有可能成为印记客体的对象，也就是在小鸡和小鸭正处在高度敏感期时恰好在它们身边的，就是它们的母亲。

这种敏感期对应着神经生物学层面的成熟阶段。在该阶段，机体会分泌大量乙酰胆碱酯酶，这是记忆活动的生物基础②。

历时性的观察表明，小鸭会与自己的情感印记客体进行类似性行为的游戏，但并不会真的完成性行为③。青春期以后，小鸭对于依恋对象的性倾向会受到抑制，转而去追求另一个对象，后者可能带有与依恋对象相同的形态学特征，但并不是依恋对象自身。比方说，一只青春期的公狒狒可能会去追求一只像自己母亲的母狒狒，但不会对自己的母亲表现出任何性行为。

行为学家对一群猕猴（生活在印度北部的长臂灰猴）在自然界中的

---

① 详见《从爱的烙印到宁静依恋》一章。

② CHAPOUTHIER G.（1987），«Des molécules pour la mémoire»，*La Recherche*，n° 192，octobre.

③ VIDAL J.-M.（1979），«L'Empreinte chez les animaux»，in *La Recherche en éthologie*，Seuil.

乱伦禁忌进行观察后发现[1]，猴群中存在一种刻意建立的教养关系，一只公猴会和一只幼年母猴共同生活在一起。“父亲”与孩子建立依恋关系，像母亲一样教养孩子。“行为学父亲”的教养行为与母亲十分不同。与母猴相比，父亲会更经常与小猴玩闹，却不怎么为小猴梳洗清洁，不过小猴也能长得很好。父亲和女儿之间存在情感连接，两只动物彼此靠得很近，会互相注视、呼唤对方、为对方梳洗清洁、不停地为对方提供食物。直到小母猴第一次进入发情期，这会扰乱父女之间的关系，两只动物会变得僵硬呆滞，各自待在笼子的一角，不再进行任何互动。

一只刚出生就被诱拐的幼年公猕猴被寄养在另一位母亲身边[2]。这件事并不困难，因为猕猴很喜欢收养孩子，有些母猴甚至会去偷其他母猴的孩子，故意吸引小猴的注意力，引诱它们[3]。从它们表现出的行为来看，这只幼年公猴和它养母之间的情感关系十分紧密，不过一旦进入发情期，这两只动物也会躲开彼此。

与此相反，一只被收养的幼年公猴遇到并没有抚养过自己的亲生母亲时根本认不出眼前是谁，并且会和它交配……从这个意义上说，俄狄浦斯倒是完全遵循了生物学规律，他没能抑制自己对伊俄卡斯忒产生的性欲，因为他不知道伊俄卡斯忒就是自己的母亲，也没能与她建立生物心理学层面上的依恋关系。

露西是一只几个月大的母黑猩猩，被一名心理治疗师收养[4]。人类和动物之间建立的依恋关系十分紧密。露西会跟着自己的养父进浴室，喜欢玩弄养父的生殖器。不过自从露西第一次进入发情期，它就再也没

① ITANI J. (1972), «A Preliminary Essay...», *op. cit.*

② Observation réalisée par STEMMLER-MORATH (1975).

③ THIERRY B. et ANDERSON J. R. (1985), *Mécanismes de l'adoption chez les primates. Rôles de l'adopteur et de l'adopté*, Université L. Pasteur, Strasbourg.

④ Observation réalisée par TEMERLIN M. (1975).

踏进过浴室一步，而是自己蜷缩在角落里。心理治疗师试图抚摸它时，还会遭到它的威胁。

通过这些观察可以得出一个结论：早年间的情感印记在记忆中留下的痕迹会在很久以后被激素激活，从而引导生物的性情绪。

依恋关系的建立会抑制主体对印记客体产生性欲，并迫使主体发生“欲望转移”，也就是说，主体的性对象不能是印记客体。

动物行为学告诉我们，在自然界中不存在族内婚的现象，乱伦禁忌是动物界的规矩。在实验室环境中，特定的实验操作也能建立依恋关系，并且能够预知两个存在情感连接的动物之间的乱伦禁忌。

如果这一理论成立，那么只需要削弱儿子和母亲之间的情感连接，乱伦就会发生。

一名灵长类学者①通过改变竞争环境，引发了一名儿子及其母亲之间的冲突。随后这两只动物进入发情期，学者观察到儿子和母亲之间发生了性关系。

另一名灵长类学者采取的方法更加温和。他经常让母亲和儿子分离，同时为两只动物提供了大量可供建立依恋关系的替代对象，以此来削弱母子间的依恋关系②。这种做法也导致了母子间性关系的发生。

群体中的社会组织方式会对乱伦禁忌产生影响，代际冲突也在性伴侣的选择方面扮演重要角色。对长臂猿来说，青春期是一段十分艰难的时期。年轻的公长臂猿会被赶到群体边缘，之后它会在边缘位置发出特定叫声，用来宣告自己是一只落单的单身公猿。母长臂猿对此类声音特别感兴趣，因此会慢慢接近它，回应它的叫声。渐渐地，公长臂猿啼叫

---

① SADE D. S.（1968），« Inhibition of Son-Mother Mating Among Free-Ranging Rhesus Monkeys»，*Science and Psychoanalysis*，n° 12，pp. 18-38.

② MISSAKIAN A.（1972），*Genealogical and Cross Genealogical Relations in a Group of Free-Ranging Rhesus Monkeys on Cayo Santiago Primats*，13，pp. 169-180.

的声音和节奏也会发生改变，从而逐渐配合母猿的叫声。这样一曲二重唱可以让伴侣双方通过叫声实现协同配合。

人们发现家族历史中的某些失衡也可能会扰乱制约着乱伦现象发生的力量。在一个缺少雄性头领的长臂猿家族中，年轻公长臂猿没有被驱逐到群体边缘，于是人们在群体中观察到了母子交配的现象。雄性头领的在场能起到威胁震慑的作用，迫使年轻雄性到群体之外求偶。

通过猴子们的乱伦现象或许可以提出一个假设，即一系列生物的、历史的和社会的制约因素共同构成了一个力量场，能够使来自同一家族的成员远离彼此。如果这些制约因素当中有哪个消失不见了，那么该力量场对乱伦现象的抑制作用就会减弱，比如依恋关系没能建立，或者母亲没有驱逐幼崽，又或者雄性动物没有实现自己的分隔功能，那么乱伦现象就有可能发生。

因此就形成了一个闭环：依恋关系抑制乱伦现象，而情感印记引导性偏好。

在 1983 年召开的一次研讨会上①，许多人类学家和灵长类学者围绕“从生物秩序到符号秩序的嬗变”这一话题展开了讨论。我们提出应当区分乱伦抑制及其生物心理学基础，还有乱伦禁忌及其陈述性基础。讨论得出，“乱伦”这一概念或许只是一种表达方式，用以表达某种特定的性关系②。禁忌其实是具有任意性的，与生物学之间不存在任何关联。

生物学主义早在生物学之前就已存在，嵌合法则（la Loi mosaïque）提出禁止“同血同肉同骨”的个体之间发生乱伦关系。教皇格雷戈里六

---

① Colloque organisé par l'Institut de Sexologie (Marseille-Lyon-Genève). Étaient invités M. Godelier, A. Langaney, J.-C. Fady et J.-M. Vidal. 尤其关注 J.-M. Vidal 对于跟情感与性欲之间的联系和同血缘交配限制问题相关的生物学与行为学理论的讨论，以及关于乱伦禁忌在禁忌的表征方面的特点的提问。（Groupe génétique et comportement, C.N.R.S., 10 juin 1983.）

② GODELIER M. au colloque C.N.R.S., 1983.

世（Grégoire VI）在6世纪就以“遗传缺陷会通过乱伦行为遗传给后代[①]”为由，主张禁止乱伦行为，当时孟德尔（Mendel）还没通过豌豆实验总结出遗传学的基本定律。没过多久，英国人开始将男性与自己妻子的姐妹之间发生的性关系称为“乱伦”。中国人将两个同姓氏的人之间发生的性关系称为“乱伦”。这种禁忌其实与生物学无关，只是一种存在于口头上的规范，一种用以规范和组织人类性选择的话语表达。

如果一只猕猴因为曾与母亲分离而在成年后与母亲交配，那么告诉它这一行为是乱伦也没有用，它并不会因此刺瞎自己的双眼！可是当先知忒瑞西阿斯告诉俄狄浦斯他与自己的母亲生了四个孩子以后，这个犯了乱伦罪的儿子就无法承受这一事实，从而选择刺瞎双眼，跟女儿安提戈涅在雅典城郊流浪。从行为学角度来看，俄狄浦斯并不会与女儿发生性关系，因为在教养阶段俄狄浦斯已经与女儿形成了依恋关系。可他的确会和伊俄卡斯忒，也就是他的母亲发生性关系，因为母亲没有养育他，他因此没能与母亲建立依恋关系。这则神话故事完全符合生物心理学的自然规律，但同时也遵守忒瑞西阿斯通过话语表达的规范。俄狄浦斯无法抑制自己对这个女人的欲望，但他同时又因为自己违反了话语规范而产生严重的负罪感。

因此我们可以认为，在猕猴和母亲之间，俄狄浦斯和安提戈涅之间，遭到抑制的不是乱伦行为，而是欲望本身！

而“鹅中俄狄浦斯”的故事却可以引发人类进行不同的临床思考：遭到抑制的欲望只是乱伦行为的构成要素之一。抑制效应确实针对母子之间的欲望发挥作用，但同时也会对长期同居的伴侣发挥作用，甚至在所有通过长期情感关系建立了依恋关系的个体之间也会发挥作用。

---

① BOUDAILLE J.-C.（1974），*Les Enfants issus de la relation incestueuse*，thèse de médecine，Nancy.

“那种无比真实、无比深沉的爱可以与色情完全无关。一个男人可以这样深爱着一个女人，他无法离开这个女人，但同时对于这个女人又不会产生任何性欲……他能跟世界上的任何一个女人做爱，除了他自己的女人①。”

弗朗西斯科·阿尔贝罗尼（Francesco Alberoni）谈论的这种无关性欲的爱情，就是依恋。如果这位社会学家关注猕猴的性行为，他就会明白，他用“爱情”一词指代的其实是两种本质上不同且互不兼容的感觉：一种是色情之爱，另一种是依恋关系②。

爱情永远都处于新生阶段，是两个人的共同欢悦，可以是母亲之爱，也可以是上帝之爱。处于这类爱情当中的两个人无比清晰地感觉到一种共同的意义——对方就是另一个我——我们合二为一、紧密结合。两个人感受到一种被催眠般的狂喜，憧憬和想象就建立在这种强烈的感觉之上。

而依恋关系的缔结是在日常的潜移默化中完成的。在无意识中，日复一日，最终留下情感印记。依恋关系隐匿在日常的每一个举动中。这种关系是如此安静，以至于人们对它习以为常，只有在失去的时候才会重新意识到它的存在：“我从前不知道自己有多爱他。我原来这么需要他……如今我如此思念他，可当时我甚至感觉不到他的存在*。”

从如痴如醉的爱情到静水流深的依恋，“爱”这个动词指代了两种本质上不同、功能上互不相容的感情。能够被清晰感知到的爱注定会死去，因为这种爱只能新生，却无法长久存活，平均寿命不会超过几个月的时间③。只有不到15%的夫妻声称自己度过了几年相爱的时光：“这

---

① ALBERONI F. (1987), *L'Érotisme*, Ramsay, p. 233.

② 该观点受到灵长类学者哈洛和精神分析学家鲍尔比的支持。

③ SUTTER J.-M. et POINSO M. (1978), *Psychopathologie du couple*, PUF.

听起来不太可能，因为新生的爱其实是一种过渡状态①。”

爱带来的惊喜本身就与关系的缔结相互对立。

性与爱两者倒是能和睦共处，因为就算是上帝之爱也能产生感官上的愉悦。母亲之爱虽然与生殖无关，但最初的行为动作已经与性别高度相关了，因为人们不会用同样的方式对待男婴和女婴②。

身体的部位越能产生情感，就越会被赋予意涵。弗洛伊德指出，口欲期的儿童特别关注口腔，会将物品放入口中，也会发出一连串的牙牙学语声。之后随着神经心理层面的成熟，儿童会开始探索肛门，也就是自己身体上的另一个孔洞，并将其作为关系的标志。这也就是成年人所说的“我担心自己对一切听之任之，担心失去自我控制，担心自己任由一些令人羞耻的东西或者语言从我身体里跑出来”。这些话很好理解，甚至在一些奉献行为中还会重新出现，比方说有些人会试图维持友好的举动、因为受到称赞而感到焦虑，或是为了占有某个朋友而不断送他礼物。

弗洛伊德还详细描述了以阴茎为主的性器期，因为阴茎比阴蒂更容易观察。但他也应该描述阴道期，因为交流是通过孔洞完成的。

不再产生性欲的忧郁症患者也不会再对身体的孔洞产生兴趣。他无法再从吃东西的过程中体会到快乐，说话也不行。对他来说，话语变成了毫无意义的声音。肛门也被堵住，他会出现便秘的症状。至于女性的下体也不再是情感的来源，而只不过是通往一片空洞的入口罢了。无法从孔洞中获得快感的忧郁症患者无法再为自己的感觉赋予意义：“屁股

---

① ALBERONI F. (1981), *Le Choc amoureux*, Ramsay.

② MILLOT J.-L. et FILIATRE J.-C. (1986), «Les Comportements tactiles de la mère à l'égard du nouveau-né», *Bulletin d'écologie et éthologie humaines*, vol. 5, n°s 1–2, novembre.

的推进动作无疑是很可笑的。如果一个女人经历了这一切的话，那么在她眼里一个男人这样推动自己的屁股是极其滑稽且可笑的①。”

查泰莱夫人在患上忧郁症和性冷淡时如是说。这时男人臀部的运动带来的是一种滑稽可笑的效果。不过随后，当新生的爱情驱使查泰莱夫人探索自己身体上的孔洞，并向其倾注色情意味时，男人臀部的运动就变成了穿透、交融、爱的结合的象征。这种强烈的情感催生了关于性的神圣想象，男人臀部的运动也不再滑稽可笑，而是成了某种精神上的象征。

平静安宁的依恋关系和强烈情感之间的冲突经常会引发焦虑。这就使得人们能将性——相关的行为和语言——当作标定想象性互动的最佳方式之一：“丈夫越是让我体会到快感，我越是憎恨他……我太喜欢这种快感了，以至于他越是令我体会到快感，我越是会对他百依百顺，可我讨厌自己对别人百依百顺*。”每次交欢带来高潮之后，这个女人在感到满足的同时也会感到焦虑袭来：“他让我做什么我都愿意，因为我想再次体验这种快感。这个混蛋一边给我快感，一边让我对他唯命是从，就像我父亲让我母亲对他唯命是从一样*。”于是这个女人无意识里的矛盾就会通过移情表达出来：“你的鞋还没摆好呢*……”

在接下来的交欢中，这个女人会试图不让自己达到高潮。但不幸的是高潮还是会降临，因为她天生就能从这样的交欢中获得快感……于是悲剧重演！直到有一天，她开始用不怎么高明的语言试图破坏性行为的发生：“你自己看看你现在像什么样子……又来！……好吧，不过快点。”最后，她的丈夫也越来越抗拒这种性行为。

妻子的性爱冲刺最终通过行为表现出来，而之前则是通过言语表达的：“快点快点！……该结束了*……”

① LAWRENCE D. H. (1967, réédition), *L'Amant de Lady Chatterley*, Albin Michel.

快感本身并没有任何意义，是我们的个人经历为这种感官上的激动赋予了意义。

还有一位蔬菜水果商的经历也很能说明问题。她的丈夫话很多，异常活跃，忠心耿耿，这却令她非常焦虑。丈夫几乎包揽了所有事情，去菜市场、做饭、工作、爱她，还负责管理各种手续和证件。为了抵抗焦虑，她不得不服用镇静剂。

突然有一天，丈夫因病昏迷，在医院里醒来后却不能讲话了，也不再像从前那样行动自如。脑部扫描显示他大脑额叶上有两个出血点。一次高血压引发了渗出性脑出血，医生不得不为他实施了脑叶切除术。术后他变得迟钝呆滞、温和安静，不再计划什么事情，也感受不到什么情绪。他说的话不再像从前那样富有音乐性。事实上，脑叶切除术之后，他的语言能力和在生活中的行为能力都无法再跨越较长的时间维度。也就是说，他不再有能力说出长句子，无法提前考虑将来会发生的事情，因此也就不再能做任何计划。

妻子接过了家庭事务的管理权。她说："他变得迟钝呆滞、温顺听话、没什么能力，他终于变成了我梦想中的那个男人！*"从此她也不再需要服用镇静剂了。

伴侣在令人焦虑的快感和令人麻木的安稳之间寻求平衡，最终会采取一种生活中常见的性爱方式。为了控制强烈冲动引发的焦虑，必须要将性和爱分开。"和平庸无奇的男人做爱时我能获得极大的快感，因为他们对我来说无足轻重。所以我就和这些男人做爱，同时避免爱上他们……回家时我却看到门口楼梯间里放着一束铃兰花。这让我非常难受，因为我本应该喜欢和门里面的那个男人一起上床。可是对这个男人的强烈欲望又会令我丧失理智*。"

还有一种苦涩的胜利，就是用尽毕生的经历来控制自己的性欲："从十八岁起，我就对自己拥有如此强烈的欲望而感到焦虑。我发现我甚至愿意把自己交给第一个迎面走来的男人，愿意像我祖母那样生下许多私生子，我会因为性而使自己处于一种很不稳定的状态中。没有欲望就不会轻易顺从别人，就会获得自由，就会拥有力量……从那以后，爱情就令我感到不安。我一直想要好好生活……我从不后悔自己因为爱情而遭受痛苦，可现在我真的需要一段感情的空窗期*。”

人生中的第一股爱情冲动，也就是青春期产生的冲动，能够给人离家去别处生活的力量。这股感情冲动促使年轻人到家庭以外的地方寻求伴侣，因而起到抑制乱伦的作用。不过真的脱离家庭后，这股爱情冲动的优势就会变得不那么明显：“……我本可以杀死我的情人或者自杀。但我最终嫁给了一个老实安分的男人，毫无激情可言，就这样我的激情之爱彻底搁浅。我根本不会爱上他……所以才能嫁给他*。”

人生遭遇的第一次爱情冲动能够帮人脱离原生家庭。但一段时间以后，第二次爱情冲动出现时，风险也会随之重现。一些遭遇爱情冲动的男男女女可能会因此损坏自己与孩子之间的关系，毁掉他们的职业，放弃他们的房子，任由自己在爱情风暴的裹挟中被带走：“我不停地恋爱。到了三十岁也是如此。这种停不下来的状态使我无法获得安宁，生活不稳定，无法与人建立情感连接，当然也没什么母性。就因为不断恋爱，我没办法对自己的生活做出任何规划。我既不知道自己是谁，也不知道自己该去向何处*。”

爱情的消亡被当作令人如释重负的结果。爱情的火焰熄灭后，夫妻关系反倒更好了：“我俩还有性生活的时候总是不断地吵架。我的欲望总是很旺盛，每次都是我想要。他轻易就能操控我。你看到了吧，嗯？你明白是什么情况了吧！……我任由他抚摸我，但其实我咬紧牙关什么都不想……后来他阳痿了……我们之间的关系好了很多。现在我俩能好好说话了。我女儿的情况也好了许多，她比以前更快乐了。性对我们夫妻来说真的是种毒药*。”

因此，杀死爱情是有好处的咯？

根据人口统计学者的调查，那些放弃爱情的女性往往能获得更好的社会地位，高学历女性群体中的单身女性占比最高。一种新的择偶方式[①]开始慢慢显现：学历高、样貌出众的女性往往选择比她们更矮、更沉默、社会地位不如她们的男性伴侣。

至于男人们，也得益于爱情的消亡从而能够实现去社会化："性简直毁了我的生活，阳痿反倒治好了我的焦虑……我天生不是工作那块料。必须想着女人早上才起得来床。可我呢，我不想起床。性生活和职业生活之间的联系太紧密了。性的代价太昂贵了*。"

温存作为性行为的替代选项，似乎正在得到越来越多的青睐。"假如你选的男人只是温柔地抱着你，却不与你发生性行为，这样会使你得到满足吗？"关于这个问题，在收到的十万份回答中，有72%的女性回答了"会"[②]。这些女性纷纷描述了毫无快感可言的性行为："我经常受到强奸……要知道那可是婚内强奸啊*！"还有人说："要是一个不认识的人像我丈夫那样对待我，我会把他送进监狱的……不管怎么样他最后总算是满足了……只要他对我这么做，就不会去找别人……我倒是希望他和别的女人发生性关系，不过不希望他把工资拿给别的女人*。"

许多女性像母亲对待儿子一样对待自己的丈夫。通过身体得到安抚似乎是丈夫的特权。她们觉得只有真正的爱人才有权利进入自己的身体："我丈夫有阴茎是多么可惜。他真是把什么都毁了*。"

这就是那72%的只希望得到简单拥抱的女性想表达的意思。弥漫的性欲可以避免令人恐慌的欲望，转而用平静的温情取而代之："我需要我的丈夫，需要他在情感领域在场。我很喜欢感觉到他就在我附近，注

---

① GIRARD R.（1980），*Le Choix du conjoint*, PUF. -Cahier I. N. E. D.

② Enquête réalisée par Anne LANDERS（1986）pour Paris-Match, 1987.

视他、触碰他，就像对待我女儿那样。没有和丈夫发生性行为的风险时我会觉得有种受到保护的感觉。可是一旦他开始在我周围转悠，我就会觉得很恼火、很烦躁，我会想办法不去看他。我用很不好的语气跟他说话，跟他讲一些让人难过的事情……我需要一个男人，不过最好是一个阳痿的男人*。”

男人们也渐渐开始向往这种温柔的爱情。阳具的贬值抹消了类似“我是个男人，我，男人!”的说法。如今更常见的表达是：“自从阳痿以后，我又重新发现了温情，从前的性欲像暴风雨一样把这种美妙温柔的感觉一扫而光。我像是回到了小时候，重新找回那种注视着一个女人，看着她的脸、她的动作、她的手势、她眼睛上的妆容时才会感受到的强烈柔情……可我在被性欲占据的那段时间里只能看见她的胸和屁股*。”

粗暴爱情中的情感连接最终会导致欲望的平息。情感连接的持久性和亲近性足以解释欲望的消退。母子之间的生物心理学过程最终会在长期维持关系的伴侣之间重现。对欲望的抑制效应不仅导致了青春期的代际冲突，也最终导致了长期伴侣之间欲望的麻木和竞争的弱化。

幸好罗密欧和朱丽叶在结婚后就死了，不然的话他们的激情之爱最终会变成温吞水。要想被传为佳话，他们就必须死去。莎士比亚既不会讲述家庭补贴如何申领，也不会讲述他们在月底时可能遇到的经济问题。

“嫁给一个不爱的男人才是最合适的……性爱和激情之爱都是别处才有的东西，是头脑发热的产物、是痛苦的来源、是激情的流露。所幸我们并不爱自己的丈夫……只有这样才能更好地服侍他们，让他们去工作干活，而不会对他们言听计从，也不至于不允许他们靠近*……”过多的情感会麻痹感觉，就像一切有效的镇静剂那样。太多的爱会导致分离、自我的错乱以及时不时的焦虑不安。在爱情造成的破坏和情感造成的麻痹之间，或许家务劳动能够将两者维持在一个合适的距离上[①]。

既然情感印记能够引导性选择，而依恋关系会麻痹性欲望，那么所有长期维持关系的伴侣都会经历相同的过程。最初爱情的火焰只能燃烧很短的时间，不过足够人们调整自己的想象和憧憬。随后依恋关系建立，相伴而来的还有情感上的安全感和性欲上的麻木感。陌生的美人就算没有自己的老婆漂亮也总能撩拨心弦，因为陌生的美人离自己还有一段距离。这也就是为什么婚外情经常能够重新唤醒夫妻之间的爱情……当然也有可能毁掉他们的爱情。

长期维持关系的伴侣之间，重复着能够使父母和子女之间的乱伦倾向受到抑制的流程。

年轻夫妇在结婚时可能尚且处在成长阶段，因为大脑突触的建立会一直持续到二十至二十五岁，在很长一段时间里人格都是可塑的，还有很多社会冒险正等待着他们去经历。当爱情让他们在彼此身上留下印记时，他们就会按照对方留下的印记成长。

之后依恋关系就日复一日地在一个又一个举动中逐渐编织紧密，好让“伴侣二人可以共同面对那些假如他们不结婚就根本不会碰到的困难[②]”。

连接日渐紧密，而欲望之火却渐渐熄灭。

直到 19 世纪，夫妻之间婚姻的平均寿命仅十五年：刚结婚妻子就怀孕，女性一生中大概要怀孕十三次，成功生下六个孩子，其中只有不到四个能被养大成人。然后死神带走伴侣双方其中一人的生命。性的重要性超乎想象，伴侣的猝然离世、死亡的风险以及伴侣中活下来的那方承担死亡风险的必要性，这一切都加重了当时人们的焦虑感和负罪感。不

---

① CHARTIER J.-P.（1986），« Scène de ménage ou trompe-l'œil »，*Nouvelle Revue de Psychanalyse*，n° 34.

② MORRIS et VIDAL G.（1985），*La Fiancée de Lucky Luke*，Dargaud，p. 46.

只是犹太教这种一神教，人们在所有宗教中都能发现这种死罪的概念，在所谓宽容的大洋洲文化中也存在禁忌——性是死罪！

如今的婚姻寿命有五十年之久，夫妻之间的性关系也有了新的形式，有充足的时间可以建立依恋关系，欲望因此会得到抑制。人们会遭遇一种新的冲突：伴侣双方中有一方深爱着合法夫妻之外的另一个人，却依然对自己的合法伴侣有着深刻的感情。这种感觉相当割裂，人们完全有可能在不建立依恋关系的情况下爱上一个人，就像假日之恋中常见的那样。人们也有可能在并不爱对方的情况下与之建立依恋关系，这更像是受父母之命结为夫妻的两个人之间的那种感情。

这种割裂感能够解释为什么在第二段爱情中，伴侣之间的关系和情感会与初次结婚时有很大不同。令人吃惊的是，在第一段亲密关系中，伴侣双方很快就会变得彼此熟悉，友情、温情和对彼此的诱惑力很快就会消失；而在第二段亲密关系中，这些感情却能维持很长时间。离婚后重新组建的夫妻关系更加疏远，各自更加独立，因为伴侣双方会更加成熟："再婚十四年后，我们还是会去一家小餐厅约会，这里是我俩爱情环线的一个组成部分。我很在意他，尽量好好跟他说话，试着理解他的感受*。"

甚至有时候，第一次结婚的夫妻分手了，两人之间重新保持了一定距离，但他们之间的依恋关系依然存在，并且会在之后的某个时候将两人重新结合在一起："离婚以后，妻子却开始打扮自己了，还想办法讨我喜欢。我们甚至能坐下来好好说话。我们还会一起去度假。离婚后我们变成了很好的朋友。"一定距离产生的刺激解释了为什么双方都外出工作的夫妻之间的性关系更加活跃旺盛，而妻子做家庭主妇的夫妻之间的性欲则会较早衰退。

一项调查①显示，70%的夫妻认为自己的第二段婚姻比第一段更加

① Enquêtes CIRES (1987).

幸福，不过两段婚姻的风格不同，第二段婚姻中性关系更加紧密，日常情感则更加柔和。20%的夫妻会在第二段婚姻中重复自己在第一段婚姻中遭遇的场景（有位女士相继三次嫁的男人后来都成了同性恋）。

爱情婚姻只存在于浪漫想象中，与此相对的是不冷不热、温温吞吞、若即若离的婚姻。这样的婚姻要求伴侣对既陌生又熟悉的对方保持长久的关注和吸引。

孩子们一般不太能接受父母做爱。他们往往会将自己看到的父母做爱的原始场面理解为控制和打斗："我无法原谅我妈妈，她在挨打时居然表现得很快乐*。"这是最常见的解读方式。或者是："他打我妈妈的方式真可笑。"抑或是："你们都这把年纪了怎么还做爱……你们都三十五岁了*！"

性欲在家庭中总会引起尴尬或厌恶的感觉，甚至是喜欢观看色情电影的年轻人在看到发生在不同代际间的性行为时也会感到尴尬。

讲感情的地方不能谈性，孩子们总喜欢扑灭父母之间的性欲。他们看到的原始场面很少被想象成诗意的时刻，只有担忧父母马上就要分手的孩子才会在听到他们做爱的声音时感到放心。至于父母，他们也会对孩子表现出来的性欲感到尴尬，父母们会说："他们做这种事的时候可以更谨慎一点。"

在家里不能有欲望，不能有快感，尤其是不能有色情化的成分。要想轻松地离开家庭，就要制造一种沉闷的家庭氛围："在家里我想干什么就干什么，可以完全撒手不管。在外面我却必须表现得友好一点。在家里的时候，如果大家都不说话，我会觉得是我父母的错。可是假如在外面，大家都不说话的时候，我会觉得是我自己的错*。"

父母和青少年子女之间的关系类似乱伦抑制效应中的情感麻木，或者长期伴侣间的欲望消退。这种家庭内的沉闷气氛和情感麻木的好处就是营造一种不得不展开社会历险的环境①。

女人被掳走的事件越来越少，营救公主的迷人王子失业了，骄傲的骑士也毫无用武之地。“我结婚是为了离开自己的家庭*”，这已成为常见的女性幻想。必须扑灭家庭内部所有色情化的因素，才能让年轻人看到外出展开社会历险的好处。年轻人要去家庭以外的地方表现自己的力比多。

如果生态环境和社会组织方式向年轻人施加了压力，比如环境危险或工作困难，那么不温不火、仿佛一台正常运转、隆隆作响的机器的家庭就会发挥庇护所的功能。人们在家中找到生活得以为继的安全感。为了能够安全回归，人们更要竭力避免家庭中出现爱情可能带来的风险。

与此相反，如果生态环境和社会组织方式能为年轻人的身心健康成长提供良好环境，那么家庭则会变成施加压力、沉闷萧条的场所。

这种系统化的推理能够解释为什么20世纪70年代的代际冲突如此频繁，造成那么多伤痛，而最近的社会调查②却显示，由于失业率上升、住房危机和大学的淘汰率提高，代际冲突有所缓和，家庭重新变成了庇护所。

死亡是生命必然会经历的事件。所有人的经历中都会出现葬礼。而在这样的时刻，色情的意义也有所变化。

1922年，卡尔·亚伯拉罕（Karl Abraham）在给弗洛伊德的一封信里写道：“我发现很多人在刚刚经历葬礼后不久的一段时间里，会出现性欲增强的现象。主要表现为性需求增加，有人去世后往往会有人怀孕。”最近玛利亚·托洛克（Maria Torok）也指出：“令人惊讶的是，这种力比多的增强往往与羞愧感一同出现。”

---

① 要注意“青春期”主要是由西方文明在20世纪创造出来的一种现象。CHAMBOREDON J.-C.(1985), *Adolescence et post-adolescence*: *«La juvénisation»*, PUF。

② DELESTRE A.(1986), Université de sociologie, thèse, Nancy II.

我曾经试图验证这一临床印象，收集一些更有条理的信息。于是我询问了一百名刚刚经历过葬礼的人，发现他们在性表现方面没有发生特别重大的变化。性行为还维持原样，甚至频次也没怎么减少，不过伴随性行为产生的感情发生了很大变化。性行为在毫无乐趣、一言不发、没有快感、没有色情意味的状态下完成。一些沉浸在哀恸当中的病人还告诉我，他们会在性行为过程中流泪。在这种背景下，性具有了安抚功能。女人会流泪，并在被抱紧时感受到巨大的慰藉；男人也会流泪，一言不发，只是将伴侣紧紧地抱在怀中。

葬礼后的性是悲伤的，但并未死去。死去的只是色情意味。如果说平时，有人为自己和伴侣准备了一餐饭，精心布置餐桌，暗示饭后会有事情发生，会有一场性的狂欢，那么这样的做法会改变烹饪的意义。这种狂欢的感觉，两个人心照不宣的愉悦，让日常餐饭有了色情意味，意义发生了改变。而在葬礼后的性行为中就不会有这样的感觉和愉悦。

假如一个男人在埋葬了自己的父母后希望通过性行为满足性欲，那这样的想法很可能会令他感到强烈不安，并引发负罪感，甚至有可能引发性抑制。而在同样的环境下，一场沉痛的性爱，一次紧紧的拥抱，会赋予高潮一种神圣的意义。要扼杀性行为中的色情意味，才能让葬礼后的性具有一种安抚功能。

特里斯坦死了，死后就算他还有冰冷的爱情，阴茎还能顽强地勃起，他也无法再吸引伊索尔德了。

我做过的一项小调查显示："性让我感到厌恶（20%），让我感到焦虑不安（30%），不值得一试（还是说根本就是亏本买卖?）。"总体来说，接受调查的人当中，有 50% 的人对性的消亡表示欣然乐见。

近年来人们给予性很大的话语权。我们听说过变态性行为，听说过活塞运动不畅，听说过无数因为表现没能达到"奥林匹克运动会般的水准”而伤心、疲软、受惊、失望、恼怒的案例。

而在性的历史中，恰恰是准备好迎接性之死的人才能掌握最大的话语权，为文化运动提供最强大的推动力。无论是神秘主义与色情主义的对峙，还是要求将上帝之爱与繁殖活动区分开来的宗教，在这些叙事中，性始终在罪恶和社会规范之间游走，催生了大量艺术创作和关于性的刻苦研究。女人的下面是世界的基础，只有阳具才能穿透那里。注意了，是阳具，而不是阴茎。

当性行为去神圣化以后，就成了粗俗的消遣，成了对抗厌倦的工具。“女人的屁股很无聊。”莫泊桑如是说。他将曾经具有神圣意味的洞穴比作游戏盒子。阳具的贬值也让男人们如释重负，因为阳具的价值一度高不可攀，甚至像通货膨胀一样了！

不过在去神圣化的同时，性行为也具有了社会化的力量。家庭内部欲望的消亡创造了开启个人生命历险的机会。要去别处求偶、要去别处生活、要组建自己的家庭，就必须离开原生家庭提供的安全感。要想通过婚姻组建自己的家庭，就必须与自己的原生家庭分离。

乱伦抑制迫使人转移自己的欲望，好处就是创造一个觉醒的生命，创造社会历险和情感历险。因此扼杀家庭内部快感从心理学角度看有着巨大的好处。

青少年总能完成这样的过程，日常生活中的沉闷乏味彻底摧毁了家庭内部的快感，外面世界里的一点小事都能让他们无比快乐，他们也因此变得可爱迷人。

再过一段时间，当人们成功离开原生家庭，组建了自己的家庭之后，还会发现扼杀爱情的另一个好处。爱情的火焰能给人们脱离家庭提供必要的力量，但夫妻关系一旦结成，这股爱情力量及其促使人们脱离原先家庭的能力就变成了一种风险。因此，最好是熄灭爱情的火焰，好建立起稳固安全的情感关系，为将来的生活做好规划，给孩子提供一个持久安全的成长环境……直到孩子也感觉到家庭是一种约束。

性之死也是节制生育的最自然的办法，是唯一受到教会允许的办法。此外，还要扼杀色情意味，抹消性游戏带来的快感，停止一切探索和搜寻活动，停止奸夫淫妇的勾当。剩下的事情就交由依恋关系来完成。性最终在最安宁平和不过的情感中溘然长逝。

我预感到接下来要出版的书或许会有这样的标题："四十八小时停止享乐""拯救欲望暴政中的你""如何快速使丈夫阳痿"。

当性被神圣化以后，人们就不会在意身体了。而社会化之后的性却有着高昂的代价。幸好爱情才不管这些，幸好正常人类的生理性愉悦帮我们摆脱各种规约束缚，好让人类创造新的生命。

没有爱情的生活多平静啊。多么平静，多么安宁……却又多么悲哀。

第三部分

纽带断裂

垃圾桶里的孩子，君主的孩子

“你们对我表现出来的骄傲毫不怀疑，这是我从垃圾桶深处得来的骄傲，是我因无父无母而得来的骄傲!”

骄傲与垃圾桶，真是说到点子上了。

最美好的家庭小说都是没有家的孩子们写出来的，《雾都孤儿》、《大卫·科波菲尔》、耶克特·马洛（Hector Malot）、《两个孤儿》（*Les Deux Orphelines*），还有不久前的让-吕克·拉哈耶（Jean-Luc Lahaye）[①]。只有在家庭中长大的孩子才能说：“家，我恨你。”这是一句很奢侈的话，因为要想恨一个家，首先必须要拥有一个家!

西方文化的发展正在重新质疑家庭的意义，此时观察近似实验的临床环境中被剥夺家庭的儿童表现似乎更具一番意义。

几乎所有实验都会采取的方法是，通过儿童的行为观察丧失家庭对他们产生的影响，从而评估家庭具备的功能[②]。研究人员也可以听听这些孩子的想法，看看丧失家庭一事会让儿童展开怎样的自我分析，以及会如何在儿童的反应、决策和人生经历中产生重大影响。

1828年，圣灵降临节的这个周一，纽伦堡天气晴好。一名十八岁的年轻男子出现在这里。他的行动十分笨拙，好像不会走路似的。他也不太会说话，只会含糊不清、翻来覆去地说那么几句话，听起来像日耳曼语：“唔阿斯尼特……唔阿斯尼特”和“波塔瓦埃亨……波塔瓦埃亨”[③]。于是人们把他关进维斯特纳城门，这地方一般用来关押违反了普通法的犯人。在那儿有人向他提供食物和水，同时也密切关注他的行动。

我认为有必要列举不同观察者进行的观察，从而提醒读者注意，观察绝不是客观中立的认知，而是一种创造行为，更多时候是在表述观察者自己的无意识，而不是被观察主体的无意识。

卡斯帕·豪瑟（Kaspar Hauser），反正他是这么称呼自己的，被带到纽伦堡轻骑兵团第四骑兵队的队长面前。此时的观察者是名军人："我们假装用不带鞘的刀去刺他，想看看他有什么反应。结果他无动于衷。之后我们又换了手枪，还有一些其他的枪械，假装要向他开枪……他似乎也丝毫不怀疑有人要伤害他。"

随后奥斯特豪森（Osterhausen）医生出具了一份报告，报告用语极具那个时代的帝国主义解剖学特色："豪瑟的髌骨肌腱撕裂，股内肌与股外肌分别沿胫骨两侧延伸至胫骨结节下方。"

当时还有一位多默尔（Daumer）教授，以善良仁爱和有一颗"人心"著称，人们也把他喊来帮忙，让他教导这个不幸的年轻人。教授摆了一桌丰盛的饭菜，有酒有肉，然后让卡斯帕全部吃下去。年轻人很快酒足饭饱，昏昏欲睡。于是这位善良的教授如此写道："这个动物般的野蛮人极度嗜肉。"

20世纪初，英国传教士辛格（Singh）和妻子营救了两名疑似被母狼养大的小女孩。对小女孩的行为描述显示，她们在奔跑时四肢着地，还会将头埋进盘子里吃饭。回到人类社会后，名叫阿玛拉（Amala）的小女孩很快死去，而另一个名叫卡玛拉的小女孩倒是与传教士的妻子建

① LAHAYE J.-L.(1985), *Cent Familles*, Carrère.

② MALSON L.(1964), *Les Enfants sauvages*, 10/18, recense de manière savante les cas, afin d'évaluer la part de nature et la part de culture dans leur développement.

③ SINGH J. A. L. et ZINGG R. M.(1980), *L'homme en friche. De l'enfant-loup à Kaspar Hauser*, éd. Complexe.

立了依恋关系。那之后，十岁的小女孩通过模仿她的依恋对象，开始直立行走。

第二次世界大战期间，安娜·弗洛伊德①率先针对弃婴展开了有组织、有条理的观察。她记录了一名两岁时被收留的小女孩。当时她表现得非常抑郁沮丧，有严重的厌食倾向，不停哭闹，做出不停转圈的刻板行为，并且只在她试图建立依恋关系、让自己的感情强烈迸发时才肯停下这种行为。二十五年之后，安娜·弗洛伊德再次碰到她，当年的那个小女孩变成了一位漂亮的年轻女郎，精神焕发，看起来性格非常平静稳重。

没有家的孩子总有一天要面临无法进行自我言说的困境。这些孩子在一个没有结构的环境中度过生命中头几年时所经历的场景、遇到的事实、发生的事件，足以让成年人觉得难以置信和无法忍受。比方说一个孩子告诉你，他不得不独自活过四个月的寒冬，五岁以前一直睡在大街上；曾经被村里最有钱的一户人家收养，可是某天晚上突然被赶下温暖的床，就因为收养他的那位好心人听了邻居女人的闲言碎语，说他家的孩子偷了一张一百法郎的钞票；被赶出来后有一伙流浪汉愿意喂他饭吃，但强迫他喝酒……成年人根本没办法相信这些！这些孩子没有被纳入人们习以为常的情感、家庭、社会结构，遭遇的一切都超出常规认知。雾都孤儿、耶克特·马洛和让-吕克·拉哈耶讲的就是这样的故事！

成年人通常会有三种反应。

一部分人像性虐待狂一样特别关注性暴力事件，向孩子提出一大堆关于性、强奸、暴行和盗窃的问题。小孩会觉得这个人似乎是乐于将他视作人类渣滓，于是选择缄口不语。

一部分人不轻易上当受骗，喜欢说教。这类成年人往往有较高的社会地位，是再正常不过的人，因此也缺乏相关的生活经验，无法相信这

① BURLINGHAM D., FREUD A. (1948), *Enfants sans famille*, PUF.

类冒险故事。他们在自己所处的世界里从未听说过类似的故事。他们甚至会因为这些故事感到有些焦虑。于是为了平复心情，也为了自我防御，这类成年人会对小孩说："编造这样的故事出来你不觉得羞愧吗?"随后又加上一句："给你，这是十法郎，去买点糖果吧，奖励一下自己，竟然编出了这么动听的故事。"于是孤儿选择缄口不语。

还有一部分人无动于衷、冷若冰霜，其实这类成年人感到非常震惊、不知所措，不想再对孩子造成进一步伤害。为了控制自己的不安，他们往往会选择将情绪封存起来。有时候他们会管这种反应叫"善意的中立"。他们确实没有坏心，但这种反应也不利于依恋关系的建立。于是孤儿选择缄口不语。

孤儿经常会有这类经历，因此会产生一种奇特的感觉："我是垃圾桶里的孩子，因此我和别人不一样*。"成年人的反应教会他们一种特殊的人际关系策略："要想跟一个成年人说话，就要向他提供他所期待的东西，让他听到他平常听的那些话。不过我自己心里明白，我的经历可怕又奇特，这个精彩的故事我要讲给自己听。"

因此，从能够讲述自己的经历、身份认同建立之初起，孤儿和他所处的文化中间就横亘着一堵人际关系的墙。原本沉默的孩子变得健谈，原本平凡的孩子变得喜爱冒险。他们必须把自己装饰一番，才能显得真实可靠。

孤儿的生命历程总是受到一种补偿性乌托邦的控制。但并不是所有研究人员都同意这一点，因为观察方法不同，得出的结论也不同。一些人认为孤儿不会表现出重大障碍①：这一观点有些出乎意料，毕竟孤儿

---

① LOUTRE DU PASQUIER N. (1981), *Le Devenir d'enfants abandonnés. Le Tissage du lien*, PUF.

的生命历程总是惊人地相似，就好像他们都有着共同的命运。关于精神病的文学作品中也很少存在分歧，除了在知情者眼中，这些孤儿不会表现出特别明显的精神障碍或神经官能症，可他们却几乎总是会表现出一定程度的自恋倾向①。

可能需要好几卷本的体量才能写尽人类的痛苦，一本精神病学作品的二十几个章节远远不够。但如果我们设想一种形式的生命以完全不同的方式出生、成长、显现，或许就能更好地理解孤儿的心理结构如何在他们的青少年时期得到表现。就像那句疯狂的话说的一样："而我呢，将来我一定会让我的妻子和孩子无比幸福。"从这个角度来看，孤儿的生命历程倒是使人想起安娜·弗洛伊德所做的关于一局棋的比方。当有人与她谈论精神分析学中起束缚作用的决定论时，她回答说："生命中的头几年就像一局棋的开头几步。那几步棋的确能决定整局棋的走向和风格，但只要没将军，就还有翻盘的机会。"

我们对孤儿观察的最后一点是区分神经官能症和自恋。神经官能症患者的存在方式可以被表述为"如何在一个三角形的限制关系中满足我自己的欲望"，或者"一切欲望都是有罪的，因为假如我对母亲产生欲望，那么父亲就会将母亲从我身边夺走"。因此出于压抑，神经官能症患者会发展出一种拼凑策略。"既然满足我的欲望是有罪的，那我就假装自己服从于禁止实现欲望的法则，但我还是会让欲望在种种限制的夹缝中存活下来，然后用曲折的办法满足它们。我要娶一个能让我联想起母亲的女人。"基于压抑机制的存在方式就这样确立起来：娶一个"仿佛是我母亲"的女人，然后总有一天会想离开这个女人，就像人们总有一天要离开自己的母亲……但同时与她维持依恋关系。痛苦就是这样产

① DUYME M.（1982），*Les Enfants abandonnés：rôle des familles adoptives et des assistantes maternelles*，C. N. R. S.

生的。

然而孤儿的存在方式与神经官能症患者的存在方式不同。孤儿不需要让自己的欲望存活在三角限制关系的夹缝中，不过他们要修复根植于个人生命历程的伤疤，敢于让自己本人作为主角开口言说。

“垃圾桶”始终在他们生命历程的源头，因为他们记得自己曾经被抛弃，曾经住在社会福利机构，不停地经历各种关系的断裂，无法建立任何依恋关系。他们也不能向人倾诉自己的伤痛，因为没有人会听。与此相反，以自我为中心的心理建设又会不断让记忆重现：“我能讲给我自己听，总有一天我要把这些都写下来，让它们成为艺术作品①。”

孤儿的生命历程可以通过自我建设被概括为两个章节：首先是通过自我命名修复最初的伤疤。这项工作完成以后，孤儿就能呈现在众人面前了，就敢于暴露在社会凝视和性别凝视之下了。直到这时，孤儿才能开始追寻自己的身份起源。

如果说自恋者的身份认同很晚才完成，那是因为自恋者首先要自我修复，让自己名正言顺。存在方式的确立因此变得充满悖论、代价高昂：以自我为中心的自恋者必须先融入社会才能满足自己的欲望。

孤儿必须先建立一个虚假的自我，建立一个“好像是”的人格，之后才能获得真实性和可靠性。因此孤儿会有许多关于家庭的幻想，希望幻想中的家庭能够为他指引方向。孤儿总是会找到一个母亲般的人物，可能是女邻居或是福利院女照护，也可能是教育者，一个英雄式的人物，或是一个能够回忆起的对象：“她希望你成为一名淘金者，或者是拿到诺贝尔文学奖。关于你，她有一个十分伟大的设想。”

因此，孤儿的家庭叙事就变得与众不同。在家庭环境中长大的孩子会贬低自己在现实中的父亲，然后在想象中创造一个形象更加光辉高大

---

① ROBERT M.（1972），*Roman des origines et origines du roman*，Gallimard.

的父亲。而没有家的孩子却无法实现这种贬低，因为他们从来就没机会参加自己父亲的“葬礼”。如果从来就不认识这个人，又如何为他的离去感到哀伤呢？如果从来就没感受过爱，又该如何为爱的失去感到惆怅呢？于是他们只好想象一对完美的父母。他们显然应该是圣母马利亚式的人物，并且“她是我的母亲。但是做圣母马利亚的儿子可不是件容易的事。必须完美、勤奋，尤其是要开拓出自己的一片天地。一切都要从头开始创造，因为没有榜样可以效仿。于是我紧紧抓住一切能为我指明方向、能让我的开创工作更容易一点的迹象，哪怕微不足道。某天福利院的一名工作人员告诉我，母亲抛弃我的时候在襁褓中放了一枚金戒指(可能是她的婚戒?)。她的意思是希望我将来能够成为有钱人，我发誓我一定会有钱的！我发誓一定要过得很好*”。

有家的孩子做出的家庭叙事就完全是另外一种风格了。孩子否认自己在现实中的父亲，皈依英雄人物的门派，后者能让他想到那位令他崇敬不已的理想中的父亲①。而以自我为中心的自恋孤儿不得不想象一切。他无法从能使自己联想起母亲的现实因素出发创造一个过渡性的对象。他必须凭空创造一个母亲，好成为这个母亲的儿子。简直就是一场白日梦！

说到做梦，我发现流浪儿经常“梦到没有头的父母”。流浪儿可能会梦到父母穿着平时常见的黑衣服，但是“在应该有脸的地方只有一个空心的椭圆形，就像马格利特（Magritte）的画一样，是一个没有面孔的空窗，这就是我的父母*”。通常孩子梦到父母时会看到一张他们爱或恨的脸。这张脸会有具体的形状，有一只大鼻子，一双小眼睛……而没有家的孩子不知道该往这个空窗里填进去些什么，他们必须自己画出这张脸的特征。

---

① SOULÉ M. (1984), *Le Nouveau Roman familial*, E. S. F.

在压抑中，在对失乐园的找寻中，孤儿书写着自己的叙事。

他们在一个错误连篇的世界里成长，因为他们能感受到不被允许的欲望。他们从出生起就是有罪的，必须为此付出代价。

这些以自我为中心的自恋者在一个充满羞耻感的世界中成长。他们从来就没犯过欲求母亲的罪孽，有时候会渴望母亲的乳汁，最多就是做几场令他们自己也感到诧异的春梦。他们有这种意识，但是并没发展到像俄狄浦斯情结的地步。他们不会觉得自己有错，不过内心深处充满羞耻感。

没有家的孩子们经常会说："我已经失去了我的父亲母亲，我不知道我的家庭是什么样的。后来又轮到照料我的阿姨去世，我觉得很愧疚。我是那个给大家带来不幸的人。我周围的一切都会死去。我身边的人都会死，成为这样的人我感到很愧疚。我得变成那个给大家带来幸福、带来生命的人。所以我要结婚，生很多孩子。我肯定能让他们幸福*。"

多么可怕的乌托邦幻想。自恋者的修复幻想主导着孤儿人生的第一篇章。到了第二个篇章，当这些孤儿长到四十岁的时候，他们就会承认："变成那个给大家带来幸福的人，我当时并不知道这是个病态的渴望*。"

在家庭环境中长大的孩子确立生存方式的过程会经历压抑、遗忘、接受限制这几个阶段，从而能够承受原罪而不会感到过于焦虑。可是孤儿确立生存方式的过程却完全不同。

安娜·弗洛伊德、勒内·斯皮茨和约翰·鲍尔比之所以要在 1946 年观察一群与母亲分离的儿童，是因为他们接受过精神分析训练。出于一些理论原因，他们想到要去人类幼年时期寻找一些二三十年后才会表现出来的心理障碍的根源①。这些精神分析学家知道对婴儿来说，语言

① WIDLÖCHER D. (1983), *Les Logiques de la dépression*, *op. cit.*

还不是完美的表达方式，因此他们转而去观察婴儿的行为，就像在那之前弗洛伊德、梅兰妮·克莱因（Mélanie Klein）、费伦齐（Ferenczy）、兰克（Rank），还有其他许多人做过的那样。

对丧失家庭的儿童进行的最早几次观察显示，他们的行为会出现非常严重的障碍，并且相同的行为场景会不可避免地反复出现[①]。一开始，儿童会用尖叫、眼泪、躁动和呼唤表示反抗。随后，儿童出现绝望情绪，具体表现是以自我为中心的行为发生频率升高：目光低垂、一言不发，摆弄自己的头部、手部和性器官，摇晃身体，用力吸气。最后，长时间的分离让儿童表现得对一切都漠不关心，不再对食物或情感刺激做出回应。宝宝会肚皮朝下、屁股朝天趴着，任由自己就这样死去。人们总是忽视分离后儿童行为的第四阶段，也就是修复阶段。分离时间越久，修复就越难以完成。尤其是每个孩子的修复行为都很不一样，有些孩子原本很讨人厌，与母亲分离后却变得十分讨人喜欢。不幸的是，人们无法据此给出某种教育孩子的方法，因为完全相反的情况也经常发生！

通过行为学观察可以总结一些普遍的规律[②]，提炼一种具体的观察方法，从而得到行为坐标。行为坐标就能构成一定的指标，反映儿童的内心状态及其在所处环境中的成长经历。

人们发现幼儿在母子分离发生之前的个人经历对其后的行为会产生重要影响，能够最好地适应分离的幼儿是那些在失去母亲之前就与母亲建立了良好依恋关系的幼儿。他们在分离后能够继续以靠近对方、微笑、低头、发出声音、玩耍的方式与他人进行互动[③]。那么值得探究的

① SPITZ R.（1953），*La Première Année de la vie de l'enfant*, *op. cit.*

② GARRIGUES P.，MENNESSON J.-F.（1985），*Le Jeu, l'enfant*，*op. cit.*

③ PETITCLERC L et SAUCIER J.-F.（1985），«Adaptation aux pairs à la garderie»，in *Ethologie et développement de l'enfant*, Stock.

问题来了：现代行为学描述了与勒内·斯皮茨在1946年所描述的完全相反的情况。如果从一开始就没有建立依恋关系，那么幼儿就无法承受哪怕很小的分离。他们会在陷入孤立无援境地后的几小时内完全与社会隔绝，在失去母亲之后再也无法重新组建并发起请求行为。

有一类关系特别紧密的家庭往往表现出大量情感连接行为，目光、言语和接触将夫妻双方紧密连接在一起。他们讲述同样的故事，面临相同的难题，互相模仿，习惯性动作、穿着和语言都相同。关系紧密的家庭内部有着高度的情感连接，这样的家庭仿佛与焦虑情绪达成了某种“交易”，家庭经历和行为都是为了对抗焦虑。家里的孩子千万不能出去上学，因为这会使他们被迫分离。他们必须住在同一个街区、同一栋楼里，定期见面，经常举行家庭仪式，庆祝家庭节日，从而加强成员间的亲密程度。

在此类与焦虑达成“交易”的家庭中，一切分离都意味着失去，一切意料之外的事件都会引发足以离间彼此的焦虑情绪。

我们曾经有机会观察一家托管机构中的两批儿童，其中一批在二到六个月大时被遗弃，另外一批儿童在家庭环境中长大，他们的父母只在白天把他们送到托管机构①。行为学家先是确定了儿童的依恋对象，具体做法是找出并计算儿童对此人的行为反应，例如跟随、伸出手臂、寻找目光、发出声音、微笑、爬上膝头等②。

依恋对象一旦确定后，行为学家就开始观察两件必然会发生的事件：依恋对象离开儿童以及重新返回儿童身边。

被遗弃的儿童比在家庭环境中长大的儿童表现出了明显更加强烈的依恋行为：在陌生人面前表现出强烈的焦虑不安，依恋对象离开时表现

① Observation réalisée par TIZARD (1972).

② STRAYER F. F., GAUTHIER R. (1982), «L'Approche éthologique de l'observation du comportement», *Apprentissage et socialisation*, n° 5-1, pp. 12-24.

出巨大的悲伤痛苦，返回时又表现出强烈的喜悦。

而在家庭环境中长大的儿童拥有一种稳定性：一种因为能够在特定时间重新找回外部事物而获得的稳定性。这种通过依恋对象表现出来的稳定性构成了儿童获得身份认同、不变性和稳定感的生物学基础。就算母亲和房间里或舒适环境中的事物发生改变，儿童也知道它们到了特定时间又会恢复之前的状态。这种外部世界的节奏感使儿童平静下来，并在环境发生改变时让儿童感到有什么东西始终不会变。因此在成长于家庭环境的儿童眼中，改变、陌生、外部世界都变成了有趣的事件。

没有家的孩子生活在一个无法预知的世界中。他身边没有那种节奏感，不会有相同的嗓音、气味、房间、歌谣反复回到他身边，因此也无法获得一种由此带来的稳定性。任何一次改变都会将他抛入未知。让有家的孩子乐在其中的事，却会使得没有家的孩子焦虑不安。所以他必须去找到一个可以安慰他的事物，或是一个依恋对象的替代品。而唯一稳定的事物，唯一不会在感官上发生变化的事物，就是他自己的身体。因此他就会将行为指向这件永恒不变的事物，从而发展出一系列以自我为中心的行为。他摇晃身体、抽搐、手淫，等再大一点还要将自己的精神和思想投注到自身。他的精神器官并不能让他感知世界，而是让他反复思索自己内部的精神世界，永远处在痛苦自恋的状态之中。

行为学家从行为角度揭示的问题在精神治疗中也被反复提及，毕竟话语永远是观察的一部分。

孤儿在讲述自己的经历时常常没有太清晰的时间概念①。他们记得发生过的事件，甚至能用非常饱满的情绪讲述出来，只是会弄错事件发生的时间：“应该是我晚上去修畜栏顶棚的那段时间。”心理治疗师质疑道：“怎么可能呢？你当时才四岁！”病人说：“那就应该是我堂姐拿到

① LEMAY M. (1979), *J'ai mal à ma mère*, *op. cit.*

监护权判决之后。我当时十二岁，那是七年之后了*。”

曾经有一位病人跟我讲她如何用一顶大帽子和一条开衩的裙子去勾引男人。我提醒她注意自己正在回忆五岁时发生的事。她想了一会，然后跟我说：“没错，当时我刚刚脱离宗教，那么我应该是十七岁*。”

在缺乏稳定性的外部世界里长大的孩子通常对某一事件的持续时间没什么感觉。对他们来说，只有心理状态的持续时间才算数：“这个收养家庭每晚都让我干活*。”经过核实发现，当时这个孩子只干了几个晚上的活。不过这几个夜晚对他来说意义重大，就像足球比赛的前夜或是圣诞夜那样。那个无法获得节奏感又缺爱的孩子最终在自己的记忆里变成了每晚都在干活的孩子。

对于时间和时长的认知有着这般心理障碍的孩子又怎么能够设想自己的未来和家族谱系呢？未来根植于过去，人们只有在知道自己从何而来时才能更清楚地知道自己将要去往何处。

至于未来则完全没必要担心，没有家的孩子是“不死”的孩子：“我有的是时间去实现哪怕最疯狂的愿望。关于老去这件事，我没有榜样可以参考。时间对我来说是不算数的。今天没做的事情，一百年后会做的*。”

节奏感的获取依赖内部和外部的两种力量。内部力量就是建立依恋关系的需要，外部力量首先来自感官层面，随后来自情感层面，之后又来自社会层面。要想获得建立依恋关系的需要，首先要遇到一个依恋对象，然后才能与之建立联系。

1944 年，一群德国人逃到格勒诺布尔附近。一支法国军队从南部北上，将德国人封锁在名为夏第戎（Châtillon）的小镇，与此同时，抵抗运动成员也在北部集结。德国人在小镇筑垒自守。两支法国军队必须绕过小镇，穿越山脉、森林、峭壁，躲过德国巡逻队才能传递信息。

一名抵抗运动成员来到一座充当福利院的农场，找来一群生活在那里的孩子，从中挑选了一名他觉得又聪明腿脚又麻利的小男孩。这名七岁小男孩的三角短裤里塞满了平面图和加密信息，在随时准备射击的狙击手和士兵中间钻来钻去，最终设法穿越了德军的封锁线。往返几趟之后，两支法国军队商议好了作战计划，一举消灭了德国军队，而法方只有一名士兵阵亡、几名士兵受伤①。

你能想象这个男人走进一栋房子，对着一家人说“把你们家小儿子借给我用用，他可能会死，不过好处就是我们能打赢这场战争”吗？

如果一个有家的孩子死去，肯定会引发许许多多悲痛。而如果一个福利院里的孩子死去，却不会引发太大的麻烦。死后不会被沉痛悼念的孩子是一个毫无价值的孩子。不知道父母是谁的孩子几乎什么也不是。

而这个孩子，在战争结束后又会回到农场，重新在他的草垫子上睡觉，干从前一直干的活，毫无怨言地接受棒打。他会一言不发地回到他的“垃圾桶”里去，不过满怀骄傲！他的生活比他为了获得内在一致性而编出来的故事还要光怪陆离。通常患有神经官能症的成年人为了适应社会要压抑，也就是截断内心的欲望。可是没家的孩子在生命起源处就是一片空白。令我震惊的是，这些孩子对于任何有可能说明他们来历的线索都会表现出高度的知觉和敏感。

“他接过国家颁发的孤儿证，好像接过来的是荣誉军团勋章似的*。”

父母可能有着各种各样的情绪，月末会遭遇经济困难，但父母的孩子总是爱着生养他们的人。而为了更好地爱他们，孩子还会先否认父母。更确切地说，孩子们会先否认父母也有局限性，试图留住关于完美父母的记忆。“而我呢，我是由国家抚养的战争孤儿。虽然不是谁的孩子，但我是由国家抚养的孤儿，我是一个光荣的国家实体的孩子*！”

---

① 当时作战风险最高的军团大部分由军队抚养的孩子和孤儿组成。

有时候关于他们来历的线索也是被想象出来的。不过就像小说中写的那样，想象也是源于现实。“我是 1944 年出生的，金发、蓝眼睛，喜欢打篮球。所以，我父亲应该是美国人，因为美国人是在 1944 年来到的法国，美国人也是金发、蓝眼睛，篮球打得很好*。”于是她就到诺曼底登陆的卷宗中去寻找自己的来历。

社会谈论孤儿的方式也会影响到孤儿的身世书写。我曾在一个庞大的社会福利机构中工作，那里面的孩子没有名字，只有编号。这种无名的状态①给机构里的上千名儿童造成了毁灭性的伤害。

同一时期，法国共产党在阿尔克伊（Arcueil）买下一栋小房子用来安置战时孤儿。一些十六到二十岁左右、尚未取得文凭的教育工作者在完全不遵守卫生规定的情况下照料这批几乎全部受到过严重侵害的儿童。这一批孩子当中有很多曾经被流放、被关押，忍饥挨饿。他们在“颠沛流离”（这个词描绘的处境在当时反复出现）之后最终抵达这栋严重超员的小房子，在里面获得了一张床铺。不过那里的人们谈论的都是光荣的牺牲：“你们的父母是为法国而死的，他们为了一种信仰死去……多么高贵！你吃了许多苦，失去了家人，但多亏了他们，如今我们才能获得自由……多么崇高的牺牲啊！”

人们跟踪记录了其中四十名孤儿后续的人生经历。他们现在都已经五十多岁了，其中有两人成了罪犯（还在阿尔克伊的时候就已经是罪犯了），有几个已经死了，还有十几个与观察人员失去了联系。剩下的二十七个孤儿的情感发育十分健全，并且取得了引人注目的社会成就：三位知名作家、两位剧团团长，好几位科学家和教师。

总而言之，如果当初留在各自的原生家庭中，他们或许永远也无法

① 人无法在没有组织的社会团体中开展自己的活动。

实现与今日相仿的成就，也不会拥有如今的生活阅历。

更加严谨的统计数据①显示，这群孩子当中，有 42% 的人通过了法国高等学校（grande école）的选拔考试，或是进入公立大学继续接受高等教育。孤儿院营房里的社会凝视对这些无家可归的孩子产生了强大的正面影响，让他们实现了远远高于普通孩子所能实现的成就。

1943 年在巴黎成立了一家纳粹优生优育繁殖中心，推广种族卫生运动，挑选繁育金发长头型人种②。一些档案声称将会有一千名儿童在该中心降生。

我曾经见过在这次人种选择中出生的两名男孩和一名女孩，并为这名女孩进行过治疗。两名男孩简直犯有意识形态罪。他们说："这个社会因为我们的出身而想要除掉我们，不过我们自己心里清楚，我们是上等人的儿子*。"

那名女孩后来嫁给了一名企业主，在一个非左翼政党中担任领袖。她说："我不能提起我的身世，不过我对自己的身世感到骄傲。我不知道我的父亲是谁，不过我遗传了他对于实施统治的渴望和意志*。"因此，她"统治"着她那位善良的、彻底被美丽妻子迷住的丈夫。他的妻子身材高大、一头金发、意志坚定。他不知道的是，这种坚定的意志恰恰来源于她谜一般的身世，社会赋予这个被遗弃的孩子以极高的价值，让她取得的社会地位或许远远高于她在原生家庭中长大所能取得的。

身份建构是后发性事件，回过头去看自己从何而来才能知道自己是谁。有家的孩子会说："等我长大了，我会成为父母那样的人。"他们也完全可以说："等我长大了，绝对不要成为父母那样的人。"他们马上就能给自己找到一个参考标准。可是没有家，一切以自我为中心的孩子，

① BAUMANN D.（1988）, *La Mémoire des oubliés*, Albin Michel.

② Archives du Lebensborn in HILLEL M.（1975）, *Au nom de la race*, Fayard.

关于自己身世起源的想象就只能追溯到自己的出生："我是那个被遗弃的孩子。"

总有一天，没有家的孩子要重新上路去寻找自己的创造者，就像他们说的，"去寻找我真正的父母"。不可思议的是这种找寻往往很晚才会发生。一般来说，在个人生命历程中的重要时刻，经常是他们自己的孩子度过青春期以后，没有家的孩子在建造了自己的家庭后决定重新上路，去寻找从来没见过的父母。他们要去寻找自己"真正的母亲"。福利院里的教养妈妈、寄养家庭里的妈妈、奶妈、公共救济事业局（Assistance publique）和公共卫生与社会事务部（DASS）都变成了"坏母亲"。"我是被公共卫生与社会事务部抚养长大的，所以我的俄狄浦斯情结是同公共卫生与社会事务部这个母亲缔结的，我真正的母亲是一位仙女般的人物。抚养我长大的那个人有罪。她经常对我说的一句话是：我为你做的这些事，你母亲都不会为你做*。"这句话直接取消了寄养家庭里的母亲成为他心目中母亲的资格，让寄养家庭里的母亲永远变成了一个坏母亲、一个巫婆，而他真正的母亲才是那个仙女。"那个喂养我、惩罚我、领了津贴抚养我的女人才没有资格说我亲生母亲的坏话*。"

有时候情况也会完全相反，分离使得亲生母亲的地位受到威胁："在我看来，真正的母亲就是我的养母。我知道养母不是我的亲生母亲，不过我很爱她，我将她认作亲生母亲*。"这里可以看到一种开创者的想象："谁成为我的母亲，这将由我来决定。"通常情况下是母亲来说出谁是她的孩子，谁是这个孩子的父亲。而没有家的孩子要自己指认自己的母亲。这种对母性的寻找通常发生在没有家的女孩养育了自己的孩子、建立了自己的家族之后。她会说出谁是她的孩子，谁是这个孩子的父亲。同时她也会说出谁是她的母亲，然后她会去问这位母亲，她的父亲是谁——她的家族谱系是什么样的将由她自己来宣布。

有家的孩子知道他的家庭传奇故事是编出来玩玩的，是白日做梦。可没有家的孩子却相信自己会在现实中找到他的仙女妈妈。没有家的孩子在年龄上和社会能力上都走到可以成家的地步后，会重新出发，按照自己想象中的父母形象去寻找自己的亲生父母。他们会利用现实来满足自己的欲望。

在不能与孩子建立过多情感连接的年代，对拣来的孩子的身世保密非常必要。儿童夭折十分常见，成年人甚至不敢与孩子建立过多情感连接，否则很有可能因此承受痛苦。更不用说被抛弃的孩子了，这样的孩子简直就是罪孽之子！圣文森特·德保罗费了好大力气才说服慈善修女会照料弃婴。总之，没有家的孩子象征着无秩序，而人人都知道没有秩序的社会是不存在的。这一切也就解释了为什么从前的孤儿院对待孤儿的方式粗暴得骇人听闻，以及为什么有必要对拣来的孩子的身世保密。

还应该考虑到社会心理学方面的问题。直至 1950 年，每两个成年人中就有一个曾是孤儿，在福利院或寄宿学校中长大。这个惊人的数字或许能够解释为什么我们文化中的道德观念要求人们为家庭价值作出巨大牺牲。

如今的调查数据显示，无家可归的儿童数量不超过二十万名。我们生活在一个过分强调家庭的文化背景中，甚至有人会说："家人们，我恨你们。"

如今人们也需要好好考虑孩子的价值。人们生的孩子越多，孩子就越没什么价值。在中国，自从国家政策限制一对夫妇只能生育一个孩子以后，只用了一代人的时间，就出现了"小皇帝一代"。这些孩子在各方面都获得了父母的极大投入，养育一个孩子要花掉父母双方其中一方的几乎全部薪水："他们的头脑被培养得非常灵活敏捷，但内心却较为冷漠疏离[1]。”

没有家的孩子遇到亲生母亲、想象遇到现实的这天终于来了。

随着近年来司法的不断进步，越来越多无家可归的孩子重新找回了自己的身世。我感觉某些特定的场景在反复上演。有家的孩子通过被反复讲述的家族故事和泛黄的老照片了解自己的身世，通过使人想起另一个时代、另一所房子的物件和家具得知自己的来历，更是通过世世代代的延续确知自己的身份。

而没有家的孩子从档案资料里寻找自己的来历。与这个发生在行政部门、可被概述为“查找人名登记册”的场景相对的是“仙女的故事”。然后偶然间，且通常是令人意想不到的偶然间，相遇就这么发生了：“我觉得我在战前见过您父亲。那个男人很可能是您父亲。他可是个很了不起的人物。我家里还有一张他的照片。”或者是：“您出生后我曾照料过您的母亲。她可吃了不少苦。她不得不将您遗弃的时候也一定展现出了超凡的勇气。”三言两语、吉光片羽之间，“垃圾桶”里的孩子变成了英雄的孩子。与“查找人名登记册”的场景相对的是“主人公如何发现他是君王的儿子”的场面。

幸好去找了，幸好碰巧遇到，如今他的想象成真了。

大多数无家可归的孩子都会牵挂自己的身世，不过女性往往比男性更加牵挂，男性经常因为害怕唤醒过去的伤痛而拒绝开启寻亲之旅。母亲与被遗弃孩子的重逢也会给孤儿的故事书写新的篇章。无论是出于“文件档案”的重逢还是出于“不可思议的偶然”的重逢，母亲都会等在电话的另一头。母亲与孩子在现实中的第一次互动就在焦虑不安中通

---

① Madame le Professeur SHEN YUCUM (1981), Beijing Medical College, Chine, in *Architecture et santé mentale*, communication personnelle lors du colloque O. M. S., E. Alfred Sand, Bruxelles.

过嗓音展开，对亲情的渴望险些没能战胜恐惧：“是我，你的女儿……”

“我早就知道这一天总会来的。”母亲回答说，“你希望我们见一面吗*？”

接下来她们该见面了：“我按响了门铃……她打开门……我看见一位普普通通的女人，和其他女人没什么区别。我知道这是我妈妈，可我感受不到这一点*。”

她们必须开口说话。有时候亲密感是在一瞬间被建立起来的。“我们并排坐在沙发上，讲述自己的经历。我并没有特别激动，只是很震惊，我居然能跟一个之前不认识的女人如此亲密地谈话*。”

但事情也并不总是进展得如此平稳：“我曾经将母亲想象成圣母马利亚式的人物，在自己的幻想中深深地爱着她。二十岁的时候，我通过她出生地的法院书记室和电话号码簿找到了她，结果发现自己找到的是个婊子。她把我撵出门，我受不了又一次被抛弃。从那天起我就更加努力地工作……好让我更值得被爱*。”

另一位女士说：“我想找回我的身世和来历，因为从前我好像一直飘浮在虚空之中。我被迫相信别人关于我的说法：臭婊子、婊子的女儿。我想象自己拥有一位完美无缺的母亲。结果，我找到的真的是个婊子。当我试图拥抱她的时候她却将我推开。如果说从前我一直飘浮在虚空之中，那现在我就是堕入了痛苦的深渊*。”

不同的相遇都经历了相同的过程：迟到的寻根之旅、见面时的不安和快乐、熟悉的陌生人之间几乎立刻产生的亲近或敌意。二者之间并没有新的联系建立。

没家的孩子的内心世界发生了翻天覆地的变化。他知道了他来自某个地方，来自某个人，来自某段故事。他看到了一些面孔和图景。随之而来的是归属感带来的平静：“我知道我是哪里人了，知道我是谁生的了，也知道了我的宗教信仰是什么，我家乡的音乐是什么样的，那里的人们怎么穿衣打扮、梳什么样的发型*。”突然之间获得的身份会让孤儿的精神世界如释重负①：“我再也不用创造一段传奇了，因为我发现自己已经属于一段传奇了，它早在我出生以前就存在，并且一直延续至今。我来自一个人人都会成为剧团团长的家庭，这是我们的命运。我再也不用通过数学或者经商或者体育或者军队去寻找我自己的人生了。我只会成为剧团团长，可是在这之前，我不得不尝试数学、从军、从商，然后发现自己根本不喜欢这些。现在我知道我从哪里来、我属于谁，因此可以省掉这些代价高昂的经历，不必再不停试错了。确定身份的确使我受到了很多限制，不过同时我也变得更加圆满和完整了*。”

家族故事有着预言价值：我们家族里没人研究数学，也没人参军。要想成为某个人，就必须放弃成为那些我们本来可能成为的人。家庭的桎梏有助于且支配着孩子的成长。这种桎梏引导孩子，赋予孩子意义，限制孩子，塑造孩子，同时也修剪孩子的枝枝蔓蔓。

关于情感动物展开的行为学研究发现，当被迫与父母分离时，无论什么物种，无论何种文化，生物都通过相似的行为反应来适应这种分离，具体表现就是以自我为中心的活动增多，这会对生物形成自然的镇静安抚作用。当这些生物能够思考以后，它们又会表现出以自我为中心的精神活动，这会加重它们的自恋倾向。

大量因素会对弃婴的人格塑造产生影响：被遗弃的时间、性别、自身情感冲动的特质、遗弃发生前建立的联系，还有特别是社会对于弃婴的看法。因此弃婴的临床表现呈现极度的多样性。

对于孤儿展开的行为学观察告诉我们，社会凝视对于儿童的性格有着强大的塑造力量，会导致这些儿童拥有完全不同，甚至相反的人生轨

① GUYOTAT J. (1980), *Mort, naissance et filiation*, Masson.

迹。一些孩子在不利于他们成长的社会环境中长大，因而无法实现充分的个人成长；而另一些孩子却能完成他们在原生家庭中也无法达成的成就。

中世纪的儿童由集体抚养长大，孩子们组成一个个小型的儿童王国。17 世纪的儿童通过模仿同性别的成年人完成自身的社会化。18 世纪，教育这一概念开始出现，主要目的是抑制儿童不好的天性。19 世纪的机械化背景下，教育者认为有必要驯化儿童。第二次世界大战以后，教师普遍采信的教育理念要求他们将儿童视为一张白纸，成年人可以在这张白纸上填写任何信息。

“垃圾桶”里的孩子让我们像画家端详模特一样端详父职和母职。这又牵涉到教育者的感官在场。因为看不见父亲的样子，无从建立父亲在家中的可靠性，因此父亲能够成为社会团体中具有非凡魅力的领袖人物。而看不见的母亲会成为一个幻影，仿佛原始神灵，是给予者，也是毁灭者。

社会凝视的强大力量其实揭示了我们文化中的一个弱点。我们的文化发展到今天，一直缺乏对青春期的足够认识，还没有做好准备充当安全的家庭环境和危险的社会环境之间的中继站。

直到现在，人们为了理解儿童的成长发育，用的还是俄狄浦斯模式。孤儿如今在西方已经不常见了，但这些自恋儿童的心理模式还是广泛存在。

在第三世界，迁移人口和流放人口的孩子、父母遭遇屠杀的孩子、与父母失散的孩子数量还是很多。第三世界如今正经历着欧洲直到 20 世纪 50 年代还在经历的事情。

无家可归儿童的理论模型在西方的发展其实源于“内部迁移”这一现象。特定人口内部的个体不断迁移，改换住所和生活方式，以便适应变化中的文化。从前人们建造巴黎圣母院花了四百年的时间，可如今只需要五年就能建造一座新城。住在新城里的人们互相之间并不认识，在下一次搬家之前也来不及建立情感和社会关系网络①。就像无家可归的孩子一样，这些无根的人类必须创造他们自己的文化。

而家庭的功能就是保障儿童的神经发育，向儿童施加限制，让他们按照预先制定的、强制性的、简单便利的模式成长。在家庭环境中长大的孩子会发现自己身处特定的社会环境和想象环境，自己的成长发展受到这一环境的引导和支持。

而无家可归的孩子身处一个不稳定、无组织、形式多变的环境，社会在他们看来难以进入且混乱无序，他们对环境的想象性认知缺乏条理，社会目光贬低他们的价值。在这个无形的世界中唯一不变且熟悉的稳定坐标就是他自己。于是无家可归的孩子变得以自我为中心。自我认知成为他们为人处世的主要依据。

无家可归的儿童缺乏外部的组织者，成为没有镜子的自恋者，他们只能想象自己将要成为什么样的人；而俄狄浦斯模式中成长的孩子有具体的参考依据，能够认知到自己将成为什么样的人。

当然了，神话命运也是俄狄浦斯实现的，俄狄浦斯自己也是个被抛弃的孩子。

那他父亲是干什么的来着？

---

① ANGELI S. (dir.) (1986), *Les Enfants de la rue*, Berger-Levrault.

依恋，后续与结局

衰老是个刚刚诞生不久的概念。

直到19世纪，死亡还与衰老无关。女人们在分娩时死去，男人们在工作时因事故身亡，或者打架斗殴时被别人杀死。能长大成人的孩子并不多。

备受古希腊人尊崇的长老会由一群四十五岁的“老人”组成。中世纪基督教轻视没有孩子的女人和没有工作的男人。当19世纪的有产者“年事已高”，四十岁左右时，就隐居世外，不事生产，等待死亡降临。

老人总是在阅读——这表明他们缺乏活力。他们的牙齿已经脱落，因为皮肤病不停地抓挠身体——这种皮肤病不会放过任何一个超过二十五岁的人。老人总是穿着过时的衣服，忍受着留在家里等待继承家产的长子默不作声的怨怒。这种局面解释了为什么当时针对五十来岁“老糊涂”们的谋杀事件如此频繁①。

受人尊敬的老人直到19世纪才出现。这些老人的钱包巩固了他们的家庭地位。可这样一批人到了20世纪就消失不见，人们开始用“第三年龄”（le troisième âge）这样的委婉语来称呼老人。此类委婉语的使用表明人们担心在年长女性面前表露自己的情绪，她们非常脆弱，但生命力又很顽强，好像生活在世界尽头的赫斯珀里德斯（Hespérides）花园里一样，其间长着能让人长生不老的苹果树。

神话和经济因素共同创造了如今老年人的崭新形象。孩子们和成年人都无法在老年人面前保持中立，要么是焦虑地逃离，要么是表现出一定的攻击性，反正这两种表现差别也不大。“我不想看见他们”这句话表现的就是一种逃离行为。此外还有一种将老年人隔离禁闭起来的愿望：“为什么不给他们建几座漂亮的养老院呢?”或者“就应该给他们注射安乐死……”

种种迹象表明，衰老是个刚出现不久的概念。市场显示，一个以满足老年人需求为主要目的、将老年人当作金矿进行开掘的新兴行业正在逐步发展起来。法律方面，人们看到出台的各项法律将退休年龄和这一群稀奇古怪、自由闲散的风湿病患者联系起来，有特定的团体负责向这群人提供一种青春期般的老年生活，毕竟如今四处旅行构成了老年生活的重要组成部分。最后，尤其是在文化方面，各种新兴的争论认为，死亡不再是家中下一代需要担心的事，而且有必要制定各种规范，好让老年人在专业人员的帮助下体面地死去。

要想说明动物界中关于衰老的普遍法则不是件容易的事。性将含有遗传物质的细胞一代代传递下去，确保了物种的繁衍，但同时也宣判了个体的死亡。可以把死亡的功能想象成基因的中转站，可是很难为衰老找到某个功能。当动物上了年纪、不再占据优势、无法统治其他个体时，就会死去。

鱼类很显然具有制定谋杀策略的天赋。鱼类的死亡经常和性联系在一起。鲑鱼在淡水中溯流而上去寻找产卵地时，经常会成为路过的熊、狼、海鸥的腹中餐。性行为发生后，雄鲑鱼会以惊人的速度老去，就好像性行为刺激分泌了什么导致衰老的激素一样。它们会变得行动迟缓乃至一动不动，鳞片脱落，丧失所有生物性防御机制。几天后，雄鲑鱼的肉就会变成片状，然后死去。它们甚至没有时间变老，而它们的衰老当

---

① ARIÈS Ph. (1983), «Une histoire de la vieillesse ?», in *Le Continent gris*, *Communications*, Seuil.

然也不会融入什么社会过程。

在岩羊中间，常常会有年轻的公羊向领头公羊发起挑战，每次头羊都用角把年轻公羊顶回去。直到某天，年轻公羊战胜了头羊。一旦输给年轻公羊，老羊就会离开羊群，远远地跟在后面，做出一系列可被称为“失败行为”的举动。老羊变得不怎么吃东西，睡得也不好，容易受到惊吓，似乎不太清楚自己接下来应该做出什么举动。老羊还会经常滑倒，不太能够注意到路上可以被它抓住或者会使它受伤的障碍物。直到有一天，老羊在没有准备的情况下再一次滑倒，没能抓住附近的岩石，最终跌落进山谷中。其实这场意外并不是那么出人意料，因为早在很久以前这样的意外就变得很有可能发生了：一旦不做领头羊，公岩羊就做好了赴死的准备。

对于鹅这种动物，通常是五六岁大的老年公鹅领着鹅群上岸。鹅群迁徙时往往是鹅妈妈飞在最前头，由它决定鹅群什么时候出发、朝什么地方飞，以及路上在哪里停留歇脚。鹅妈妈休息的时候，年老的公鹅就上前来保护它，负责吓退入侵者①。

达尔文描述过鹿群中头领的权力。与此类似，其他行为学家也证实，自然环境中年老的动物确实拥有统治权。牙齿掉光的老年狒狒团结整个狒狒群体，向它们发号施令。年老的黑猩猩一旦肩膀上的毛变白，就能成为群体当中的统治者。如果将一只年轻黑猩猩肩膀上的毛涂成白色，那这只黑猩猩也会变成头领！

行为学语境中的年老动物其实相当于成年人类，在西方大约是四十岁。因为在自然界，动物只能活到基因允许它们活到的年龄的三分之一。猴子一旦在形态上和行为上表现出衰弱的迹象，就会被年轻的猴子逐出猴群，之后被捕食者吃掉。一切踉跄蹒跚、远离群体和其他异常的

---

① LORENZ K. (1978), *L'Année de l'oie cendrée*, *op. cit.*

行为都会将个体变成猎物。狼发现驼鹿吃草时表现出异样的话会非常高兴，甚至蹦跳庆祝，因为如果驼鹿不能吃草了，就说明它们的牙齿已经出现问题，被磨损或者老化。于是，老驼鹿就不会再老下去了。

人们为了推迟衰老，找了不少诀窍。已知在贫瘠的土地上长成的树有着更强的抵抗能力，因此人们在寒冷和食物匮乏的环境下饲养动物，希望以此延长它们的寿命①。环境中的限制因素能够激发机体的防御能力，从而延长机体存活的时间。这一观点在衰老机制的研究领域十分具有说服力，以至于一些医生提出儿童应该在艰苦贫瘠的环境中长大。假如父母迫不及待地把自己小时候没能得到的东西全都提供给孩子，这样最终非但不利于儿童的成长发育，反而会造成病理性的营养过剩。

实际上，尽管环境限制的假设得到支持，许多相关问题的答案仍然不够明晰。家养动物为我们提供了一个更加确切的模型：它们比野生动物存活时间更久，但开始衰老的时间更早。家养动物的衰老并不像野生动物那样因为各种经历而白头，或是在发生性行为后快速变老。它们过早衰老是因为摄入大量食物和环境过于安全，环境中一切威胁因素都被消除的同时，一切能够引发生物防御机制的刺激也被清除。家养动物的生物机体早早进入衰老阶段，但年老动物的游戏行为还在持续，说明它们的学习也还在持续。

这些家养动物早早就患上风湿病、动脉硬化、梗死、半身不遂，还有某种获得性免疫缺陷综合征，这是衰老最有可能导致的病征。这些动物会在很长一段时间里维持年老体衰的状态……还经常生病；而在自然环境中，动物们既不会生病也不会变老，它们会直接死亡。

家养动物的案例会让我们想到换一种方式提出问题。我们要问的不

---

① TRETON J. et COURTOIS Y. (1986), «Mécanisme et théories du vieillissement», *Gazette médicale*, 93, n° 4.

再是自然界中如此罕见的衰老究竟有什么用，而是要问，在允许衰老出现的环境中，衰老究竟意味着什么。

一切社会都有着能够改变日常生活的礼节仪式、体制运行和各类技术，这些都会对生态环境产生重大制约。直到19世纪，人们的平均寿命都很低，这是因为当时有大量未成年儿童夭折，但考古发现当时长大的人们去世时的骨龄也都非常年轻。通过利用牙齿和骨化点推断年龄的技术可以得知，旧石器时代人们的平均死亡年龄是二十六岁，新石器时代是三十二岁，18世纪是二十五岁，19世纪是三十六岁，20世纪初是四十八岁。直到非常晚近的时期才发现骨龄超过八十岁的逝者①。

老年人的数量在最近这段时期激增说明了什么？普查结果显示法国目前有五十万名痴呆患者，预计在20世纪末痴呆患者数量会达到一百万。要是谁有幸想到摆脱痴呆的办法，那么肯定会有很多人买他的账。

当今文化重视技术，人们自然而然也会想到技术层面的解释：卫生条件、医疗技术、生活条件的改善导致老年人数量激增。营养学家也给出了诀窍：少吃，待在寒冷的环境中。一群饥寒交迫的老鼠比另外一群种类相同但温饱无忧的老鼠寿命长50%②。当然也要吃好，造成生物平均寿命延长的主要原因是童年时期饮食质量提高。去甲二氢愈创木酸（l'acide nordihydrogaretiaue，NDGA）能够使蚊子的寿命延长50%③。

然而对于人类来说，事情尚不明了。人们的确知道一切有毒物质都会缩短寿命——包括但不限于酒精、烟草、脂肪和糖，但人们不知道有哪些物质可以延长寿命。要知道波格莫列茨式血清、青春之泉、罗马尼亚人发现的普鲁卡因，还有奥地利人的胎盘都能明显提高鼓吹者们的生

---

① Robert L.（1983），«Biologie du vieillissement»，*Communications*，n° 37，Seuil.

② Observation effectuée par Max Kay.

③ RICHIE J. P.，MILLS B. J.（1986）. «Proceeding for the Society»，*Experimental Biology and Medecine*，vol. 183，pp. 81–85.

活质量！不幸的是，假如这个理论成立的话，那么生活在寒冷国家里的人们应该总是会有漫长的衰老期，而营养匮乏的国家里死亡率会高得吓人。

不过，近年来各种科学研究纷至沓来，开始揭秘一些普遍规律。要是有个火星人读到这些天方夜谭，肯定会认为西方人小时候患有孤独症，然后在三十岁的时候彻底精神错乱。这就说明科学文献其实并不能描绘真实，而只能揭示那些以我们的担忧和如今的科技水平能够揭示的东西。

从这个角度看，我们会发现衰老这件事并不会随机发生在某些人身上。教师通常会在萧条沉闷的职业生涯结束后度过长久而美好的晚年。工人阶级很少变老，他们的职业生涯有时会让人想起 19 世纪的社会酷刑，他们也往往在达到退休年龄时就去世。

在非工业化地区，妇女往往在很年轻时就死去。在欧洲人们总是批评妇女分娩时的环境，可是在非洲，由于缺乏与生育相关的职业，怀孕变成了一种非常严重的疾病，每三名妇女中就有一名死于怀孕生产。

在工业化国家则恰恰相反，妇女往往能在寿命长跑中获胜，她们的寿命远比死于工伤事故、酒精、烟草、车祸和蔑视生命的男人们要长得多。可是六十五岁之后，活下来的女人们会因为生活质量开始怀疑自己到底还值不值得活下去：孤独、贫困、神志不清、疾病缠身成了女性“获胜者”的日常生活①。

在大量相关的研究工作中，一些神经心理学家放弃寻找导致生活质量恶化的原因，转而去寻找度过美好晚年的秘诀。这项工作对我们来说非常重要，因为这能够为我们提供一个令人放心的晚年样本。

---

① SILMAN A. J. (1987), «Why do Women Live Longer and is it worth it?», *Brit. Med. J.*, n° 294, pp. 1303–1312.

最终人们一致发现，有两个因素对于抵抗衰老最有效果，那就是智力和婚姻。

智力并不是说要多么聪明，而是要让大脑动起来，要阅读或写作，尤其是要管理一个团体，提供关于行动或生产的建议。智力意味着头脑中有计划，而这些计划可能发源于生命中很早的时候。知识分子群体普遍寿命较长，高质量的晚年生活也让他们度过了更多舒适愉快的时光。这条规律似乎一直成立。在 17 世纪，大多数人活到四五十岁就去世了，而“学者们”却能活到六十四岁。18 世纪有学问的人能活到六十五点八岁，19 世纪是六十八点八岁，20 世纪 60 年代前后能活到七十一点五岁。伯特兰·罗素（Bertrand Russell）活到了九十岁，而且毕生都在创作；爱因斯坦也活到了七十六岁[①]。

数学能力异常强的人通常在十五到二十岁期间达到难以置信的创造力高峰，到了二十五岁以后创造力会逐渐下降，并随着年龄的增长转化为语言创造能力，而后者即使在大脑逐渐衰老的过程中也可以被不断提高。

享受动脑的乐趣因此成了抵抗衰老最有效的方法之一。

智力、饮食、行动力、心情愉悦和保持社交，不用费什么力气就能理解这些因素能够抵抗衰老。可是最令人意想不到的是，婚姻竟然也是抵抗衰老的因素之一，这又该如何理解呢?

自由自在、孤身一人、无牵无挂、没有孩子的独身者晚年往往并不幸福，尤其是男性。已婚夫妇的平均寿命和晚年生活质量都要高于独身人群。婚姻为什么能帮人们抵抗衰老呢？毕竟婚姻给人们带来那么多烦恼、冲突、焦虑，让人们不得不放弃很多东西，时时处处受到约束，总

---

① CHRISTEN Y. (1987), «Les Bons Neurones font-ils de vieux os ?», *Alzheimer Actualité*, septembre.

要承担责任，这一切竟然能产生有利的影响吗？至少与人结伴生活这件事本身并不包含能够抵抗衰老的因素！

离婚或丧偶后出现的第一个行为改变就是饮食习惯上的。女性会重新开始吃一些糊状的食物（酸奶、奶油、牛奶咖啡），而男性会重新开始吃牛排、奶酪和面包。这种单一的饮食习惯很快就会引发消化问题或导致人体缺乏某类维生素。

第二个行为改变则是衣着服饰方面的。单身男人重新穿回户外装或运动装，衣服穿旧了也无所谓。单身女性则会穿一些实用、方便、严实的衣服。我的一位女性病人直接在工作服外面套上夹克衫，只穿带绒的夏朗德拖鞋。另一位病人则说自己因为再也不用穿得“像个不正经的女人，必须露出小腿、大腿，还有身体上所有凹下去的地方*”而感到如释重负。

因此可以作出假设，认为夫妻共同生活带来的一系列沉重负担中，有着抵抗衰老必不可少的要素。这种在冲突中建立的依恋关系会引发有刺激性的事件，也会赋予日常生活以意义。

在老年夫妇群体中也能发现伴有冲突的依恋关系，类似发生在父母与青春期子女之间的依恋关系，以及长期共同生活、欲望受到抑制的夫妻之间的依恋关系。

从两人相遇时的第一个举动起，感情契约和联系就开始建立，在往后的数十年里一直被掩埋在日常琐碎之下。而当夫妻两人退休以后，他们不可避免地要表现出各自人格中被掩埋的部分，情感契约和联系也开始浮出表面：“我一直都知道丈夫是一个专断蛮横的人，但一直没有真正面对这一点，因为工作的时候我们两个人每天都早出晚归，几乎见不到彼此*。”后来丈夫退休了，精神饱满地投入到家务劳动中去。各种家务活干得无可挑剔，购物清单精打细算，每日食谱兼顾健康和经济原则。直到后来有一天，妻子也退休了，然后决定插手家务劳动这个似乎天然就该由女人掌控的领域。丈夫对此表现出一种颇具挑衅性的沮丧情绪。在六十八岁的时候，人生中头一次，他不再能够作出决定，不再能够掌控、管理自己和别人的生活。

上了年纪的人不仅要遭遇社会贬值，还要面临重要性大幅增长的日常生活，要吃便于消化的食物、要睡午觉，周围都是熟悉的事物，与认识的几个商贩打交道才会有安全感，要将权力交到女人手上，上了年纪的人们要建立起一个母权制的社会①。

老年夫妻间的冲突不再像年轻时那样产生于性征服和社会征服，而是产生于对日常生活控制权的争夺。上了年纪的女人受不了男人们总想夺回家务劳动的权力，因此总会让丈夫到外面去玩：“去打一局球吧……要么就去看看你那些朋友……我真是受不了他整天在我身边转悠……我特别讨厌让他去买菜或者洗碗，他瞎掺和什么呢*？”

冲突终于在很晚的时候爆发出来，它们在每天由工作和孩子造成的各种突发事件底下埋藏了五十年，从夫妻二人相遇的第一分钟起就沉睡在这段关系中。起冲突的老年夫妻重复着他们在青春期时就与父母发生过的冲突②。那个因为母亲过于爱收拾而顶撞她的男孩娶了一个马虎邋遢的女人，五十年后又因为这个女人马虎邋遢而埋怨她。那个埋怨父亲总是谈论工作的女孩嫁给一个无忧无虑的乐天派，整段婚姻中都饱受丈夫失业的困扰。“我嫁给这个男孩是为了向我母亲证明，不爱他我也照样能结婚*。”而五十年后的结果却是：“想不通我俩为什么结婚……我们一直像两个陌生人一样生活在一起。”

有些人从童年时起就非常焦虑，他们的依恋关系会变成一种情感饥

---

① SIMEONE I. (1986), «Le Couple âgé et le vieillissement», *Actualités psychiatriques*, n° 3.

② BENCHOUK D. K. (1982), *Vieillissement physiologique et pathologique du couple*, thèse, Université de Genève.

渴。只要待在与之建立依恋关系的人身边，他们就会非常满足。那些人会原谅他们的不完美，他们之间不会发生任何冲突。然而一旦有一天，与他们建立依恋关系的人去世了，整个世界都因此变得空洞而毫无意义。根本没有替代物，也不能通过做其他事情来逃避，更不可能与另一个人重新建立依恋关系，那么仅剩的解决办法就是自己也去死了，因为在没有爱人的世界里活着要比死去更加糟糕。

这就是为什么不能嘲笑一些人在动物伙伴死后表现出来的巨大哀痛。那只小狗象征着最纯洁的情感：“他们不会懂的……每次我回家的时候，只有小狗会因为我回来而欢天喜地[*]。”失去这种毫不含糊的感情会引发彻底的空虚，生活变得毫无生机，没有什么能替代这只小狗。“要是你们见过她看我的眼神，就会明白别的狗永远也无法取代我的小狗……她望向我时，眼睛里饱含深情[*]。”

就算一个人在失去丈夫时也很少说类似的话。老年夫妇所遭遇问题的根源在他们最初相遇时就埋下了。退休几乎总被看作是从工作中解放出来好好改善生活的契机。只有在那些将工作当成精神补偿的人看来，退休才意味着某种失去。孩子长大后离开家也是一样的。难以相处的青少年对日常家庭生活没有好处，他们的离开会让父母有种重新找回自由的感觉。只有将孩子当作唯一情感寄托的老年夫妇才会饱受“空巢老人抑郁症”的折磨：“我活着就是为了我的孩子们……孩子们就是我的全部……我们之所以还在一起全是因为孩子[*]。”

在夫妇二人相遇时无意识中签订的合约里，矛盾心理总是构成其中的一项条款。这种矛盾心理在日常生活中潜伏了五十年，会让伴侣去世这件事意味着解放：“丈夫一直想要让我幸福。我一直为他所有，他想让自己的所有物幸福。他这么做就会让我更想跟他对着干、疏远他……他去世以后我觉得好多了。我终于独立了。但我又因为自由让我感觉这么好而羞愧。我不敢跟孩子们说这些，我很惊讶，按照自己的节奏生活的感觉竟然这么好。要不是因为要照料我的狗，我就出门去旅行了。*”

就连老年夫妇之间的性爱关系也符合这一模式：上了年纪的人在性上遭遇的困难其实在他们二十来岁时就埋下了种子。男人通常在四十岁以前背叛妻子，女人通常在四十岁以后背叛丈夫。男性的色情欲望高峰出现在二十五岁左右，而女性在四十岁以后才愿意表达自己的性欲望，此时男人们已经想要平静下来了。

相遇是多么困难的一件事啊！

人生中最艰难的危机就是暮年时分。正如青春期时表现出的冲突在生命头几年里就已经生根发芽了，我们也可以说，在晚年表现出的痛苦其实在青年时代就已经生根发芽了。因此，我们可能会看到一些老年人因为童年时期遭遇的某些问题而饱受痛苦。有位八十五岁高龄的老妇人突然泪如雨下，当人们问她原因的时候，她回答说：“我是个孤儿，五岁时失去了妈妈……我一直都没能从这件事中走出来*……”

另一位病人突然变得很令她丈夫讨厌，因为从七十八岁起，她一逮到机会就顶撞丈夫。人们试图理解她为什么变得这么有攻击性，她回答说：“我很生自己的气，因为我竟然嫁给了这个蠢货……我本应该和另一个人结婚的……朱利安……我俩才是天造地设的一对。我俩都拿到了小提琴音乐学院的奖学金……我怎么就嫁给了这个人呢……我永远也不会爱上他*。”

老年人的记忆类型可以解释他们这种追忆往昔的行为。老年人的蛋白质合成减少，因此无法留住近期的记忆。他们想到的、回忆起来的，都是童年和青年时期留下的记忆。出于生物层面的原因，老年人要忍受来自遥远过去的折磨。

我们在认知处理实验室内捕捉到了一个临床行为学信号，从而能够确定老年人开始不认得自己的时间点①。

这个故事始于一面摆在我办公室里的镜子。有一天，一位上了年纪的女士在咨询过程中突然被吓了一大跳，然后对陪她一起来的女儿们小声说："别出声，有人在监视我们。"她的孩子们很吃惊，同时又对这个迹象感到非常不安。她们试图让母亲不要再去想这件事："不是的，妈妈，那个人是镜子里的你自己。"之后我们很快就去谈论其他话题了。

我们也可以用更加有条理的方式进行这项观察。作家们也描写过类似的场景。莫泊桑在《奥尔拉》中曾写道："……当时我正站着，两手自然下垂……镜子里亮如白昼，根本没有我的影子！……镜子是空的，清澈，深邃，充满光明！可是我根本不在镜子里……我明明就在镜子对面！"导演罗曼·波兰斯基（Roman Polanski）在电影《吸血鬼的舞会》中也使用过类似效果：猎人和吸血鬼跳舞时，镜中只反射出了人类的映象。夏尔柯（Charcot）将这种认知障碍命名为"自体失认症"，指的是无法认出自身相貌。

对此弗洛伊德进行过自我观察。

"……当时我正独自坐在一节火车的卧铺车厢里，发生了一阵剧烈的颠簸……通往卫生间的门自己打开了，然后一个已经有些岁数的男人穿着睡袍，戴着旅行帽子走进了我的卧铺车厢……我急忙问他是谁，然后一下子愣住了，因为我意识到那个闯入者不是别人，正是我自己在镜子里的映象②……"

出乎意料的是，当我们试图在老年人群体中重复相同的观察时发

① CYRULNIK B. et OHAYON M. (1988), «Éthologie du visage âgé dans le miroir», in *Le Visage, sens et contresens*, E. S. H. E. L.

② POSTEL J. (1980), «Les Troubles de la reconnaissance spéculaire de soi au cours des démences tardives», in *Image spéculaire du corps* (Corraze J. dir.), Privat.

现，老年人很容易认不出镜子里的自己。这些上了年纪的人总会被镜子里熟悉的陌生人吓一跳，想要躲开这个人。然后他们会说：“我觉得我好像认识他，那好像是我邻居。”或者：“那是我父亲……那是我母亲……那是个讨厌的家伙。”他们还保留着关于镜中人的记忆，因此对镜中人感到熟悉。这些老年人能说出自己的名字，能说出自己孩子的名字，能认出他们的面孔，但他们认不出自己的脸了，尽管他们还在用未完成过去时讲述自己的经历，但他们已经与现在时脱节了。

这就说明面孔其实与其他的图像不一样。面孔是一种认知，能够一下子唤起心理上的复现：“这是我父亲。”而当这种发生在一刹那的想象性活动无法再完成时，就要借助一些曲折的分析：“这是我眼睛下面的那颗疣……这是我的睡袍……镜子里反映出来的是我正在做的动作：所以这是我*。”

当老年人还能用语言说出自己是谁时，其实已经暗中表现出了与自我脱节的最早迹象。语言在大脑刚开始发挥功能时就随之发生了，因此能够比图像更好地抵抗衰老。语言也是到了相当晚期才会发生紊乱的功能。如果语言也发生紊乱，那么痴呆的临床表现就已经相当明显了。

家人们也会经历相同的变化。配偶和孩子们眼睁睁地看着亲人的大脑逐渐退化，直到有一天，年迈的病人再也无法认出他们。当病人对着自己的女儿说出“你好女士”，或是指着自己的儿子问别人他是谁的那一天，就是老年人彻底与现实脱节的那一天。

父亲认不出孩子以后，孩子也渐渐丧失了对自我的认识：“我和这个连我都认不出的男人之间好像没什么关系！”死亡也正在赶来的路上了。

超过六十五岁以后，人们会不可避免地患病，病根也扎在夫妻的心理经历中。年轻时相处愉悦、对生活有一定规划、智力和情感协调一致的夫妻比关系不健康的夫妻更少患病，有更多孩子①。患有神经官能症的夫妻通常养育的孩子数量更少，患有更多身体上的疾病，尤其会遭遇更多精神障碍。

疾病一旦降临在老年夫妻当中，也会根据夫妻的经历获得相应的意义。通常夫妇二人中更慷慨的那一个，爱对方更多一点的那一个，结婚是为了让对方幸福的那一个，自然也更加忧郁的那一个，会“利用”配偶的疾病献身其中。“当丈夫罹患癌症时，我又重新找回了对他的感情，因为他又重新需要我了*。”

有时候疾病也会颠倒夫妻二人间的支配关系，用尽毕生为获得权力而斗争的一方终于取得支配权：“自从患上帕金森，他就变得很温和，终于愿意让别人来指挥他了。他生病以后我感觉好多了*。”

追踪患病成年人的预后情况②发现，与设想的不同，疾病治愈的比例相当高。在疾病反复发作或陷入长期抑郁的病例中，有20%的病人是独身者。大多数情绪消沉的患者在冲突不断的情感网络中活下来，预后效果比独身者更好，可见独身者的舒适并没有什么意义。婚姻甚至还向大多数精神病患者提供了一个能帮助他们远离精神病治疗机构的平衡场所。

对孤儿来说，是童年时无家可归的痛苦、精神病院的经历，或者必须要克服的困难赋予了婚姻一定意义，使婚姻具有了镇定抚慰的功能。而生活在家庭当中、婚姻关系当中，或是家人和朋友中间，则能够赋予现实以意义，减轻内心的压力。相反，孤独会扼杀意义。

再没有什么会比无意义感给人造成更严重的打击了。

---

① TORDJMAN G. (1981), *Le Couple. Réalités et problèmes*, Hachette.

② CYRULNIK B., GARNIER Y., THOMAS D. et R. (1982), «Étude catamnestique de 3000 patients pendant 10 ans», *Psychiatries*, n° 3.

何以作结?

让一个观点变僵化的最好方法就是将其奉上神坛。

只需要重复大师们说过的几句话、做过的几个动作、说话时的口癖，就能用三言两语让一个观点变成值得背诵的真理，慢慢干涸、慢慢死去。

结尾处我们总需要一句话来概括长达十年的研究，总需要找到一个绝妙的提问方式，以突出强调依恋关系的重要性和脆弱性。

反常、倒错的问题并不一定获得不好的效果。只需要想想我们的文化价值观多么推崇母子之间的情感纽带，以及强调一下巩固情感连接反而会稀释建立情感连接的欲望。欲望只有在得不到满足的时候才会不断增长，满足只会熄灭欲望。常常施加惩罚的“坏母亲”们往往增强哺乳动物建立的情感连接。对于人类来说，这样的母亲则会增强关于情感连接的想象：“等我长大以后，肯定能经营好父母没经营好的家庭生活*。”

再没有什么比缺少家庭更能增强一个人对家庭的渴望，再也没有什么比缺乏连接更能增强一个人对建立情感连接的渴望了。

好母亲为我们提供自主权，好的社会让有能力的个体充分实现个人历险，两者都有利于个人的发展……但同样也都会促进社会的解体。

如何走出这一困局？弗洛伊德分析过神经官能症患者的依恋关系。战后精神分析学家也描述了情感缺乏造成的身体障碍和精神障碍。那么如今是否应该将过剩导致的病理现象归咎于过度的情感连接？过度被爱的孩子同时也被过度安抚，从而丧失了生活的意义。

这样一来，我们无论做什么都是失败的！

我们与孩子建立依恋关系的同时是不是也让他们丧失了对依恋关系的需要？当他们在一个高度组织化的社会中过着平和安宁的生活时，是不是也在无意义中度过了自己的一生？

这些问题够反常、够倒错了吧？

“为什么？”

这个神经质的疑问副词迫使我们痛苦地思考，不断尝试理解。你能想象一个人从来不问“为什么”，命中注定一辈子充满确定感和令人麻木的安宁感吗？焦虑不安的怀疑、猜测是为使生命获得意义而必须付出的代价吗？

除非我们换一种方式来为本书作结。与其提炼出一劳永逸的真理、总结出多么了不起的观点、提出发人深省的问题，倒不如直接承认我们的失败、局限性和研究的不足之处①。

直到今天，我已经从不同动物的生命长河中淘出了不少行为学的金沙，公开发表了许多了不起的观察发现，而对我们的失败避而不谈。我更希望向读者展示我们的收获和成功，是希望其他人能够在私底下议论或是公开发表他们的不同意见。因此我更希望在结尾处思考一下我们目前的动物行为学研究到底存在哪些方面的不足。

机构方面的不足。我很惊讶有那么多参观者或学生想要参观我的实验室。我的回答也总是让他们感到错愕——我说能让我们提出假设的地

① CYRULNIK B. (1987), «Les Points de butée de la recherche en éthologie», Bulletin de liaison du certificat d'Etudes Spéciales en Psychiatrie de Lyon, Université Claude-Bernard, juillet-octobre, n°s 46-47.

方都算我的实验室。有时候假设会把我的实验室带到一艘船上，和一群精神病患者一起，去观察他们接近别人时的行为，对他们的目光进行详细描述，或者观察他们在有一定自然限制的空间里的其他互动行为①。

可是这种社交宴饮的快活事可不是能用来申请基金经费的好理由。

概念方面的不足。行为学研究首先要做的一件最基本的事情就是定义何谓“自然”，也就是说，什么是比一个人的饮食习惯更加自然的东西。饮食习惯已经深深植根于一个人的文化当中，就算这个人所属的社会群体、所处的环境和时间发生变化，饮食习惯也不会发生变化。但就算是这样，也还有比饮食习惯更加自然的东西，真正能够推动行为的东西，那就是饮食需求，所有生物都一样。只不过这种需求一旦出现在生理层面，刚刚转化为对食物的倾向，就会受到来自生物所在群体的影响和所处时代规范的限制。

什么是比性刺激更加自然的东西呢？或许应该问，还有比性动机受到规范更多的东西吗？道德风尚每十年就要变个样，甚至十公里开外的地方也要变一变。性规范一点也不稳定，几乎不成文，可它如此深入人心，以至于人们都以为这是再自然不过的东西了。

而行为学是关于“自然环境中动物习性的研究”，当然也可以说“自发环境下”“真实环境下”或者你能想到的其他任何可以表明观察者对所发生事件不负有责任的词。

因此就有了“自然的假象”这一术语。餐桌和床构成我们生活中的两件大事，通过这两件事就能够描述人类生活的全部特征。如何践行餐桌礼仪、如何使用刀叉、如何出席一场饭局并不是观察者需要负责的

① Observation détaillée in CYRULNIK B. (1983), *Mémoire de singe et paroles d'homme*, *op. cit.*

事。不过既然这些规则已经存在，且来源于人类社会集体生活，为什么不对此进行一番观察呢？

动物是一种自然的生物，而人类是文明的生物，证据就是乱伦禁忌牵涉到的各种亲属规范会根据规范制定者的发明创造而永无止境地发生变化。

我不由得想到，自然与文明、人类与动物、个体与群体、器官发生与心理发生的二分法其实是灵魂的要求。动物必须要是机械性的动物，这样才能把灵魂留给人类。动物应该是自然的，服从于机械的生物学规律，动物可以有反射、有天性，人类应该赞叹动物的天性。而人类自己呢，注意了，人类是有灵魂的！人类创造了文明！人是自由的！

物质这种生物层面的脏污东西只存在于动物界中的下等世界，而人类的下等世界里只有他们的垃圾堆和尸体。

必须承认的是，自然行为就是那些就算观察者不观察也照样发生的行为：这并不是说观察者不会参与他所观察事实的建构过程，而是恰恰相反。

无意识造成的不足。行为学研究中的一个主要基础就是观察者的无意识。为什么德国学派尤其关注内部世界，关注遗传的原初一致性和不需要任何学习就能获得的行为？他们的观察总是激动人心，他们的实验也十分精致考究：一只出生后马上被隔离起来的松鼠，没有任何可供学习的榜样，却在生命中第一个秋天到来时表现出一系列目的明确的复杂行为。这只松鼠根本不可能获得任何学习的机会，却知道把榛果藏在脸颊里，在橡树底下挖洞，用树叶盖住洞口，然后在这棵树的树皮上啃出一个属于它自己的记号，这可真是货真价实的“签名”了……这样等到北风来临时它就能找到自己的“粮仓”。

为什么这个学派的研究者周游全世界去寻找与文化无关的人类普遍

行为？他们也的确发现了这样的行为：一名桑布鲁妇女、一个怀卡尼小女孩，还有一位法国女人，在有人试图与她们调情时都会挑起自己的眉毛，尽管她们说出来的话意思正好相反①。这样的观察除了能给唐璜式的人物提供便利，更是能促使人们思考一个认识论的问题：按照一定假设完成出色观察的研究人员究竟能获得什么好处？人们呈现文化限制、强调环境制约，这些做法背后有着怎样的无意识渴望？

战前的生物学简直可以说是归属于右翼阵营，当时的生物学持有一种殖民主义论调，认为某些种族是劣等人种："颅骨容量可以反映一个人的智商，英国人的颅骨容量为1 572.95毫升，法国人的是1 461.53毫升，德国人1448毫升。非洲人、马来人、大猩猩和白痴的颅骨容量只有1300毫升。"那么问题来了：作者又是哪国人②？

意识形态方面的不足。为了反对右翼生物学，50年代的左翼分子大力推崇环境决定论。当时我甚至还在布加勒斯特和莫斯科的医学院里见过李森科（Lyssenko）让人拉的横幅，上面写着："染色体是资产阶级的发明，目的是为资本辩护。"所有谈论染色体的学生都会被开除。

这些唯物主义思想家对物质的否认源于当时他们对社会背景的认识，也源于当时强调环境决定论的意识形态必要性。

个人经历方面的不足。这就是我为什么总是建议与我共事的研究者和学生完成一个小作业，即思考对科研对象的反移情作用③。

---

① EIBL-EIBESFELDT I.，(1972)，*Ethologie. Biologie du comportement*, *op. cit.*

② MORTON D.，(1893)，«Crania americana»，cité in collectif «De Darwin au darwinisme»，*Science et idéologie*, Vrin, 1982.

③ DEVEREUX G. (1980)，*De l'angoisse à la méthode dans les sciences du comportement*, Flammarion.

一项科学研究的结论必然来自一套有条理的推理过程，尤其需要受到科学界的批评。科学界会对各种观点进行真刀真枪的挑选甄别，但研究者是如何做出假设的呢？

如果自己就是移民后代，那么在研究移民家庭中家族传说的流传过程时就不可能无动于衷……同样如果自己曾经就是弃婴，那么在论证弃婴也可以获得充分成长时也不可能丝毫不为所动。我们都知道如今的学校是生产新社会阶级的机构，那么任何关于知识分子流通的研究都不可能假装保持意识形态中立。

呈现方式的不足。这是确定研究方针和目标时遇到的一个主要障碍。过于冗长的呈现会立刻打消一切探究的念头。中世纪经院哲学家们会说："如果一个物体下落，那是因为这个物体拥有下落的品质。"那么对于思维受到物理学规律训练的我来说，一切新的思考和问题都失去了意义，因为答案已经是现成的了！

后来，关注生物脏器功能的思想家用"天性""冲动""激素"或"神经递质"等词汇替换了经院哲学家口中的"品质"："这个人感到悲伤是因为他的悲伤神经递质出了问题。"这些观察都很合理，因为物体的确会下落，人的确会感到悲伤。但是他们的解释只参考了一种世界的呈现方式，在这样的世界里人们只说一种语言，这就造成了理解问题单一化的麻烦。换句话说，就是只有唯一一种看待问题的方式。

这样的研究方法会让人找到一套说法，用来指代唯一的一种机体呈现或是心理呈现，通过给出解释的方式阻断一切探究过程："因为都跟你说了是神经递质造成的，或者是心理活动造成的，或者这是动物天性……因为都跟你说了女人就是没有灵魂，男人就是更有能力，因为文化就是对女孩作出了规定（而没有对男孩作出规定……）。"

总要有一个黑巫师，要有一个擅于阴暗冥想的思想者，只有这样才能迎来光明。再没有什么比只给出一个解释就终止理解过程更糟糕的了。

这样一来，“显而易见的不足”就成了一个巨大的陷阱，因为这是显而易见的。既然是一看就明白的事，那根本没必要进行观察。

我已经很长时间没用“心理学”这个词让人发笑了。我注意到在某些环境中，这个词有一种引人发笑的能力。后来在一个与新生儿科学有关的场合，我再次成功地用这个词引人发笑，不过这倒并非出于我本意。听到我用“心理学”这个词以后有人就笑了，然后向我解释，一个六个月的早产儿更多是生物性的而不是心理性的。这样的早产儿就是个下丘脑生物，也就是说没有大脑；能够进行一些相当远古的反射活动，但没有视力、没有记忆、没有语言。它就是个生物产物，人们这样跟我说。于是我一下子就明白了为什么有些医院会把新生儿包在一片铝箔纸里面，就像肉食店老板包火腿那样。人们才不会用什么铝箔纸来包裹一个人，而是会给人穿上符合他文化习惯的衣服。这是显而易见的。

直到后来有一天，我们录下了早产儿的哭声，把录像带拿到有频率分析仪的实验室里去分析。电脑反馈给我们一张铝箔纸（巧了，又是铝箔纸），纸上有婴儿哭声转化成的峰值图像：频率较低的峰值出现在左侧，频率较高的出现在右侧。

然后我们又把婴儿哭声的结构和环境的变化联系起来，最终观察到，环境的任何变化都会使得哭声中较尖锐的声音增多。只需要换一下床头的布料，或者让一名急救医生靠近婴儿，电脑转化出的婴儿哭声图像里就会布满形状尖锐的峰值①。早产儿积极地回应着环境中的一切变

① RUFO M., CYRULNIK B., *Détermination d'un score étho-psycho-logique chez les enfants prématurés. Nouvelles approches de la santé mentale de la naissance à l'adolescence*, 11e congrès international, Paris, Juillet 1986, E. S. F.

化。这也说明早产儿对环境变化非常敏感，也拥有短期记忆，能够认出那个经常往他们的股动脉上扎针的医生。

显而易见的事情其实并非显而易见！我们要用眼睛去看看我们想当然的事情。

显而易见的事情其实也是有选择的认知，就像呈现一样。这就是观察工作的必要性，要打碎那个由我们自己建造又将我们困在里面的陷阱。

电脑的使用又让我们不得不看到*技术方面的不足*。记录一名母亲和她几个星期大的婴儿脸对脸的时刻并不是什么难事。匆匆浏览一遍录像就能得到一个朴素的发现："他们会做相同的鬼脸。"用行为学的术语来说，就是"母子互动引发了动作—表情—手势的协同效应"。但技术手段能让我们慢速播放一段录像，此时就能观察到，在60%的情况下，模仿序列是由宝宝率先开启的①。不过人类肉眼看不到这一点，因为肉眼做不到捕捉十六分之一秒内的画面。

简单的朴素观察表明，宝宝很快就会对母子互动失去兴趣，不再回应母亲的逗引。但同时我们也可以把通过另外一项观察得到的假设作为考虑因素放进这项观察，那就是母亲对男婴和女婴会表现出不同的行为。添加这一项假设以后，就可以用相应的技术仪器计算母亲对不同性别的宝宝发出声音刺激和动作刺激的次数。计数器显示，母亲逗引女婴的次数要远远多于逗引男婴的次数！

该项观察又会引发观察者的个人价值观显现，从而产生完全不同的解释："这就证明母亲对女儿有着更强的教导作用和约束力。"或者完全

---

① TREVARTHEN C., HUBLEY P., SHERAN L. (1979), « Les Activité innées du nourrisson », in *La Recherche en éthologie*, Seuil.

相反："这说明母亲对女儿投入更多关注和感情。这是我亲眼所见，科学已经证明了这一点。"

说到这里，就不得不说行为学研究的另一个重大不足了，它简直就是一座认识论上的喜马拉雅山。

这座喜马拉雅山就是言语方面的不足。精神分析学家已经告诉人们，话语有时候反而会使人沉默不语。行为学又告诉我们，话语也有可能会使人视而不见。

乔治·德弗勒（Georges Devereux）邀请玛格丽特·米德（Margaret Mead）到他的家乡做客①。他的家乡位于匈牙利的一座村庄，乔治·德弗勒熟知那里的每一条小径，认识那里的每一小块石头。饮食习惯、晚餐邀请、一同打猎、送给异乡人的水果篮，对他来说都有特定的、来自他个人生活经历的意义。

米德这位研究不同文化中家庭仪式的世界级专家在匈牙利的小村庄听懂了人们对她表达的欢迎，还有一些关于人和村庄之间神秘联系的传说故事。不过从第二天起，玛格丽特·米德就在当地社会中发现了一些能将不同家庭紧密团结在一起或是令他们分离开来的结构。由于她不懂当地语言，也不了解当地的历史，所以只能用眼睛去看。于是她看到有些家庭会刻意避开村里的某些地方，有些道路或田间小径拐弯处的土地占有并不明确。由于无法触及言语的所指，她只能观察说话者的身体动作、声音强度、语流状态和眼神朝向，因此她直接进入了符号的感官层面。这种认知方式帮助她很快发现了村落里实际存在的同盟，而这些同盟与人们通过言语讲述的并不一致。

① DEVEREUX G.（1980），*De l'angoisse à la méthode dans les sciences du comportement*，*op. cit.*，et communication personnelle en mai 1968，à la Faculté de Médecine，rue des Saints-Pères.

“遥远的目光”让玛格丽特·米德观察到德弗勒永远也看不到的东西，德弗勒与家乡的情感关系和他的母语最终蒙住了他的双眼。

很长一段时间以来，人们一直认为，“行为学止步于言语”。从人类行为学只能观察不进行言说的人类这个前提出发，对人类行为的观察描述却将我们引向了与前提相反的结论：观察不言说的人类行为就像是观察不在水里的鱼。

语言渗透进人类生活的方方面面，以至于不进行言说的人都算不上是自然状态下的人。但语言也并不像我们一直以为的那样。

通过观察动物的交流过程，我们学会了分析行为句法和言语的声音形象。于是我们发现子宫内的胎儿也能感知言语的声音形象，并且会通过行为调整对其进行分类和回应，以至于产科医生如今已经将这类行为当成衡量胎儿发育状况的指标。多亏了最初关于不言说之人的假设，我们才能发现宝宝在话语修辞对他们来说还不具备意义的阶段就已经拥有了语言能力。

接下来要知道的就是，当人们为观察到的现象命名时，究竟会发生什么？

此类唯名论方面的不足对于行为学研究中必不可少的描述性步骤和解释性步骤至关重要，也玩了不少花样。

20 世纪 70 年代，一群行为学家描述了一个幼儿园里处于前语言阶段的儿童的社会化行为。行为学家们带上一台摄像机和自己脑子里的专业知识来到了幼儿园。他们把一张桌子翻过来，放在另一张桌子上面。这个环境的小小改变会激发幼儿园里孩子们之间的竞争，这样一来行为学家们就能够观察这一事件引发的行为。慢速播放幼儿行动的录像可以发现有几个小男孩是怎样将这块神奇的空间据为己有的。他们一边爬上桌子，一边向其他竞争者发出威胁，头颈向前伸，嘴里也发出声音①。

在93%的情况下，会有一个小男孩通过一系列有象征性的行为占据这块地方……当然是在他会说话以前。这些占据桌子的小男孩随后也会表现出很好的社会化成果，很早开始表现出有象征意义的行为，也往往很早学会说话，很早开始上学。

行为学家将这类通过竞争很快完成社会化过程的孩子命名为“统治者”。“统治者”这个词意味着一种通过特定行为标定的社会处境：率先挑选食物、占据休息空间、威胁他人、接受同伴的服从、平息冲突、发起团体迁移、开启游戏等。

尽管研究者完全没有类似意图，可这种公开的命名行为会有意识形态层面的风险，甚至有可能事与愿违。

一个小男孩是“统治者”，这就意味着其他小孩是“被统治者”。在尚未来得及对其进行教育的幼年阶段就早早表现出的这种行为，会被解释为孩子的生理性特质。但很少有女孩会在一开始就表现出服从性更高的女性特质。

这便是科学事实如何为意识形态提供支持的例子。

再来看看灵长类学者萨拉·赫迪（Sarah Hrdy）和不屈的女人的案例。

这位学者出版过一本题为《母猴与女人》的书。作者本人是男性，又给自己的书起这样的名字，自然也就赋予了这个题目非常特殊的含义。也就是说，说话者的背景、经历，甚至性别，都会参与听话者对话语意义的建构。同样的话让女人来说会不会产生与男人说时不同的含义？

---

① MONTAGNER H.（1978）, *L'Enfant et la communication*, Pernoud-Stock.

海伦·费舍尔（Helen E. Fisher)[①] 的解释是，对她来说，“统治者”一词指的是创建社交网络的行为。在她看来，统治者应该是一个个体，其他个体团结在其周围，以该个体为榜样，从该个体身上得到安慰。因此这个词可以用来形容一些年长女性，她们周围往往有一个团结起来的群体。群体的稳定性使得一些行为知识得以传递，比如说清洗土豆，然后把土豆浸泡在海水里腌制。这种厨艺的传递不可能发生在男性中间，因为男性太不稳定，总是离开群体，也会因为自身旺盛的精力而取得权力。而女性只是站在一边，平静地观察，接受新的变化。

因此不同的命名方式也会导致不同的观察。

得出结论的不足。这会给作出结论带来困难，因为结论从来就不是令人信服、盖棺论定的。结论只是给后续的讨论提供新的问题。

人们总能找到其他的不足之处来让讨论继续下去，比方说所指方面存在的不足，指代本身就不存在的事物的同时也会引发误解。

还有实验方面的不足。实验本身不就是被引导的观察吗？更不用说观察者的无意识会在整个观察中起到非常大的影响……

还有文本的不足、背景的不足、语境的不足、历史的不足、个人和文化叙述的不足、兴趣方面的不足、财务方面的不足（预算分配就是有利于科研成果的产出，这没办法），随之而来的政策上的不足、团队领导的不足、团队成员的不足、团队反对者的不足……

总之，行为学研究困难重重，存在各种各样的不足。不过有障碍的地方就有支撑点。

建立情感连接的代价也不是那一点点障碍，因为情感连接本身是无价的，不过情感缺失的代价或许要大一些。

---

① FISHER Helen E.（1983），*La Stratégie du sexe*，Calmann-Lévy.

我相信在阅读这本书之前，你心中已经有了一些清晰的观点。我希望现在这些观点不再那么清晰了，因为怀疑总是有必要的，请坚信这一点!

与此相关的话题我们之后再谈。

Boris Cyrulnik
Sous Le Signe Du Lien

图字:09-2023-0057号

图书在版编目(CIP)数据
情感的纽带 / (法) 鲍里斯·西吕尔尼克(Boris Cyrulnik) 著 ; 张笑语译. -- 上海 : 上海译文出版社, 2025. 5. --(译文科学). -- ISBN 978-7-5327-9818-6
Ⅰ. B842. 6-49
中国国家版本馆 CIP 数据核字第 2025DZ0488 号

情感的纽带
[法]鲍里斯·西吕尔尼克 著 张笑语 译
责任编辑/范炜炜 装帧设计/柴昊洲

上海译文出版社有限公司出版、发行
网址: www. yiwen. com. cn
201101 上海市闵行区号景路 159 弄 B 座
上海颛辉印刷厂有限公司印刷

开本 890×1240 1/32 印张 9. 75 插页 2 字数 202,000
2025 年 5 月第 1 版 2025 年 5 月第 1 次印刷
印数: 0, 001—6, 000 册

ISBN 978-7-5327-9818-6
定价: 58. 00 元